“十二五”职业教育国家规划立项教材

车削加工技术

主　编　杨　冰

副主编　夏平国

参　编　陈　冰　陈　炳　虞　敏　刘绍平

　　　　王孝春　朱凤花　谢　敏

机械工业出版社
CHINA MACHINE PRESS

本书是经机械工业出版社职业教育教材审定委员会审定的“十二五”职业教育国家规划立项教材，是根据教育部最新公布的中等职业学校相关专业教学标准，同时参考车工职业资格标准编写的。全书共有十一个项目，讲述了车削基础知识以及车削轴类零件、套类零件、内外圆锥面、三角形内外螺纹、梯形螺纹及一些较复杂零件的加工技能，每类零件基本按照零件特征→刃磨刀具→装夹刀具→车削步骤→测量工件→总结工艺的顺序编写，理实一体，可操作性强。

本书在内容上贯彻“循序渐进”“少而精”“以例代理”和“以图代理”的原则，有利于学生自学和教师授课。在结构上，本书遵循专业理论的学习规律和技能的形成规律，按照由简到难的顺序设计项目，在项目的引领下学习车工的相关知识，练习相关技能，实现了理论联系实际的目标。在形式上，本书通过小栏目和下划线等形式，引导学生思考，突出关键部分和重点、难点。

本书可作为职业院校机械类、数控类专业教材，也可作为培训机构和企业的岗位培训教材。

为便于教学，本书配套有助教课件等教学资源，选择本书作为教材的教师可来电（010-88379197）索取，或登录 www.cmpedu.com 网站，注册、免费下载。

图书在版编目（CIP）数据

车削加工技术/杨冰主编．—北京：机械工业出版社，2015.10（2023.1重印）
“十二五”职业教育国家规划教材
ISBN 978-7-111-51696-5

Ⅰ.①车…　Ⅱ.①杨…　Ⅲ.①车削—中等专业学校—教材
Ⅳ.①TG51

中国版本图书馆 CIP 数据核字（2015）第 228607 号

机械工业出版社（北京市百万庄大街 22 号　邮政编码 100037）
策划编辑：王佳玮　责任编辑：王佳玮　程足芬　版式设计：霍永明
责任校对：佟瑞鑫　封面设计：张　静　责任印制：常天培
北京机工印刷厂有限公司印刷
2023 年 1 月第 1 版第 3 次印刷
184mm×260mm · 11.5 印张 · 284 千字
标准书号：ISBN 978-7-111-51696-5
定价：38.00 元

电话服务　网络服务
客服电话：010-88361066　机　工　官　网：www.cmpbook.com
010-88379833　机　工　官　博：weibo.com/cmp1952
010-68326294　金　书　网：www.golden-book.com

机工教育服务网：www.cmpedu.com

前　言

本书是根据教育部《关于中等职业教育专业技能课教材选题立项的函》（教职成司[2012] 95号），由全国机械职业教育教学指导委员会和机械工业出版社联合组织编写的“十二五”职业教育国家规划立项教材，是根据教育部最新公布的中等职业学校相关专业教学标准，同时参考车工职业资格标准编写的。

本书共有十一个项目，讲述了车削基础知识，以及车削轴类零件、套类零件、内外圆锥面、三角形内外螺纹、梯形螺纹及一些较复杂零件的加工技能。本书重点培养学生对车床的操作能力和对各类零件进行加工工艺分析的能力，在编写过程中力求体现以下特色。

1. 执行新标准

本书依据最新教学标准和课程大纲要求，以车工基本技能为引领，以就业为导向，紧密对接职业标准和岗位需求。

2. 体现新模式

本书采用理实一体化的编写模式，各项目通过识读零件图、学习相关知识、完成技能训练等形式，突出“做中教，做中学”的职业教育特色。

3. 展示新思维

本书在完成零件加工的过程中，融合了操作方法、检测手段、工艺保证等内容，让学生带着问题学习，强化对学生创新能力和终生学习能力的培养。

本书在内容处理上主要有以下几点说明：

1）在结构上，从职业学校学生的基础能力出发，遵循专业理论的学习规律和技能的形成规律，按照由简到难的顺序设计项目（任务），在任务引导下学习车工技能及相关的理论知识，易于实现理实一体化教学，避免了教学与实践相脱节。

2）内容上，遵循“循序渐进”“少而精”的原则，有利于学生自学和教师授课，知识、技能的学习要求遵循认知规律，螺旋式上升。

3）表达上，贯彻“以例代理”和“以图代理”的思想。图例约占全书一半篇幅，实训时易于按图操作。

4）在形式上，通过小栏目和下划线等形式突出重点和难点，引导学生思考，培养学生的思维能力和创新意识。

5）使用本书时，建议安排实训周进行教学，时间为6~8周。具体学时分配建议见下表。

教学内容		理论教学课时	实践教学课时	总计
项目一　车削基础知识(12)	任务一　安全文明生产须知	1	1	2
	任务二　车床基本知识	2	2	4
	任务三　刃磨高速工具钢90°外圆粗车刀	2	4	6
项目二　用高速工具钢车刀加工简单轴类零件(20)	任务一　手动进给车削端面、外圆	3	4	7
	任务二　机动进给粗、精车端面、外圆、台阶	3	4	7
	任务三　调头车端面、外圆、台阶	2	4	6

（续）

教学内容		理论教学课时	实践教学课时	总计
项目三　用硬质合金车刀车双向台阶轴（14）	任务一　一夹一顶车台阶轴	2	3	5
	任务二　调头装夹车台阶轴	1	2	3
	任务三　切断、切槽	1	3	4
	任务四　轴类零件的加工工艺分析	2	0	2
项目四　加工简单套类零件（20）	任务一　钻孔和扩孔	2	4	6
	任务二　车平底孔	2	4	6
	任务三　铰圆柱孔	2	3	5
	任务四　孔加工工艺分析	3	0	3
项目五　加工外圆锥面（10）	任务一　转动小滑板法车外圆锥面	2	4	6
	任务二　测量外圆锥角度车外圆锥	2	2	4
项目六　车三角形外螺纹（18）	任务一　三角形外螺纹及其车削刀具知识	2	6	8
	任务二　倒顺车法车三角形外螺纹	3	7	10
项目七　加工内圆锥面（10）	任务一　转动小滑板法车内圆锥面	2	3	5
	任务二　测量内圆锥面	2	3	5
项目八　车三角形内螺纹（12）	任务一　刃磨三角形内螺纹车刀	1	3	4
	任务二　低速车三角形内螺纹	1	7	8
项目九　车梯形螺纹（12）	任务一　梯形螺纹基本知识和刃磨刀具	2	3	5
	任务二　梯形螺纹的车削	2	5	7
项目十　车削较复杂零件（18）	任务一　车削简单双孔件	1	4	5
	任务二　车削偏心轴	1	4	5
	任务三　车削细长轴	1	5	6
	任务四　用成形刀车圆弧槽	1	1	2
项目十一　综合训练（50）		0	50	50
总计		51	145	196

全书共十一个项目，由南京市莫愁中等专业学校杨冰任主编，夏平国任副主编。具体编写分工如下：扬州市邗江中等专业学校朱凤花编写项目一，南京市莫愁中等专业学校杨冰编写项目二至项目四，南京浦口中等专业学校虞敏编写项目五，南京市莫愁中等专业学校夏平国编写项目六，江苏省武进职业教育中心校刘绍平编写项目七，江苏省溧水中等专业学校王孝春编写项目八，江苏省武进中等专业学校谢敏编写项目九，江苏省连云港中等专业学校陈冰编写项目十，南京江宁高等职业学校陈炳编写项目十一。

本书经机械工业出版社职业教育教材审定委员会审定，评审专家对本书提出了宝贵的建议，在此对他们表示衷心感谢！

由于编者水平有限，书中不妥之处在所难免，恳请读者批评指正。

编　者

目　录

项 目 一

车削基础知识

本项目主要学习车工安全文明生产知识，熟悉车床的基本结构，掌握车刀的作用和几何参数的含义，练习清理、润滑、保养车床和刃磨90°外圆粗车刀。通过本项目的学习和训练，能独立清理、润滑、保养车床，并刃磨出90°外圆粗车刀。

任务一 安全文明生产须知

学习目标

本任务主要学习车工的安全、文明生产规范，熟悉“5S”管理标准，理解着装要求、工具和量具摆放要求，练习车床的清理方法。通过本任务的学习和训练，能完成车床的清理工作。

相关知识

一、安全生产规范

1. 场地安全要求

从安全角度考虑，车床操作区周围一般用__黄线__分隔，__黄线__应位于车床__外围2~3m__处，除操作者外，其他人员不得随意进入黄线区域。

车床操作区中，各台车床__倾斜__布置，以避免万一工件飞出时击中其他操作人员，如图1-1所示。

车床前放置木制踏脚板，起__绝缘__作用，并保证身材矮小的同学能达到足够的操作高度。踏脚板要垫实、平稳。

2. 服装要求

1）进入实习场地要着__工作服__，袖口、衣襟要__扎紧__。

2）必须佩戴__护目眼镜__。

3）不允许穿__拖鞋__、__凉鞋__、__高跟鞋__，严禁戴__手套__。

4）女生要戴好__工作帽__，长发要__塞入帽子__。

图 1-1　车床布置位置

3. 操作要求

1）操作车间严禁＿嬉笑哄闹＿，也不能在操作时随意闲谈。

2）工件和车刀必须＿夹紧＿，卡盘扳手用后必须＿立即取下＿，防止飞出伤人（图 1-2）。

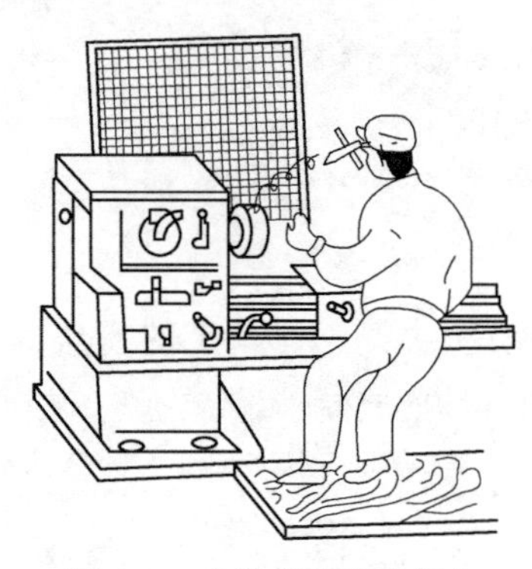
图 1-2　卡盘扳手飞出伤人

3）车床开动时，手和身体不能靠近＿转动部位＿（尽量站在 45°倾斜位置），更不能＿摸工件＿、＿测量工件＿以及用棉纱擦拭＿转动的工件＿。

4）不能在主轴箱上放置＿硬物＿，以防止其滑落碰到＿转动着的卡盘＿后飞出，如图 1-3 所示。

图 1-3　主轴箱上不能放硬物

5）车床运转时，不能离开工作岗位，如有事必须 停车后 处理。

6）找正、测量工件时，主轴箱手柄要置于 空档位置 ，以防止 操纵杆 失灵，主轴意外转动，如图 1-4 所示。

7）短时间离开车床时，要把主轴箱手柄置于 空档位置 ；较长时间离开车床时，必须 关闭电源 。

8）不要试图用手制动 转动着的卡盘 。

9）不能用手直接清除铁屑，要用 专用铁钩 清除。

10）当加工出现意外或发生设备故障时，必须 立即停车 ，报告指导教师，不得私自拆卸、维修。

11）搬运较重零件时，要运用 腿部 的力量，不能将力量全部加在 脊背 上，并适当请同学帮忙，或使用起重设备。

图 1-4　主轴箱手柄置于空档

二、文明生产规范

1）工作前，必须检查车床各部分手柄位置是否正常，工件、刀具要安装 牢固、可靠 ，确认后方可起动机床。

2）开车前运转 1~2min （冬季需适当延长时间），确认润滑系统畅通、各部位正常后再开始工作。

3）机床运转中严禁变换 主轴转速 。

4）严禁在 卡盘、顶尖或导轨面上 敲打、找正和修正工件。

5）切削液泵不使用时，应切断电源，以免烧坏电动机。

6）机床导轨面和油漆面上禁止直接摆设 金属物品 。

7）禁止用铁棒撞击主轴孔内的顶尖（可用铜棒）。

8）工件、工具、附件摆放整齐，位置固定。

9）工作结束后，应将溜板箱移至 机床尾部 ，切断机床电源。

10）每天下班前应将机床及其工作场地周围打扫干净。

11）为保持丝杠精度，除车螺纹外，不得使用 丝杠 进行自动走刀操作。

12）装夹、找正较重工件时，要用木板 保护床面 。

13）工作结束后，要认真清理切屑和切削液，擦净后加 润滑油 。

三、“5S”管理标准

“5S”是 整理（Seiri） 、 整顿（Seiton） 、 清扫（Seiso） 、 清洁（Seikeetsu） 和 素养（Shit-suke） 5 个词的缩写。因为这 5 个词的日语中罗马拼音的第一个字母都是“S”，所以简称“5S”，开展以整理、整顿、清扫、清洁和素养为内容的活动，称为“5S”活动。

技能训练

一、整理工具和量具

必用工具：卡盘扳手、刀架扳手、空心套管、垫刀片和各种车刀等。此外，还可根据实际情况配有钻头、铰刀、V 形铁、尾座扳手、顶尖和钻夹头等。

必用量具：游标卡尺、千分尺（0~25mm、25~50mm）。根据实际情况配有百分表、塞规、游标万能角度尺等。

工具柜的摆放位置应满足以下要求：

1）工具和量具必须 分开摆放 ，各项物品根据使用场合 相应集中 。

2）量具要摆放整齐，工具不得 叠放 。

3）常用物品放在 便于拿到的 位置。

二、清理机床

清理机床的要求和步骤如下：

1）用软毛刷或棉纱擦除刀架、导轨等处的 切屑 。

2）清除 托盘 里的切屑。

3）用棉纱擦除 导轨 等处的污迹。

4）用棉纱擦除主轴箱、进给箱、溜板箱、床身等处的污迹。

5）把溜板箱移至 尾座 附近。

6）清扫地面，不得留有切屑。

三、注意事项

擦拭导轨时，需要把溜板箱来回运动，反复擦拭，才能把床鞍下压着的污迹擦净。

任务二 车床基本知识

学习目标

本任务主要学习卧式车床主要结构的名称、作用，学习车床的润滑保养要求，练习车床的空运行操作，并润滑保养车床。通过本任务的学习和训练，会简单操作车床，能正确润滑保养车床。

相关知识

一、车床的基本结构

下面以 CA6140 型普通卧式车床（图 1-5）为例，介绍普通卧式车床各主要部分的名称和用途。

机床型号“CA6140”的含义是：＿床身上最大工件回转直径为400mm的普通卧式车床＿。

[知识链接]　机床型号是机床产品的代号，用以表示机床的类型、特性、主要技术参数等。根据GB/T 15375—2008《金属切削机床　型号编制方法》的规定，机床型号由汉语拼音字母和阿拉伯数字组成，包括分类代号、类代号、特性代号、组代号、系代号、主参数或设计顺序号、主轴数或第二主参数、重大改进顺序号和其他特性代号。

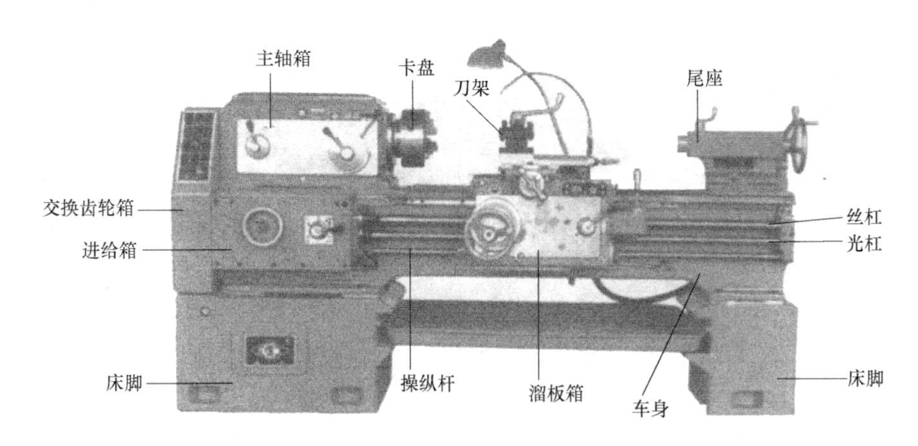

图1-5　CA6140型普通卧式车床

1. 主轴箱

主轴箱支承＿主轴＿转动，并带动工件做＿旋转运动＿。主轴箱内由齿轮、轴等组成变速机构。主轴箱外有手柄，可形成多种不同的转速。

2. 交换齿轮箱

交换齿轮箱又称挂轮箱，它将主轴箱的运动传递至进给箱，与进给箱共同作用，产生不同的进给量（导程）。

3. 进给箱

进给箱又称变速箱，它把从交换齿轮箱传递来的运动经过＿变速＿传至＿光杠或丝杠＿。

4. 溜板箱

溜板箱从光杠或丝杠获得运动，通过箱外手柄和按钮，实现刀架的＿纵向、横向＿运动。

5. 床身

床身是车床的主要基础部件，用于＿支承和连接＿机床各部件，并保证各部件的相对位置。

6. 尾座

尾座用于安装顶尖及装夹钻头、铰刀等孔加工刀具。

7. 其他结构部件

其他结构部件包括主轴、卡盘、丝杠、光杠、滑板（大滑板、中滑板、小滑板）、刀架、导轨、床脚、冷却装置等。

[注意]　即使同为CA6140型车床，不同厂家生产的车床，其操作手柄等的形式也不尽

相同。操作时要根据车床的实际情况，认真学习车床的结构，防止操作错误。

二、车床的润滑保养

1. 润滑的目的

润滑的目的是使车床正常运转，减少磨损。

2. 润滑的种类及应用位置

在车床润滑中，主要润滑方式有 浇油润滑、溅油润滑、油绳润滑、弹子油杯润滑、油脂润滑及油泵润滑 等，如图 1-6 所示。

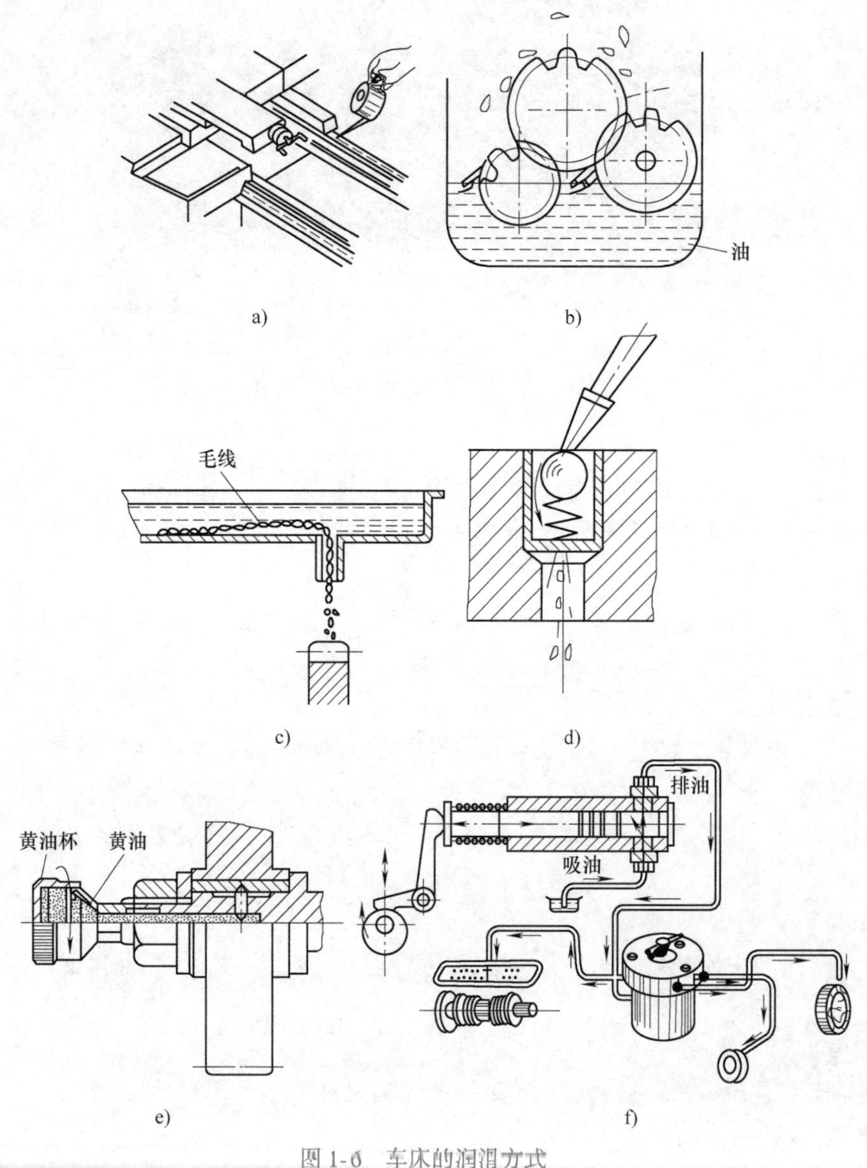

图 1-6　车床的润滑方式

（1）浇油润滑（图 1-6a）　用于床身导轨面、中滑板导轨面、小滑板导轨面等外露表面。

(2) 溅油润滑（图 1-6b）　用于主轴箱内各零件，通过齿轮转动，把润滑油溅到各零件上润滑。

(3) 油绳润滑（图 1-6c）　将毛线浸在油槽内，把油引到所需位置，如进给箱。

(4) 弹子油杯润滑（图 1-6d）　用于尾座、手柄转动轴承等处。

(5) 油脂润滑（图 1-6e）　用于交换齿轮箱中的中间齿轮。

(6) 油泵润滑（图 1-6f）　用于主轴前轴承处。

技能训练

一、车床基本操作方法

1. 通电

打开开关（按下按钮）。

2. 主轴转动

__提起__操纵杆，主轴正转；__压下__操纵杆，主轴反转；操纵杆停在__中间位置__时，主轴停止转动。

3. 操作滑板

(1) 床鞍和中、小滑板手柄的转动方向　以操作者所处位置为基准，大滑板手柄__逆时针方向__转动时，逐渐接近卡盘；中滑板__顺时针方向__转动时，逐渐接近工件回转中心；小滑板__顺时针方向__转动时，逐渐接近卡盘。

(2) 床鞍和中、小滑板手柄的分度盘　床鞍和中、小滑板手柄上都带有分度盘，手柄运动时将带动分度盘运动。分度盘上分别标注有分度值“1mm”“0.05mm”，分度值的含义是__分度盘每运动一格，其对应滑板移动所标注数值的距离__。

4. 使用切削液

打开切削液泵开关，调整喷嘴流量。切削液的浇注位置是__刀尖__，这样在床鞍运动时仍能保证准确浇注。

[注意]　切削液喷嘴和床鞍是连为一体，共同运动的。不要对准工件的切削位置，否则当床鞍运动后，浇注位置会离开切削部位。

二、操作练习

1. 练习车床正、反转操作

2. 进给练习

1）练习床鞍每次进给 1mm、2mm。

2）练习中滑板每次进给 0.5mm、1mm、2mm。

3）练习小滑板每次进给 0.5mm、1mm。

3. 使用切削液

三、润滑机床

1）打扫干净机床。

2）用刷子蘸油润滑各导轨面。

3）根据铭牌上的润滑图，使用油枪对各弹子油杯处进行润滑。

4）使用油枪润滑浇注丝杠等外露部位。

[注意] 不能润滑卡爪，否则可能在以后装夹工件时发生打滑，甚至出现工件飞出的严重事故。

任务三 刃磨高速工具钢 90°外圆粗车刀

学习目标

本任务主要了解车刀的种类，学习车刀的基本几何参数和刀具角度知识，练习刃磨高速工具钢 90°外圆粗车刀。通过本任务的学习和训练，能正确识别刀具角度，能正确选用砂轮，会刃磨高速工具钢 90°外圆粗车刀。

相关知识

一、刀具角度知识

1. 刀具的分类

根据加工内容，车刀可分为外圆车刀、端面车刀、切断（切槽）刀、内孔车刀、成形车刀和螺纹车刀等，如图 1-7 所示。

根据材料分类，最常见的车刀有 高速工具钢 车刀和 硬质合金 车刀，如图 1-8 所示。

根据结构分类，车刀有整体式、焊接式和机夹式等，如图 1-9 所示。

2. 车刀的组成

车刀由 刀头 和 刀柄 两部分组成，刀体起 切削 作用，刀柄用于将车刀装夹在刀架上。

（1）前刀面 切屑排出时流过的表面。

（2）后刀面 分为主后刀面和副后刀面。

（3）主切削刃 前刀面和主后刀面 的相交部位，担负车刀的主要切削任务。

（4）副切削刃 前刀面和副后刀面 的相交部位，担负车刀的次要切削任务。

（5）刀尖 主切削刃和副切削刃的相交部位。

3. 测量车刀角度的辅助平面

（1）切削平面 过切削刃上某选定点，与主切削刃 相切 的平面。

（2）基面 过切削刃上某选定点，与该点切削速度方向 垂直 的平面。

（3）截面 过切削刃上某选定点，垂直于切削平面和基面的平面。

4. 刀具的几何角度

（1）在截面内测量的角度

1）前角 γ_o。 前刀面与基面 之间的夹角。

2）主后角 α_o。 主后刀面与切削平面 之间的夹角。

3）副后角 α_o'。 副后刀面与切削平面 之间的夹角。

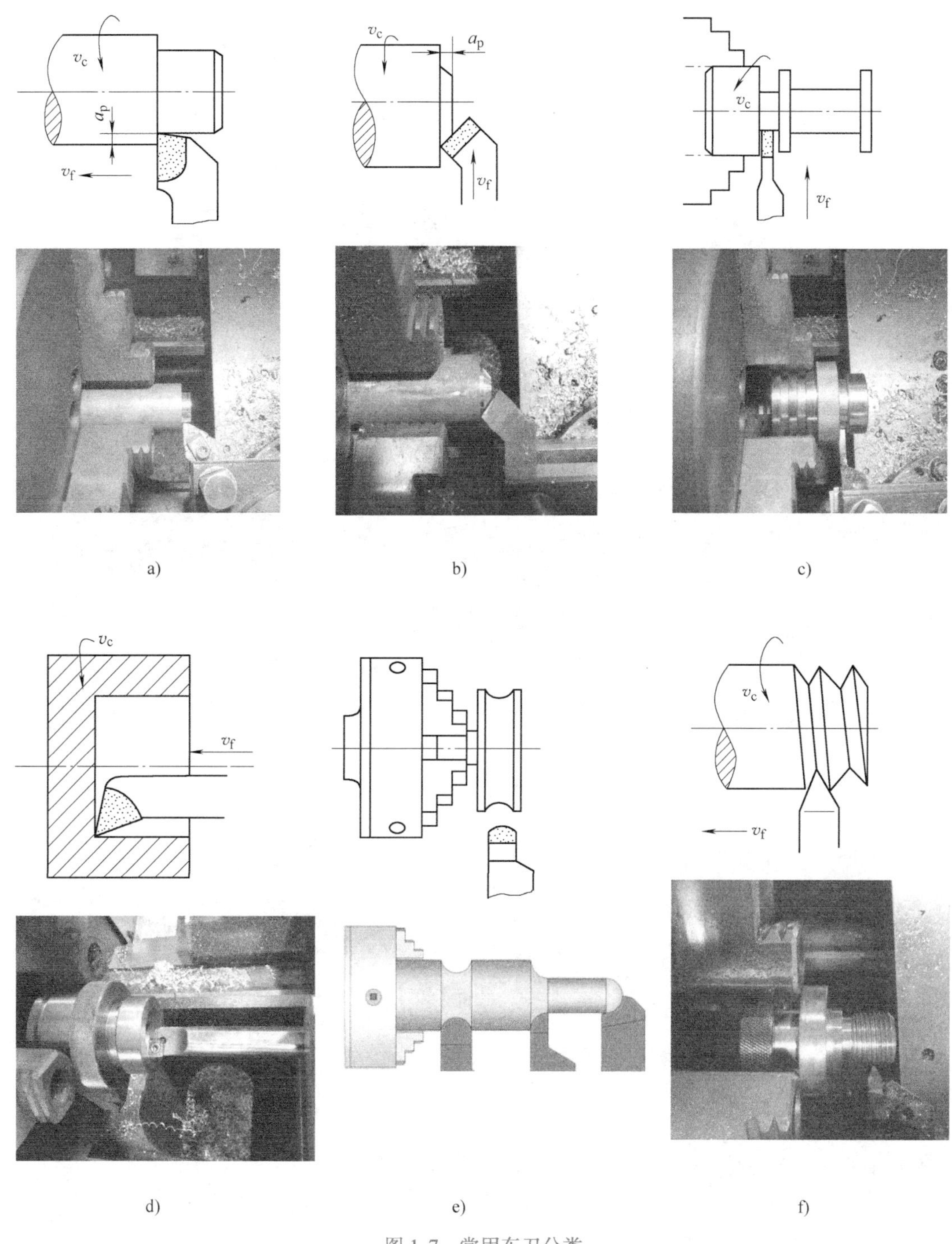

图 1-7　常用车刀分类

a）外圆车刀　b）端面车刀　c）切断（切槽）刀　d）内孔车刀　e）成形车刀　f）螺纹车刀

（2）在基面内测量的角度

1）主偏角 κ_r。主切削刃在基面内的＿投影与进给方向间＿的夹角。

2）副偏角 κ_r'。副切削刃在基面内的＿投影与背离进给方向间＿的夹角。

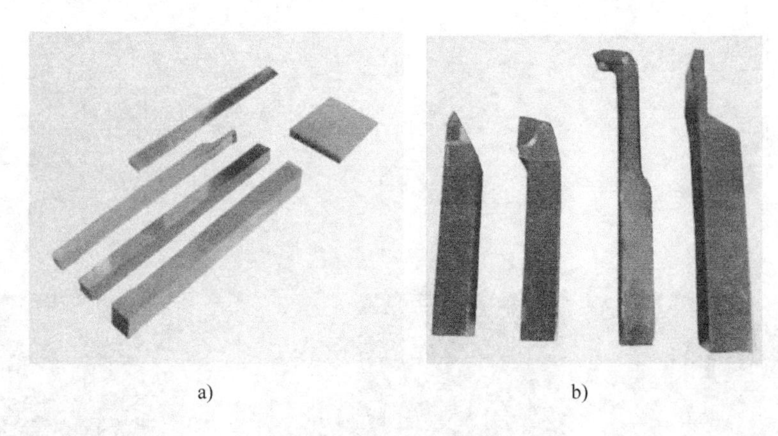

a)　　　　b)

图 1-8　车刀按材料分类

a）高速工具钢车刀　b）硬质合金车刀

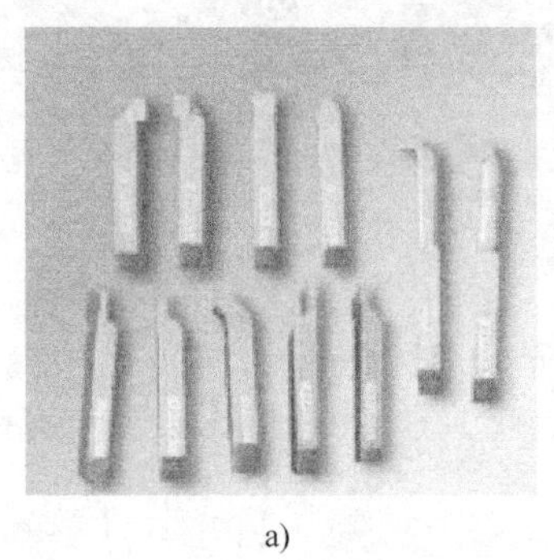

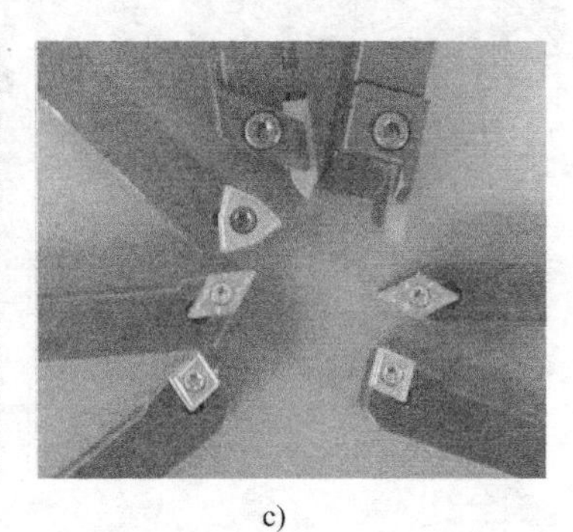

a)　　　　b)　　　　c)

图 1-9　车刀按结构分类

a）整体式车刀　b）焊接式车刀　c）机夹式车刀

（3）在切削平面内测量的角度

刃倾角 λ_s 是＿主切削刃与基面＿间的夹角。

5. 刀具角度的正负之分

以上六个独立角度有正负之分，当“夹角”部分是实体材料时，角度值为＿负值＿；当“夹角”部分不是实体材料时，角度值为＿正值＿。

二、外圆车刀的基本形状

常用的外圆车刀是90°外圆车刀，其形状如图1-10所示。

90°外圆车刀由一个前刀面、一个主后刀面、一个副后刀面、一条主切削刃、一条副切削刃、一个刀尖和刀柄组成。

90°外圆车刀的各角度如图1-11所示。

三、高速工具钢车刀

1. 车刀切削部分材料应具备的特点

1）硬度高。

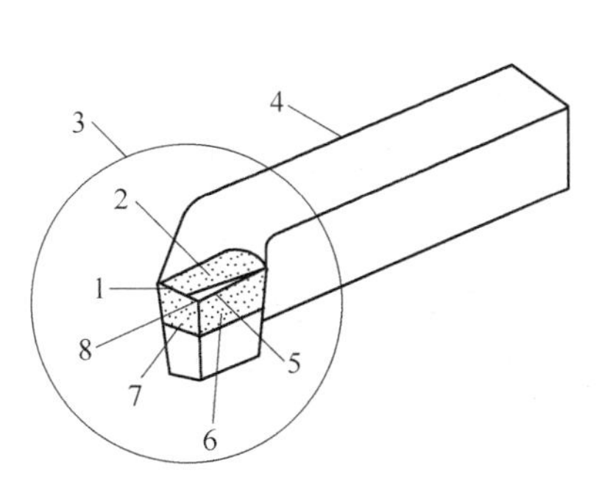

图 1-10　90°外圆车刀
1—副切削刃　2—前刀面　3—刀头　4—刀柄　5—主切削刃　6—主后刀面　7—副后刀面　8—刀尖

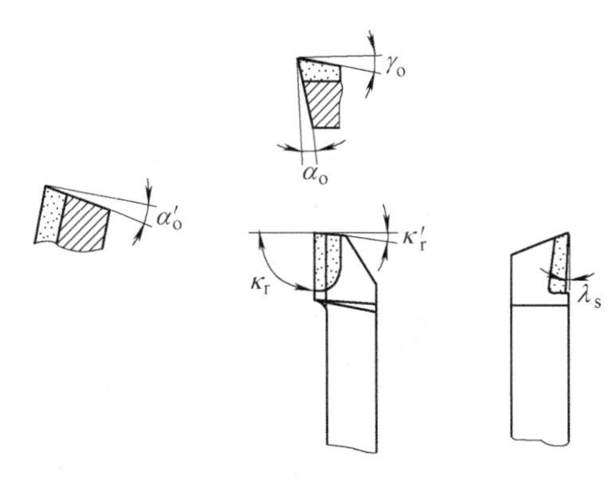

图 1-11　车刀的角度

2）耐磨性好。

3）耐热性好。

4）足够的强度和韧性。

5）良好的工艺性。

2. 高速工具钢

高速工具钢是含有钨、铬、钒、钼等合金元素较多的合金钢，其特点是＿制造简单、刃磨方便、刃口锋利、韧性好，能承受较大的冲击力＿。初学者多使用高速工具钢车刀完成加工。

高速工具钢的常见牌号有 W18Cr4V（$w_W=18\%$、$w_{Cr}=4\%$、$w_V=1\%$）、W6Mo5Cr4V2（$w_W=6\%$、$w_{Mo}=5\%$、$w_{Cr}=4\%$、$w_V=2\%$）等。

车刀所用高速工具钢一般已经过热处理并将表面磨光。

技能训练

刃磨一把高速工具钢 90°外圆粗车刀。

一、砂轮的选用

常用的砂轮有白色＿氧化铝＿砂轮和绿色＿碳化硅＿砂轮（图 1-12）。氧化铝砂轮的韧性比较好，且比较锋利，但硬度较低，适合刃磨高速工具钢车刀和硬质合金车刀的刀柄（45 钢）部分。

二、刃磨步骤

1. 刃磨主后刀面

磨出车刀的主偏角 κ_r 和主后角 α_o，如图 1-13a 所示。

2. 刃磨副后刀面

磨出车刀的副偏角 κ_r'和副后角 α_o'，如图 1-13b 所示。

a)

b)

图 1-12 砂轮

a）白色氧化铝砂轮 b）绿色碳化硅砂轮

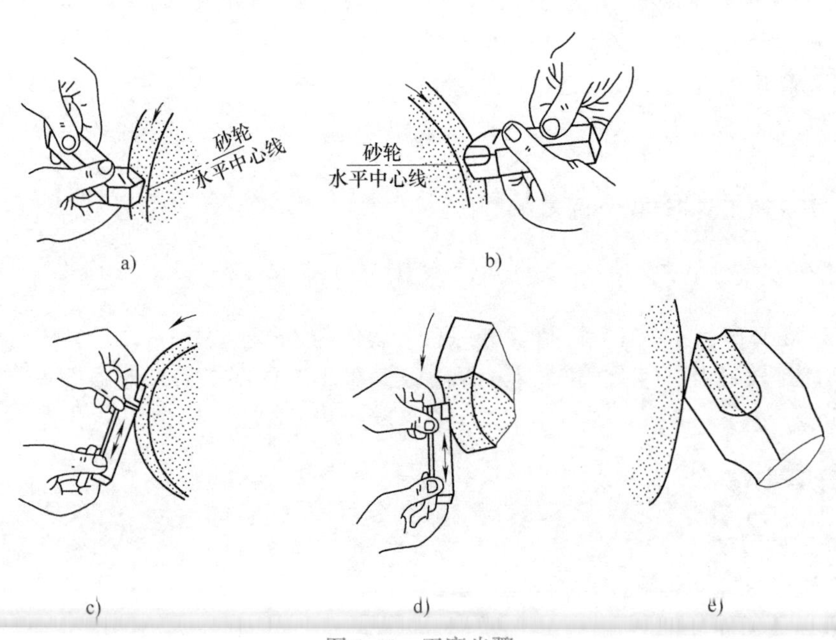

a) b)

c) d) e)

图 1-13 刃磨步骤

3. 刃磨前刀面

磨出车刀的前角 γ_o 和刃偏角 λ_s，如图 1-13c 所示。

4. 刃磨断屑槽

在前刀面上磨出平行于主切削刃的<u>　凹槽　</u>，以利于断屑，使切削刃锋利、切削省力，如图 1-13d 所示。

5. 刃磨刀尖圆弧

磨出主、副切削刃之间的过渡刃，如图 1-13e 所示。

三、注意事项

1）砂轮必须装有防护罩，托架与砂轮之间的空隙不可超过 3mm，以免不慎将车刀卡入空隙而引发事故。

2）开机后，若砂轮转动不平稳，则不能磨刀；磨刀用砂轮不准磨其他物件。

3）磨刀时，人站在砂轮的侧面（图 1-14），避免砂轮粉屑或碎裂时飞出伤到要害部位。

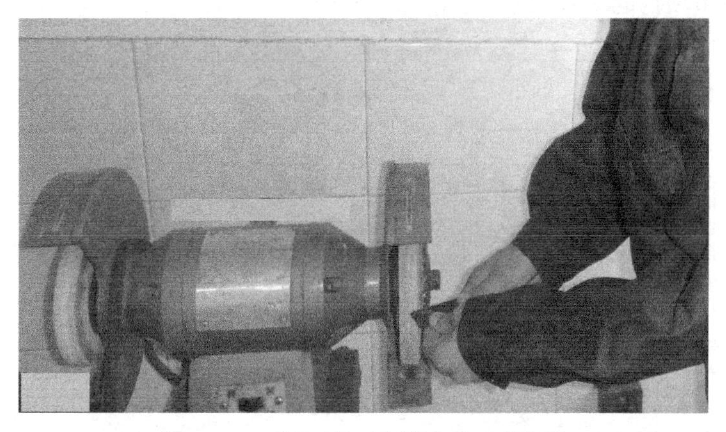

图 1-14　刃磨刀具时人站立的正确位置

4）握刀姿势要正确 ，手指不能抖动，用力不能过大，以免手滑时触及砂轮而受伤。

5）刃磨碳素钢、合金钢及高速工具钢刀具时，要频繁冷却，不能使刀头变色，否则刀头将因退火而降低硬度。

6）磨刀时，应避免使用砂轮侧面。

7）刃磨时应将车刀左右移动，不能固定在砂轮一处，以免将砂轮表面磨成凹槽，从而影响刃磨质量。

8）禁止两人同时使用一个砂轮。

项目二

用高速工具钢车刀加工简单轴类零件

本项目主要学习车削简单轴类零件的操作方法，熟悉加工简单轴类零件所用车刀、切削参数，练习手动和机动车削外圆、端面、台阶等加工表面以及刃磨车刀、测量直径和长度等操作技能。通过本项目的学习和训练，能够完成图 2-1 所示零件的加工。

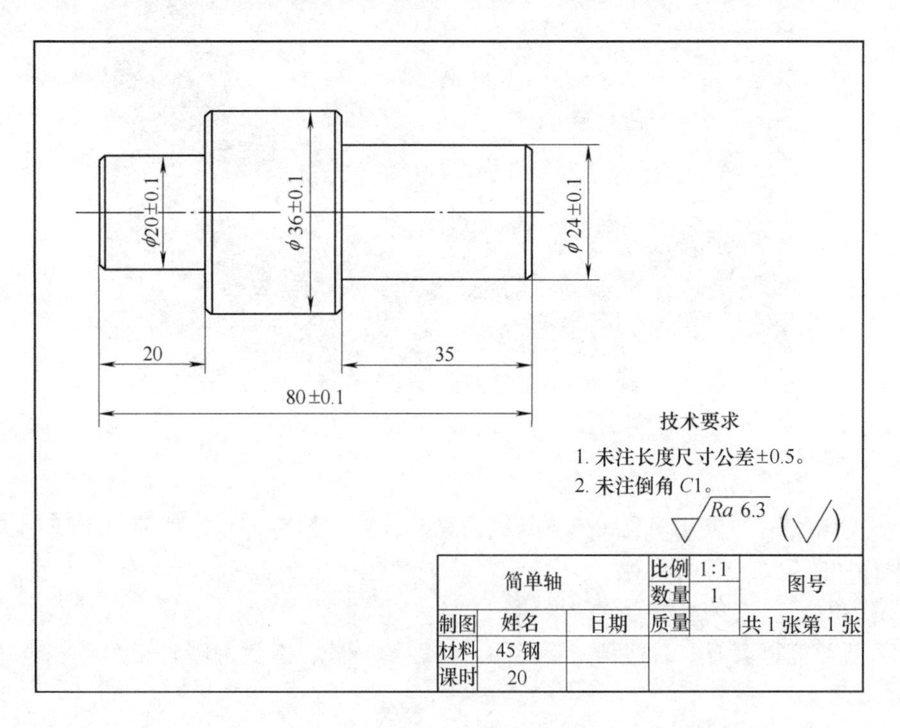

图 2-1 简单轴零件图

任务一 手动进给车削端面、外圆

零件图

手动进给车削图 2-2 所示零件的端面、外圆。

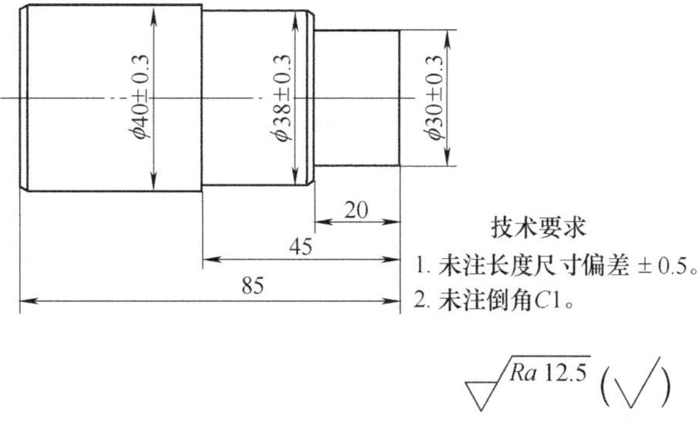

图 2-2　手动进给车削端面、外圆

学习目标

本任务主要学习切削加工的基本知识，会初步选择车刀，练习刃磨高速工具钢端面车刀、手动车削端面和外圆等技能。通过本任务的学习和训练，能够完成图 2-2 所示零件的加工。

相关知识

一、车削基本知识

1. 车工的概念

车工是工人操作车床，根据__图样__要求，对工件进行车削加工的工种。

车削加工就是在车床上，利用工件的__旋转运动__和车刀的__直线（或曲线）运动__来改变毛坯的尺寸、形状，使之成为合格工件的一种金属切削方法。

2. 车削运动

（1）主运动（图 2-3）　车削时形成__切削速度__的运动称为主运动，它是车削时的主要运动。例如，工件的__旋转运动__就是主运动。主运动是车床的主要运动，消耗车床的主要动力。

（2）进给运动（图 2-4）　使工件多余材料不断被车去的运动称为进给运动，车刀的__直线（或曲线）运动__就是进给运动。进给运动分为__纵向进给运动__和__横向进给运动__。

［注意］　所谓“纵向”或“横向”，是以导轨方向为依据的。因此，车削外圆是__纵向进给运动__，车削端面、切断是__横向进给运动__。

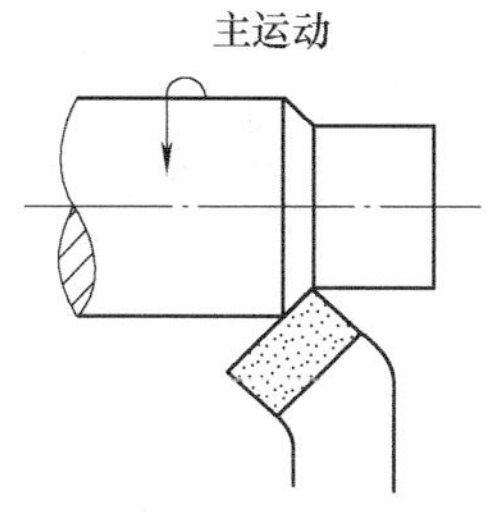

图 2-3　主运动

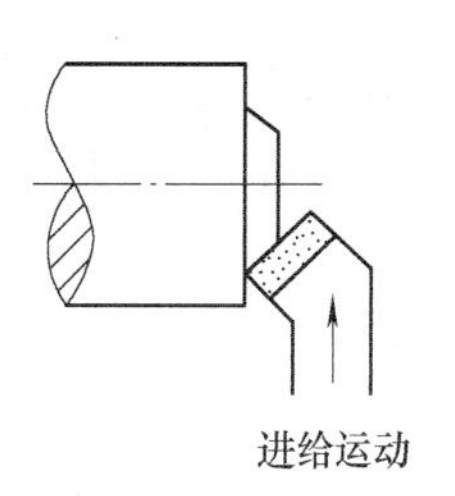

图 2-4　进给运动

3. 车削时工件上形成的表面

车削时工件上有三个不断变化的表面（图 2-5）。

（1）待加工表面　工件上<u>　将要　</u>被车去多余金属的表面。

（2）过渡表面　刀具切削刃<u>　在工件上　</u>形成的表面。

（3）已加工表面　<u>　已经　</u>车去金属层而形成的新表面。

4. 切削用量

切削用量（切削三要素）是衡量车削运动<u>　大小　</u>的参数。

（1）背吃刀量（切削深度）a_p（图 2-6）　车削时，工件上待加工表面与已加工表面间的<u>　垂直距离　</u>称为背吃刀量。车削外圆时背吃刀量的计算公式是

$$a_p=\frac{d_w-d_m}{2}$$

式中　a_p——背吃刀量（mm）；

d_w——待加工表面直径（mm）；

d_m——已加工表面直径（mm）。

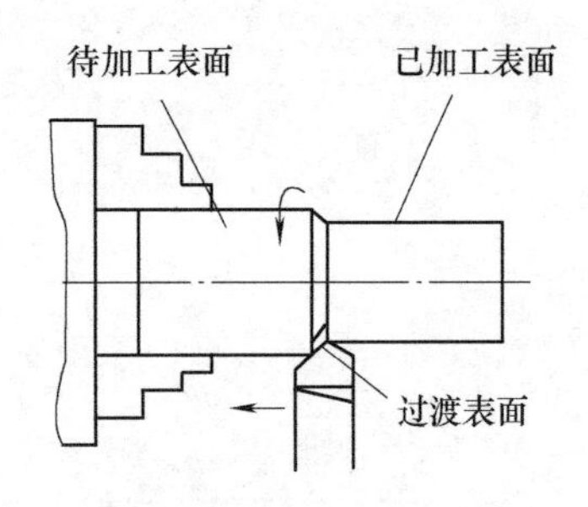

图 2-5　车削运动和工件上形成的表面

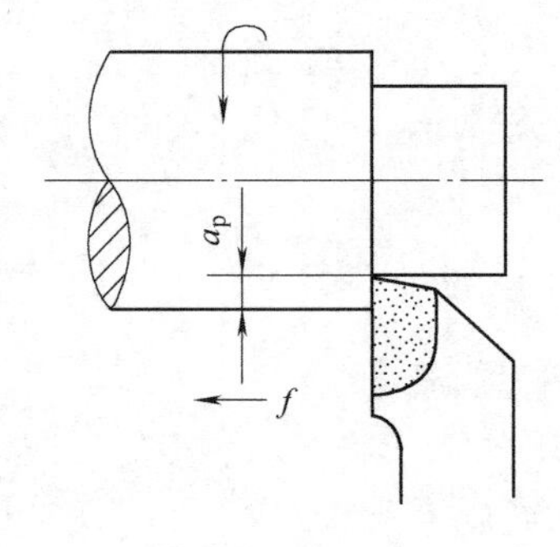

图 2-6　背吃刀量和进给量

（2）进给量 f（图 2-6）　工件每转一圈，车刀沿<u>　进给方向　</u>移动的距离称为进给量，单位是毫米/转（mm/r）。

进给量分为纵向进给量和横向进给量。沿床身导轨方向移动的是<u>　纵向进给量　</u>，沿床身导轨方向垂直移动的是<u>　横向进给量　</u>。

（3）切削速度 v　主运动的线速度称为切削速度，单位是米/分钟（m/min）。车削外圆时，切削速度的计算公式是

$$v=\frac{n\pi d}{1000}$$

式中　v——切削速度（m/min）；

n——主轴转速（r/min）；

d——工件待加工表面直径（mm）。

［注意］　在车床主轴转速不变时，切削速度是随直径的变化而变化的。车削端面时，切削速度随着车削直径的减小而不断减小。

［例 2-1］　在 CA6140 型车床上车削直径为 40mm 的工件，若要求切削速度为 20m/min，

试选择合适的主轴转速。

解：根据公式 $v=\frac{n\pi d}{1000}$ 可得

$$n=\frac{1000v}{\pi d}=\frac{1000\times20}{3.14\times40}\text{r/min}\approx159.2\text{r/min}$$

根据 CA6140 型车床提供的实际转速，选择 140r/min 或 180r/min 比较合理。

二、车削端面、外圆所用车刀

1. 端面车刀

车削端面时常用端面车刀（又称 45° 车刀、45° 外圆车刀、弯头刀等），如图 2-7所示。所谓“45°”，是指车刀的 主偏角 为 45°。端面车刀主要用于车削 端面、倒角 ，也可以车削 短而粗 的外圆，如图 2-8 所示。

图 2-7　端面车刀

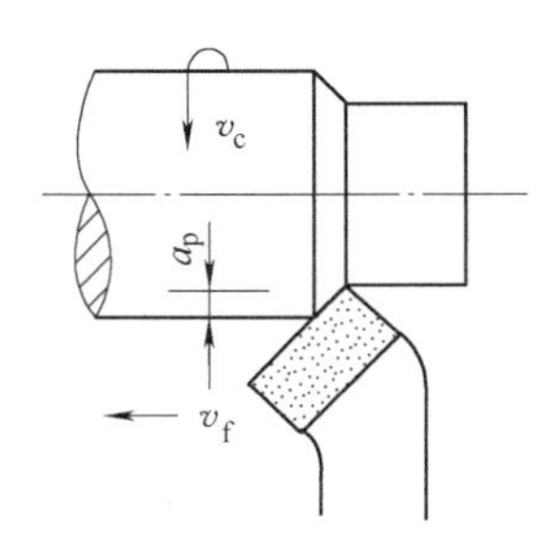

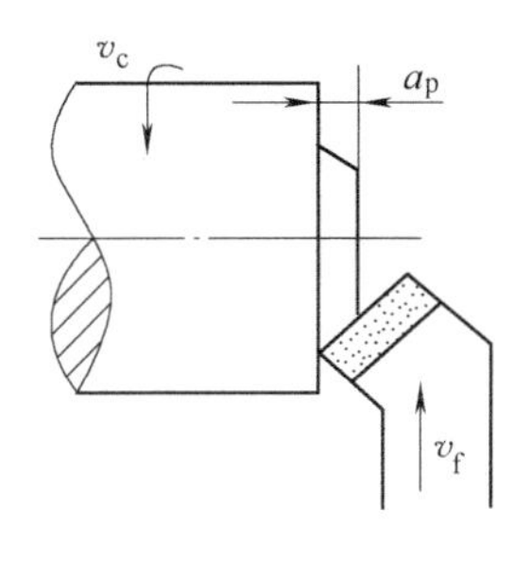

图 2-8　端面车刀的使用

2. 外圆车刀

车削外圆时常用外圆车刀（又称 90° 车刀、90° 外圆车刀、偏刀等），如图 2-9 所示。同样，“90°”是指车刀的主偏角为 90°。外圆车刀主要用于车削 外圆、台阶 ，也可以车削 端面 ，如图 2-10 所示。

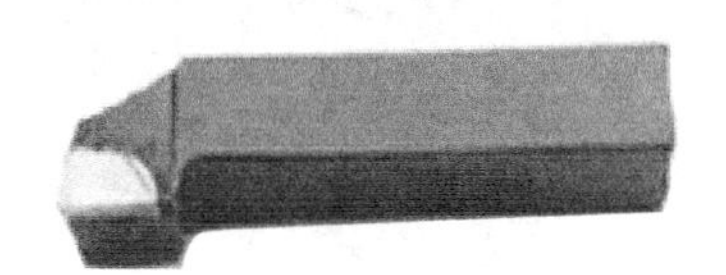

图 2-9　外圆车刀

［知识链接］　在生产中，还有一种经常使用的外圆车刀——75° 车刀（图 2-11），由于刀头强度好，比较耐用，适用于粗车轴类零件的 外圆 以及 强力切削铸、锻件 等余量较大的零件。

三、游标卡尺的读数原理

1. 游标卡尺的用途

如图 2-12 所示，游标卡尺是 中等 精度的量具，可测量工件的 外径 、 孔径 、 长度 、 宽度 、 深度 和 孔距 等尺寸。

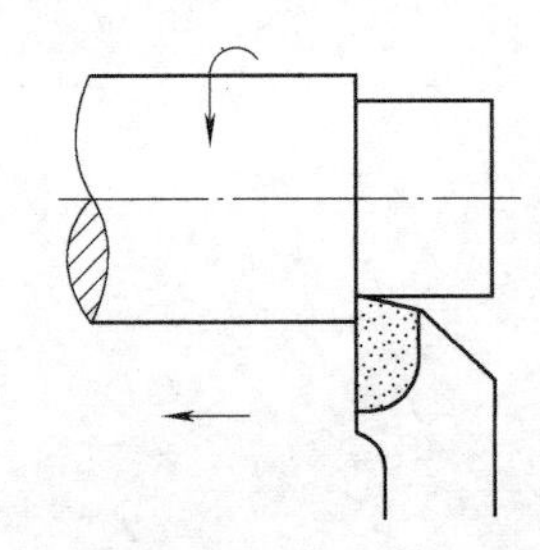

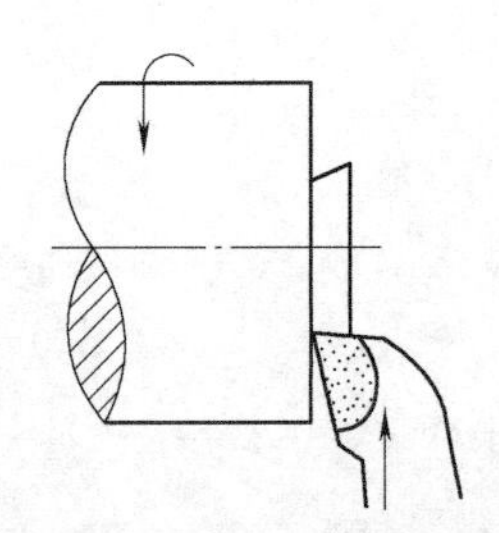

a)

b)

图 2-10　外圆车刀的使用

a）车削外圆　b）车削端面

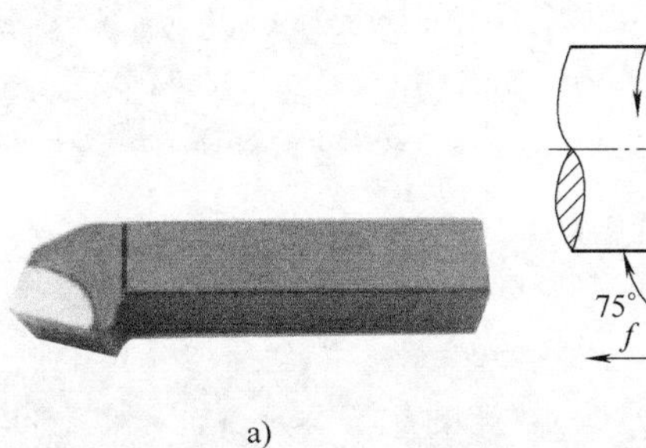

a)

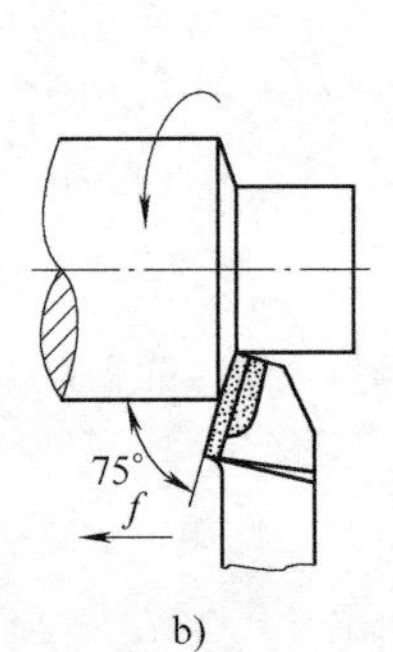

b)

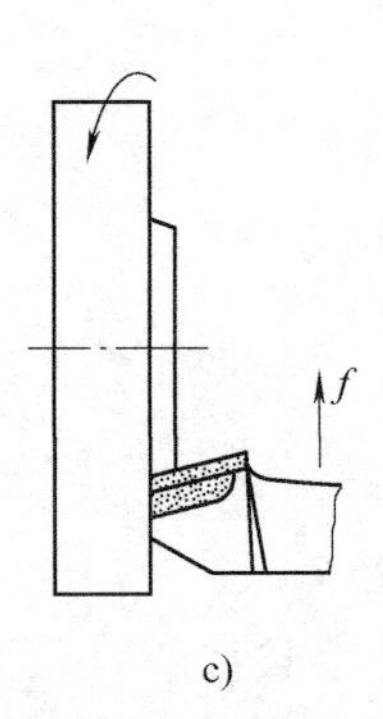

c)

图 2-11　75°车刀及其使用

a）硬质合金 75°车刀　b）75°车刀车削外圆　c）75°车刀车削端面

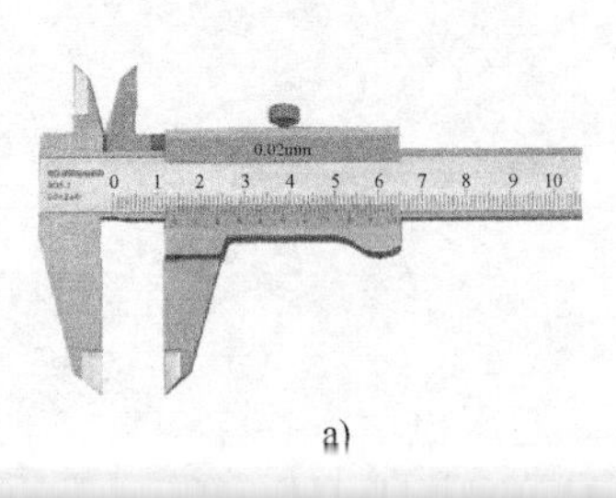

a)

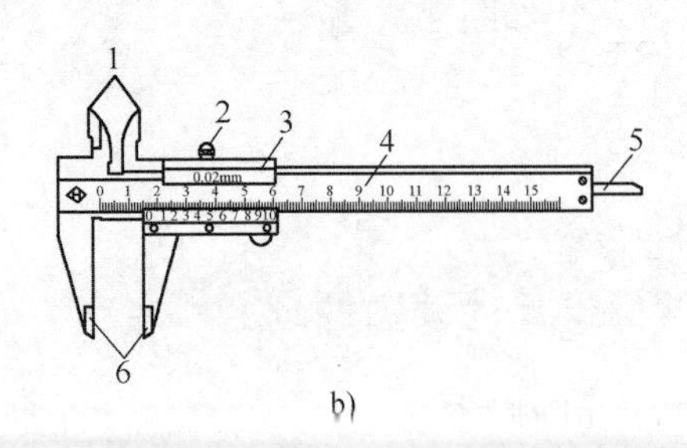

b)

图 2-12　游标卡尺

a）双面游标卡尺　b）三用游标卡尺

1、6—测量爪　2—制动螺钉　3—游标　4—尺身　5—深度尺

2. 读数步骤

1）读出游标上零标尺标线左面尺身的＿毫米＿整数。

2）读出＿游标＿上哪一条标尺标线与尺身标尺标线对齐。

3）把＿尺身＿和＿游标＿上的尺寸相加即为测得尺寸，如图 2-13 所示。

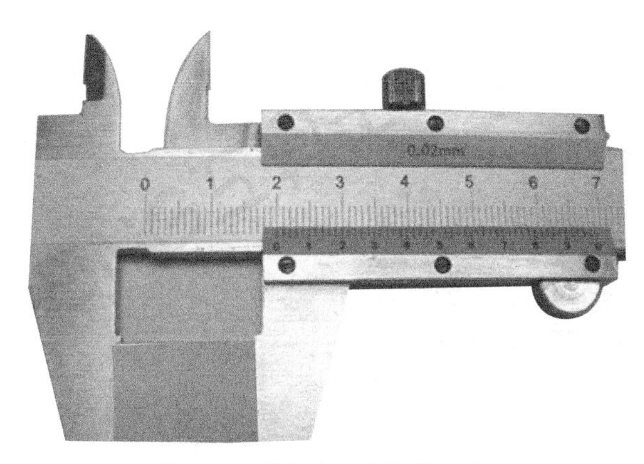

图 2-13　游标卡尺的读数方法

[说明]

1）游标上分度值一般有＿0.02（1/50）＿mm 和＿0.05（1/20）＿mm 两种。

2）0.02mm 游标上所写的数字为小数点后第一位读数。

3）0.05mm 游标上所写的数字为当前的格数，读数时需要用格数乘以＿0.05＿mm。

四、量具的维护和保养

测量前应把量具和工件的测量面＿擦干净＿，减少量具的＿磨损＿，以免影响＿测量精度＿；使用量具时，不要将其和＿工具、刀具＿放在一起；使用完毕后，及时＿擦净＿、＿涂油＿，以免生锈；发现精密量具不正常时，应＿交送专业部门检修＿。

 技能训练

一、毛坯、刀具、工具、量具准备

1. 毛坯

毛坯尺寸为 ϕ40mm×90mm，材料为 45 钢。

45 钢是车削加工中经常使用的一种材料，是一种常见的＿优质碳素结构＿钢。钢中所含杂质较＿少＿，综合力学性能比较＿好＿，常用来制造比较重要的机械零部件，一般需要经过＿热处理＿来改善性能。

优质碳素结构钢的牌号用＿两＿位数字表示，此数字表示钢中碳的质量分数的＿万＿分数。例如，45 表示＿碳的质量分数为 0.45%的优质碳素结构钢＿。

2. 刀具

本任务要使用高速工具钢外圆车刀和高速工具钢端面车刀，其中高速工具钢端面车刀需要刃磨，刃磨步骤为：

1）粗磨<u>主后刀面</u>，同时磨出主偏角和主后角。

2）粗磨<u>副后刀面</u>，同时磨出副偏角和副后角。

3）粗磨<u>前刀面</u>，磨出前角。

4）修磨前刀面。

5）修磨主后刀面和副后刀面。

6）修磨刀尖圆弧。

3. 工具、量具

本任务需要使用的量具为游标卡尺。

二、工艺步骤

1）车削端面（留有凸头），保证总长85mm。

2）车削外圆（ϕ38±0.3）mm×45mm。

3）车削外圆（ϕ30±0.3）mm×20mm。

4）倒角三处。

三、操作要求

1. 装夹工件

（1）自定心卡盘（图2-14） 自定心卡盘的三个卡爪同步运动，能自定心，当工件较<u>短</u>、精度要求较低时无需<u>找正</u>，由于其装夹方便，故适用于装夹<u>外形规则的中小型</u>零件。

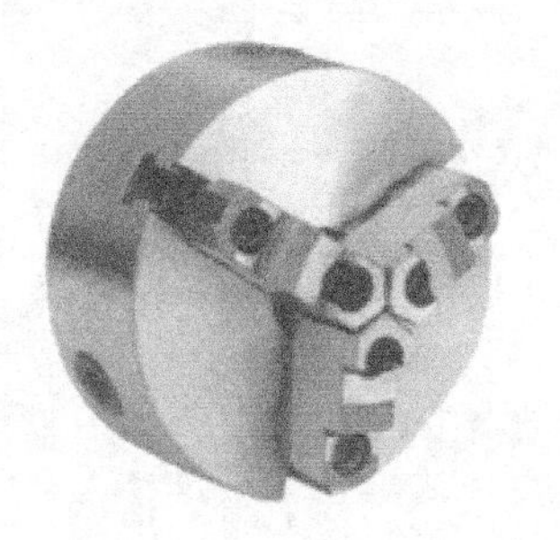
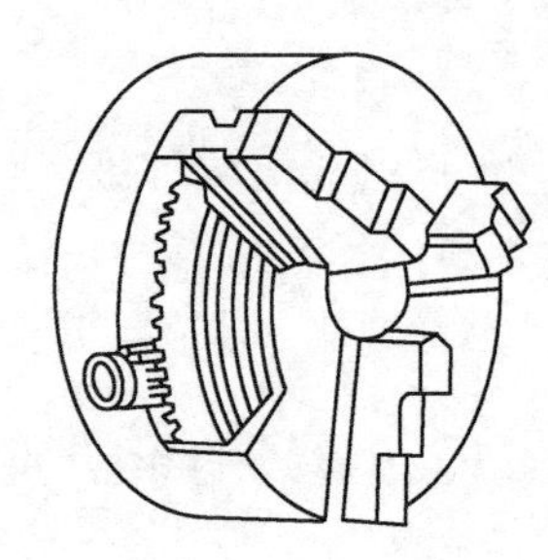

图2-14 自定心卡盘

（2）装夹操作

1）松开三爪，使卡爪间距<u>略大于</u>工件直径。

2）将工件放置在卡爪间并轻轻夹紧，夹持尺度约为<u>30</u>mm。

3）找正工件。扳转卡盘观察外圆跳动的情况，用铜棒轻轻敲击突出部分，使外圆跳动量不要过大。

4）使用<u>空心套管</u>夹紧卡盘。

［注意］

1）工件应放置于<u>三个</u>卡爪之间，决不能仅被两个卡爪相夹，否则在主轴转动后将发生<u>工件飞出</u>事故。

2）工件夹紧后必须立即取下<u>卡盘扳手</u>。

2. 装夹车刀（图2-15）

1）车刀放在刀架<u>左侧</u>。

2）车刀的前刀面朝<u>上</u>。

3）刀头伸出长度约等于刀体厚度的<u>1.5倍</u>。

4）90°车刀主切削刃应与<u>纵向</u>进给方向成90°角。

5）刀尖应与车床旋转轴线<u>等高</u>，现要求通过目测粗略判断。

6）用增减＿垫刀片＿法调整刀尖高度。

7）装夹车刀时不用空心套管，只要用＿刀架扳手＿拧紧即可。

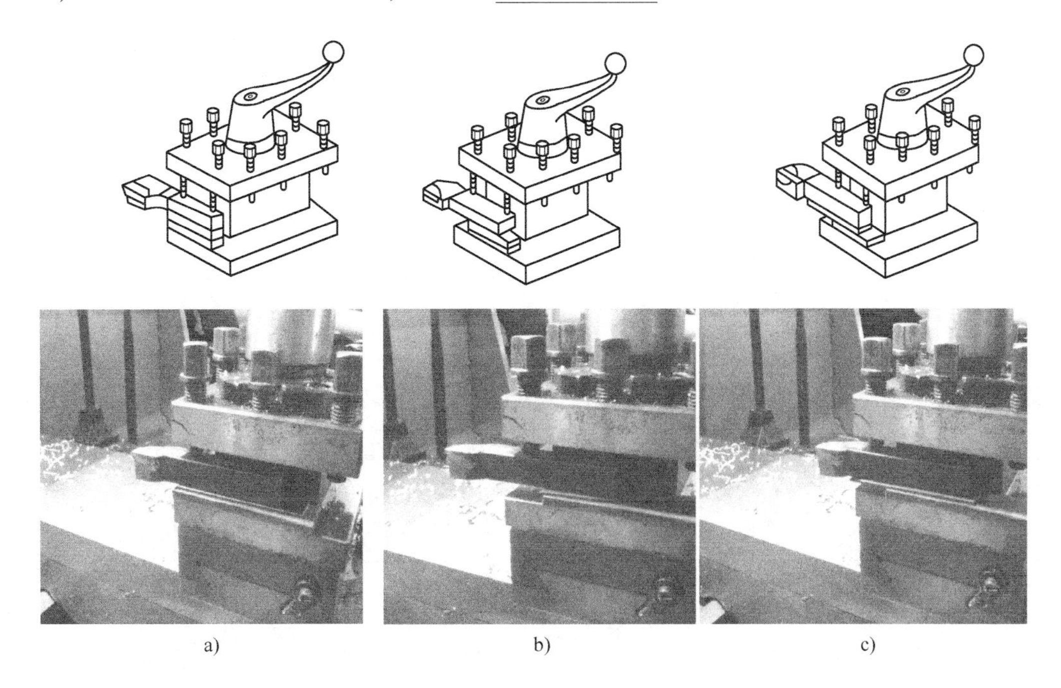

a)　　b)　　c)

图 2-15　装夹车刀

a）正确　b）、c）错误

3. 车削端面的方法

车削端面的步骤见表 2-1。

表 2-1　车削端面的步骤

步骤	操作内容	图示
1	对端面：刀尖慢慢靠近端面，直至出现少量切屑	
2	退中滑板	

（续）

步骤	操作内容	图示
3	床鞍(小滑板)进刀	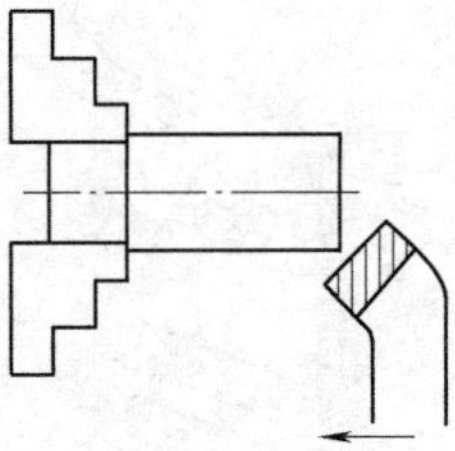
4	中滑板手动(机动)进给,车削端面	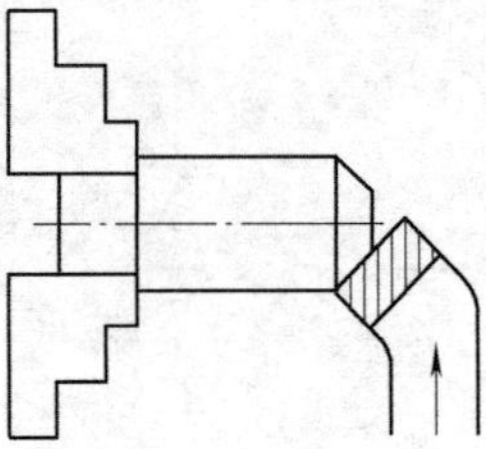
5	车削至圆心	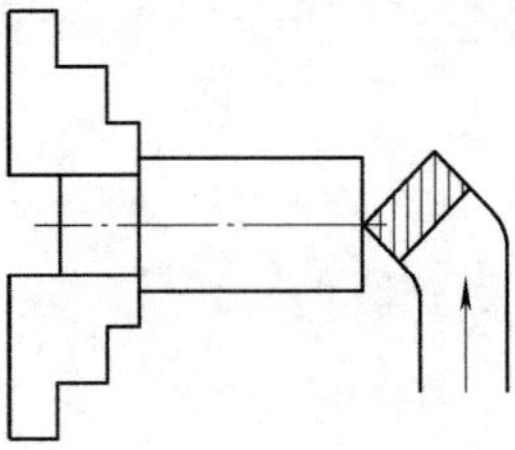
6	退床鞍	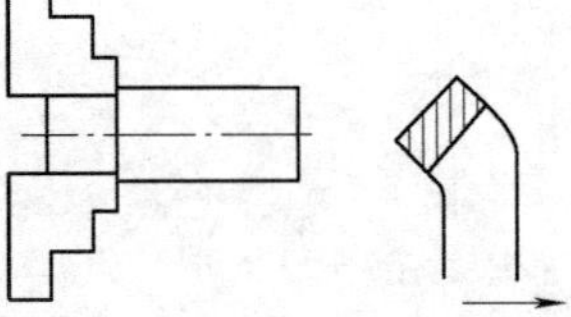
7	退中滑板,停车	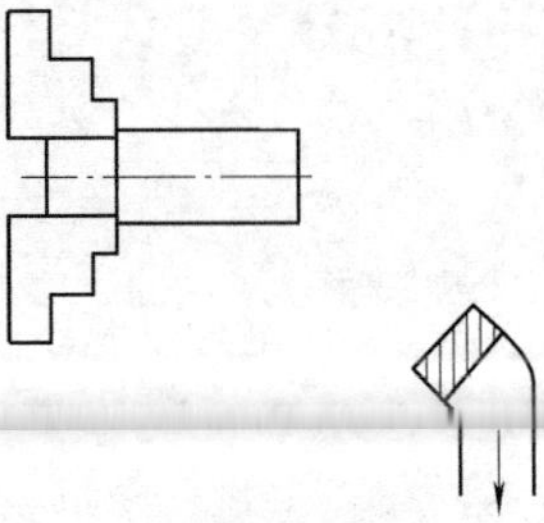

[注意]　只有刀尖与工件回转中心高度相等时，才能车至圆心。如果中心高有误差，则车至中心会使刀尖损坏。本任务要求不得车至中心，应留有一小凸头。

4. 车削外圆的方法

车削外圆的步骤见表 2-2。

表 2-2　车削外圆的步骤

步骤	操作内容	图示
1	对端面	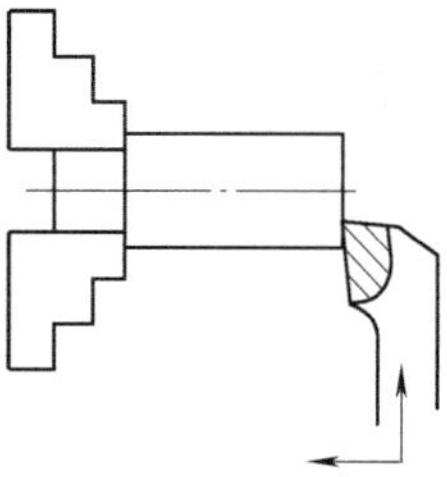
2	把床鞍分度盘调整至“0”标尺标线，退中滑板	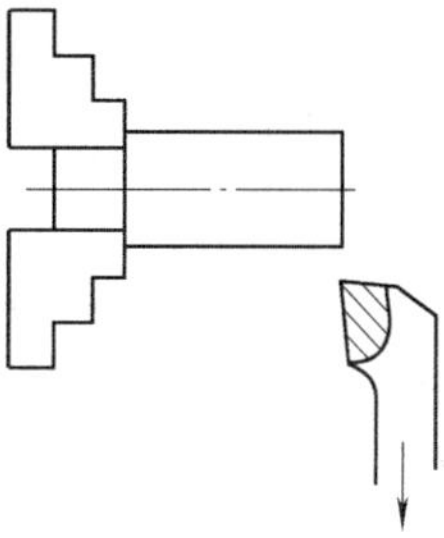
3	对外圆：刀尖慢慢靠近外圆（接近端面处），直至出现少量切屑	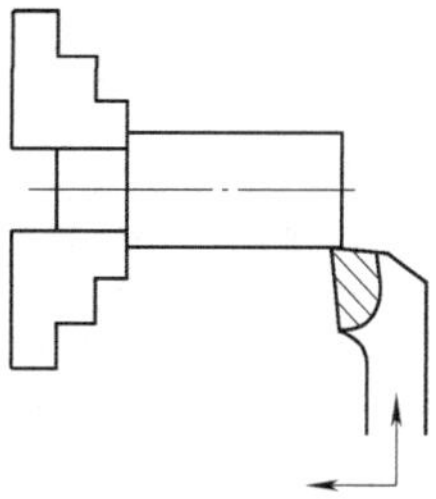
4	床鞍退刀	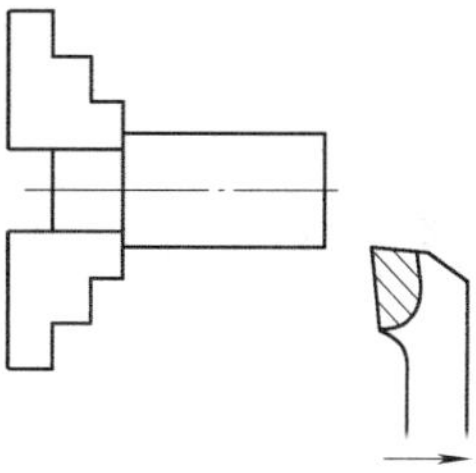

（续）

步骤	操作内容	图示
5	中滑板进刀	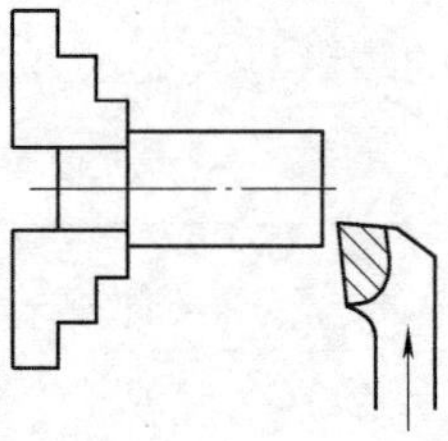
6	床鞍手动(机动)进给,车削外圆	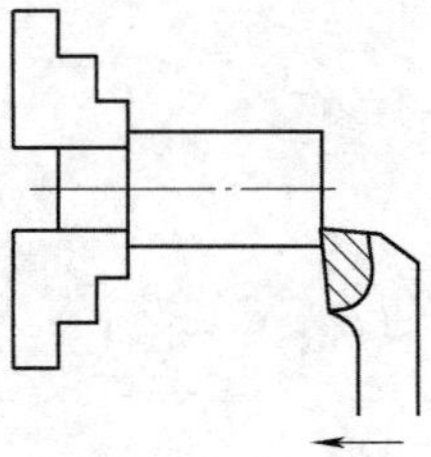
7	根据床鞍刻度,车至要求长度	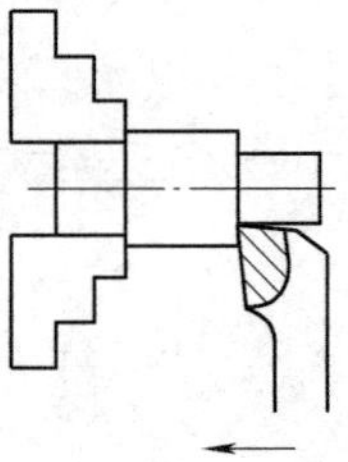
8	退中滑板	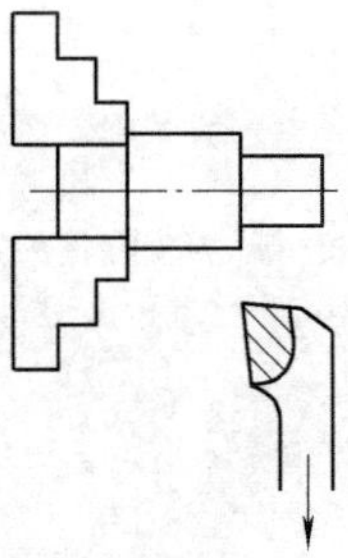
9	退床鞍,停车	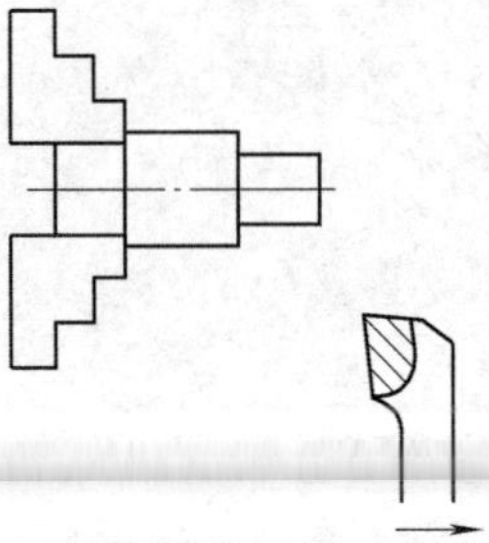

［注意］ 无论是车削外圆，还是车削端面，必须先转动主轴，再使刀尖碰到工件；反之，必须先使刀具离开工件，然后再停车。否则易造成刀尖损坏，硬质合金刀具更要注意这一问题。

5. 切削用量的选择

（1）背吃刀量

1）车削端面。背吃刀量可选1mm，床鞍分度盘上每格标尺标线为1mm（图2-16）。车削端面时，各次进刀时床鞍分度盘标尺标线分别为1、2、3……

当切削余量不足1mm时，按实际余量进床鞍。

2）车削外圆。作为初学者，背吃刀量应取较小值，车削外圆时可以取0.5mm。中滑板分度盘上每格分度值为__0.05mm__，对应于背吃刀量0.5mm，中滑板分度盘的分度值是__10格__。假设刀尖碰到外圆时标记值是55，则进刀至标记值65，如图2-17所示。

图2-16　床鞍分度盘

图2-17　中滑板分度及进刀

根据所选择的背吃刀量，图2-2中两个外圆面ϕ38mm和ϕ30mm都不能一次车削成形，需要__多次进给__。

例2-2　根据给定的背吃刀量，计算ϕ38mm外圆和ϕ30mm外圆所需的车削次数。

解：ϕ38mm外圆
$$a_p=\frac{d_w-d_m}{2}=\frac{40-38}{2}\text{mm}=1\text{mm}$$
$$1\div0.5=2\text{次}$$

ϕ30mm外圆
$$a_p=\frac{d_w-d_m}{2}=\frac{38-30}{2}\text{mm}=4\text{mm}$$
$$4\div0.5=8\text{次}$$

即车削ϕ38mm外圆需要两刀，再车削ϕ30mm外圆需要8刀。

［注意］ 车削ϕ30mm外圆是从直径38mm开始，而不是从直径40mm开始。

（2）进给量　因为是手动进给，所以进给量没有准确值，但在初次操作时，从安全的角度考虑应取较小值，并保证一定的表面粗糙度值。

（3）切削速度　根据高速工具钢的耐热能力（约600℃），切削速度不宜过高。建议保证 $v \leq 15$m/min，则转速可以选择 110 r/min。

6. 测量要求

（1）测量手法　用游标卡尺测量外圆的直径和长度，操作手法如图2-18所示。为了提高测量速度，尽量不用螺钉锁紧，并提倡在测量位置直接读数。

a)

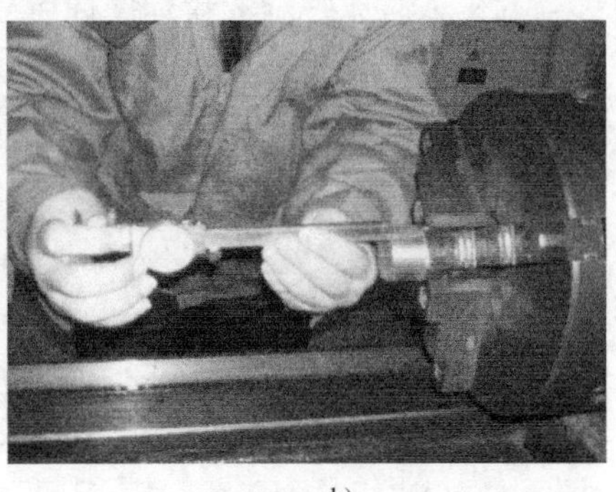

b)

图2-18　用游标卡尺测量外圆的手法

a）直径　b）长度

（2）测量位置　为保证测量精度，测量位置要准确，不得出现歪斜、不到位等现象，如图2-19所示。

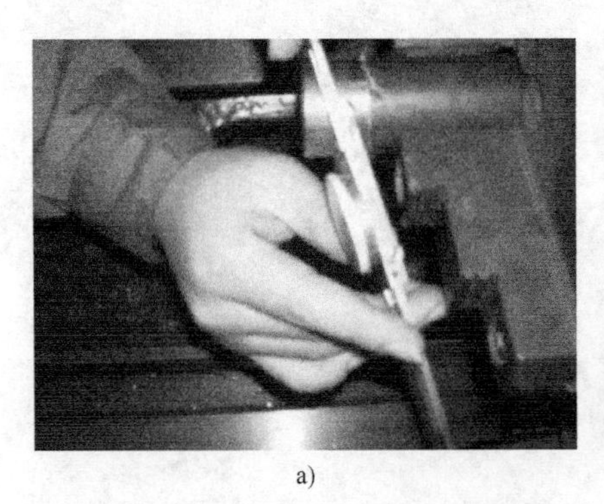

a)

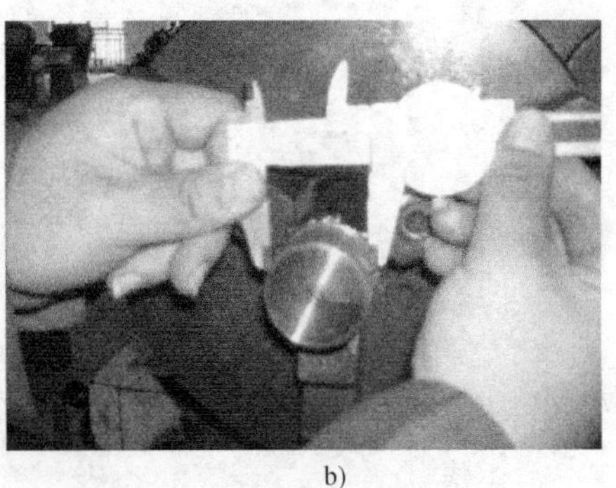

b)

图2-19　游标卡尺测量外圆的位置要求

a）歪斜　b）不到位

四、注意事项

1）应反复测量，做到对余量大小心中有数。

2）车削外圆时，床鞍可以不调零，但必须算准床鞍进给终止的标线值。

3）调整主轴转速时，必须在主轴停止时扳动手柄，否则将打坏主轴箱内部的齿轮。

4）车削外圆时，中滑板进给量是背吃刀量，是单边切削余量，而外圆直径的变化量是双边切削余量。

任务二　机动进给粗、精车端面、外圆、台阶

零件图（图 2-20）

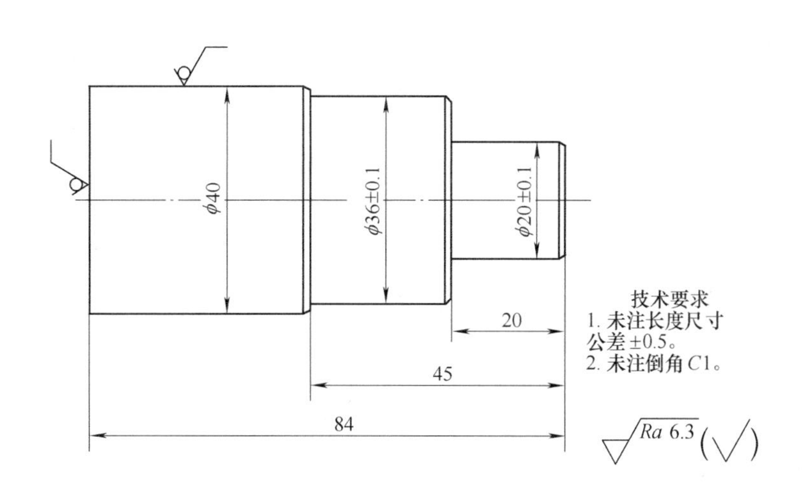

图 2-20　机动进给粗、精车端面、外圆、台阶

学习目标

本任务主要学习粗、精车知识和车刀装夹技巧，练习机动进给车削外圆、端面、台阶和用千分尺测量尺寸的技能。通过本任务的学习和训练，能够完成图 2-20 所示零件的加工。

相关知识

一、粗、精车

1. 区分粗、精车的目的

粗车的主要目的是＿尽快从工件上切去大部分余量＿，精车的目的是＿保证零件的尺寸精度和表面粗糙度值＿。通过合理区分粗、精车，可以在保证零件质量的前提下提高生产率和减少刀具损耗。

2. 切削用量的选择

由于粗车重视生产率，对表面质量要求不高，故粗车时应选用尽可能大的＿背吃刀量＿和较大的＿进给量＿，以便在较短的时间内去除尽可能多的余量，切削速度一般选择＿中等速度＿。

精车的目的是保证质量，一般应选用较小的＿进给量＿。在使用高速工具钢车刀时，应选较小的＿切削速度（$v\leq 5$m/min）＿，为减小切削力，背吃刀量也取＿较小值＿。

3. 刀具的选择

无论是外圆车刀，还是端面车刀，都有粗、精车刀之分。由于轴类工件的特点——径向精度要求高于轴向精度要求，因此，外圆车刀的粗、精之分更显著。

下面以外圆车刀为例，比较粗、精车刀的差异。

（1）刀具角度　由于强度要求较高，粗车刀的各个角度（前角、主后角、副后角、主偏角、副偏角、刃倾角）一般都 小于 精车刀，其中前角和刃倾角可能为 负值 。

（2）刀尖、切削刃形状　为了增加强度，粗车刀的主切削刃磨有 倒棱 ，如图 2-21a 所示，其宽度 $b_{\gamma 1}=$ $(0.5\sim0.8)f$ ，前角 $\gamma_{o1}=$ $-10^\circ\sim-5^\circ$ ；刀尖磨有 过渡刃 ，直线形过渡刃的长度 $b_\varepsilon=$ $0.5\sim2\text{mm}$ ，其偏角 $\kappa_{r\varepsilon}=$ $0.5\kappa_r$ ，如图 2-21b 所示。

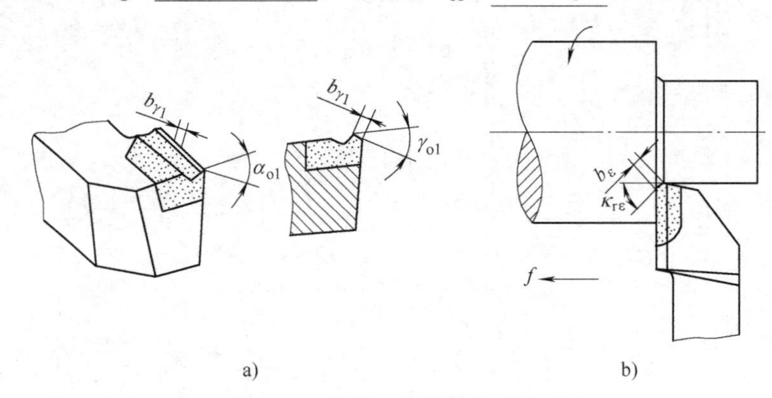

图 2-21　粗车刀的倒棱和过渡刃

精车刀没有倒棱，其过渡刃往往磨成 修光刃 （当 $\kappa_{r\varepsilon}=0^\circ$时，有一小段平直的切削刃与进给方向平行，这段切削刃称为修光刃），其长度 $b'_\varepsilon=$ $(1.2\sim1.5)f$ ，如图 2-22 所示。

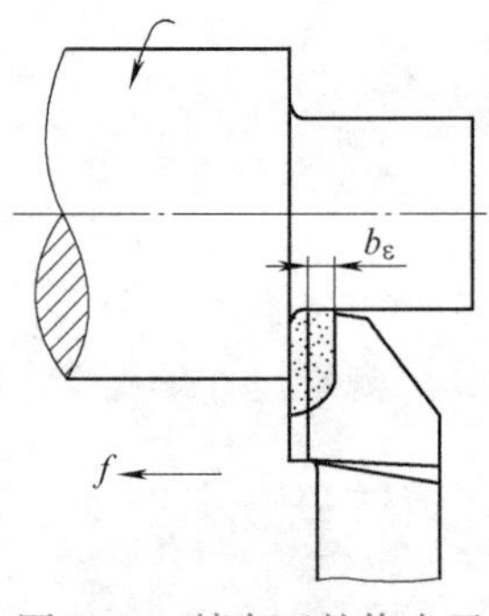

图 2-22　精车刀的修光刃

二、机动进给时手柄位置的调整

CA6140 型车床机动进给时共需调整好 3 个手柄的位置，分别是图 2-23 所示的①、②、③处。

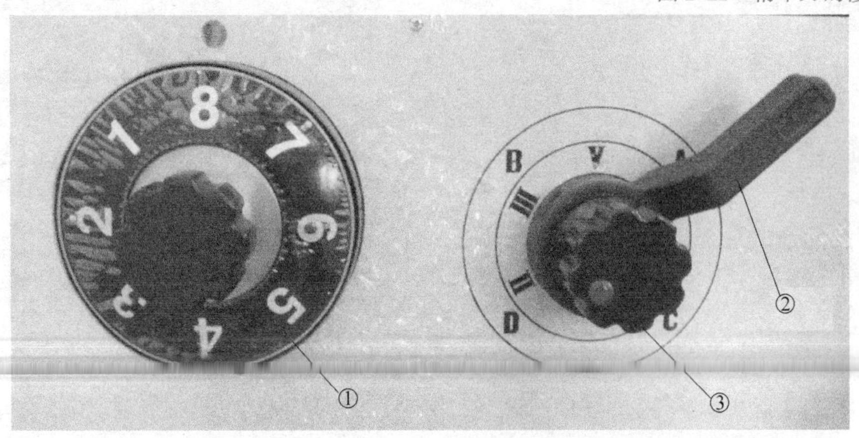

图 2-23　机动进给时需调整的手柄位置

三、车刀的装夹要求

1. 车刀对中心高的要求

装夹车刀时，刀尖应对准工件的__回转中心__，否则会使车刀工作时的__前角、后角__发生变化。当刀尖高于回转中心时，后角会__变小__，增大了后刀面与工件的摩擦，同时前角将__变大__；当刀尖低于回转中心时，前角会__变小__，增大了切削力，使切削不顺利，同时后角将__变大__，如图 2-24 所示。

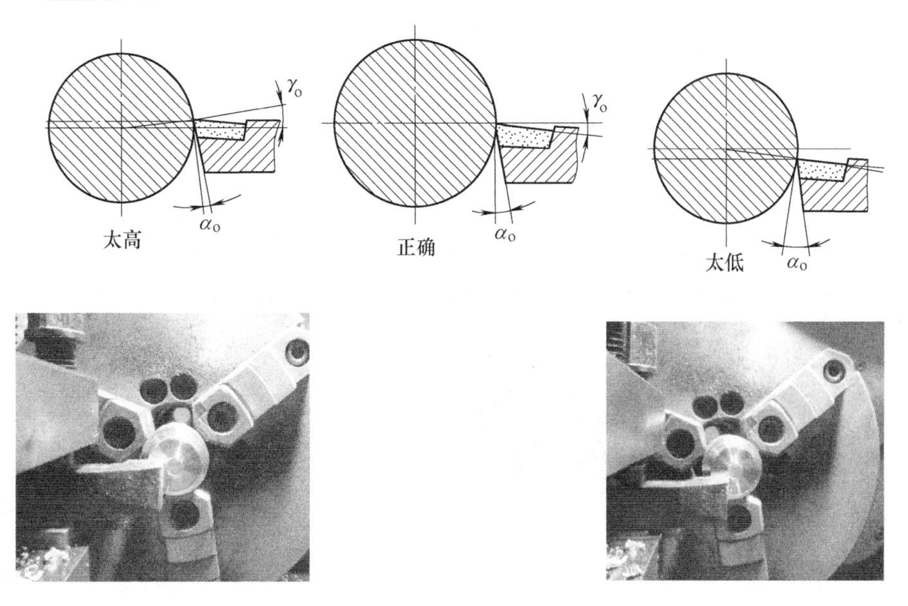

图 2-24 车刀装夹高度对前角、后角的影响

外圆车刀的刀尖与圆心距离__较大__，当装夹高度略有不准时，前角、后角的__变化不大__，影响较小，车刀对中心时__允许有一定的误差__。而端面车刀在车至圆心附近时，由于前角、后角__急剧变化__，刀尖很容易损坏（特别是硬质合金刀），并使端面中心留有__凸头__（图 2-25），故必须__精确对准中心__。

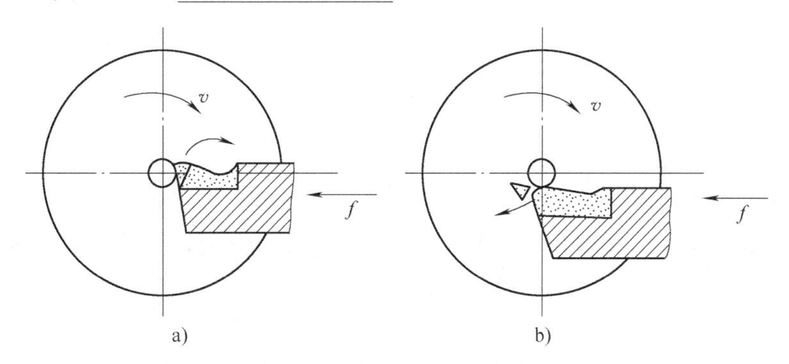

图 2-25 刀尖损坏情况和凸头

2. 车削台阶时的主偏角

如图 2-26 所示，粗车时，为避免刀尖撞到工件而损坏，应把外圆车刀的主偏角装夹成

略小于 90°（85°~90°）；精车时，为保证台阶面的垂直度，应把外圆车刀的主偏角装夹成 略大于 90°（90°~95°）。

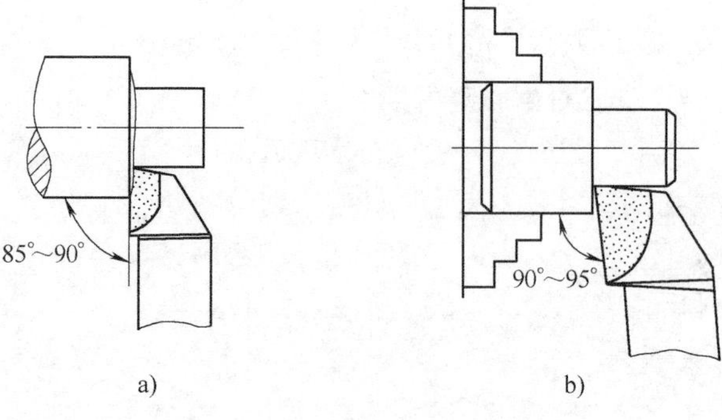

图 2-26 车削台阶时的主偏角
a）粗车 b）精车

四、千分尺的读数原理

1. 千分尺的用途

千分尺（图 2-27）是一种 精密 量具，其测量精度比游标卡尺 高 。对于加工精度要求 较高 的工件尺寸，应用千分尺进行测量。

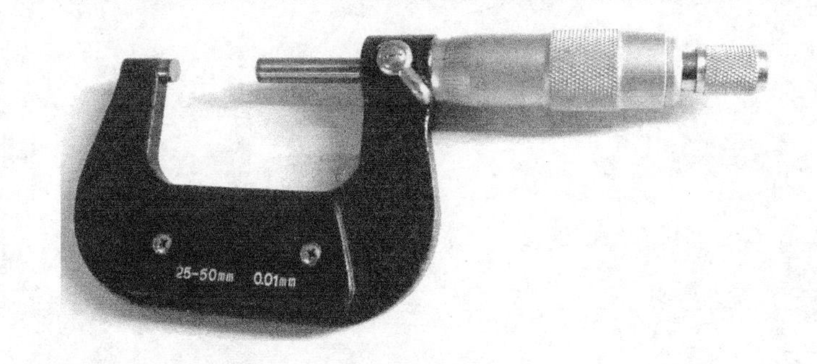

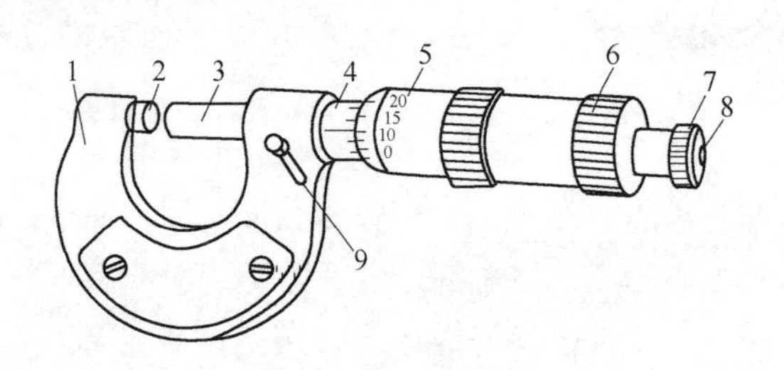

图 2-27 千分尺
1—尺身 2—固定砧座 3—测量杆 4—固定套筒（主尺） 5—微分筒（副尺） 6—活动套筒 7—棘轮棘爪装置 8—螺钉 9—锁紧手柄

2. 读数步骤

1）读出微分筒边缘在固定套筒主尺处的 毫米 数和 半毫米 数。

2）看微分筒上哪一格与固定套筒上 基准线 对齐，并读出 不足 半毫米的数。

3）把两个读数 相加 即为测得尺寸，如图 2-28 所示。

[注意]

1）当千分尺的半毫米标记紧贴微分筒边缘时，读数易错。如微分筒上读数为“0”以上的较小数字，应判断为半毫米标记能读出；如微分筒上读数为“0”以下的较大数字，则表示半毫米标记不能被读出。

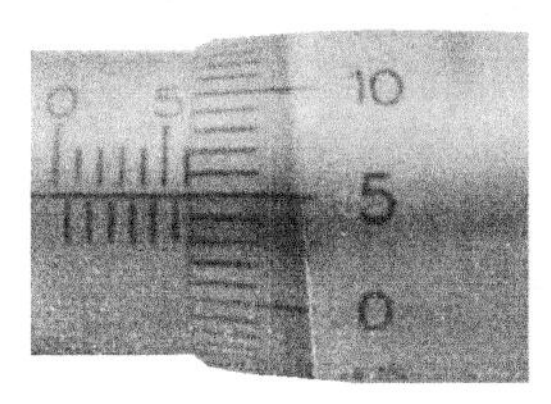

6mm + 0.05mm = 6.05mm

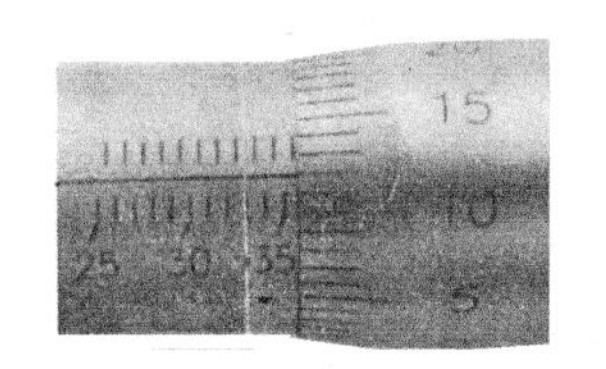

35.5mm + 0.12mm = 35.62mm

图 2-28　千分尺的读数方法

2）游标卡尺与千分尺由于精度、读数效率等方面的差异，一般分别作为半精加工和精加工用量具。

[问题]　千分尺的分度值是指什么？其数值是多少？

答：千分尺的分度值是指其最小示数，也就是微分筒上 1 小格的读数。千分尺的分度值为±0.01mm。

技能训练

一、毛坯、刀具、工具、量具准备

1. 毛坯

任务一完成后的工件。

2. 刀具

本任务需要使用高速工具钢外圆车刀、高速工具钢端面车刀。

因为是初学，难以刃磨出合格的精车刀，现根据图样的实际要求，暂不区分粗、精车刀，用同一把刀完成粗、精加工。

3. 工具、量具

本任务需要使用的量具为游标卡尺、千分尺。

二、工艺步骤

1）车端面至中心，保证总长 84mm。

2）粗车外圆 ϕ36.5mm×45mm。

3）精车外圆（ϕ36±0.1）mm×45mm。

4）粗车外圆 ϕ20.5mm×20mm。

5）精车外圆（ϕ20±0.1）mm×20mm。

6）倒角 $C1$ 三处。

三、操作要求

1. 端面刀对中心高

1）装夹端面刀时先靠近工件端面，目测刀尖是否与工件回转中心（估计）等高。

2）如果偏低，增加垫刀片，否则减少垫刀片。

3）试切端面，取较小的背吃刀量，手动车削端面。

4）一边车，一边判断刀尖的高低，并作出调整。

5）随着刀尖逐渐接近 中心 ，刀尖是高还是低将越来越明显。

6）当高低误差出现多一片（垫刀片）则高、否则就低时，通过调整拧紧螺钉的 松紧程度 保证刀尖的合适高度，如图 2-29 所示。

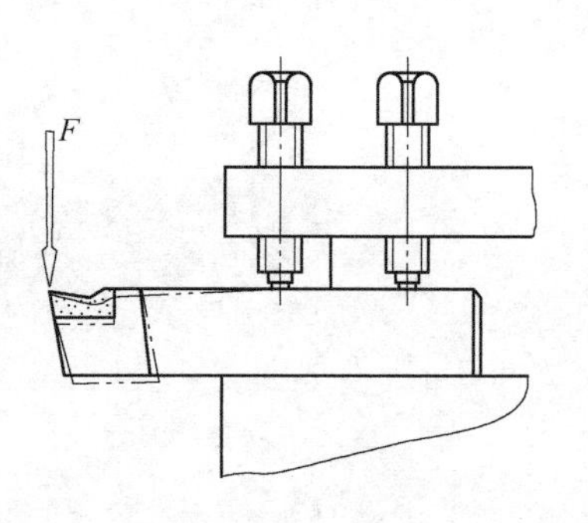

图 2-29 螺钉松紧对刀尖中心高的影响

［注意］ 拧紧螺钉的先后顺序对刀尖的高低是有影响的：先拧紧前螺钉，则刀尖变低；先拧紧后螺钉，则刀尖变高。

2. 车削台阶的步骤

车削台阶的步骤与车削外圆相似，主要区别在于横向退刀，见表 2-3。

目前对台阶面的长度要求较低，主要通过 床鞍分度盘 进行控制。

表 2-3 车削台阶的步骤

步骤	操作内容	图示
1	对端面，调零，退刀	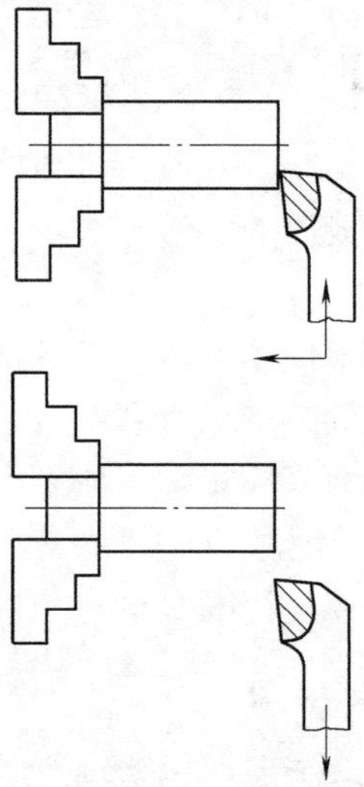
2	对外圆，记标线，退刀	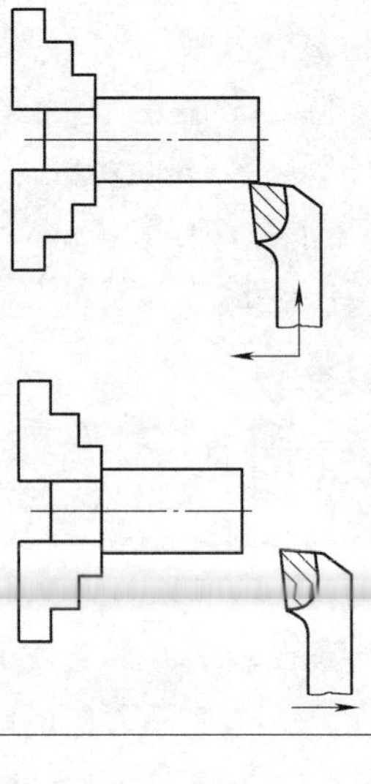

（续）

步骤	操作内容	图示
3	中滑板进刀	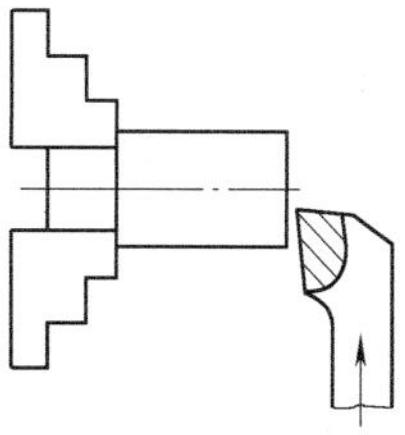
4	车削外圆至要求长度	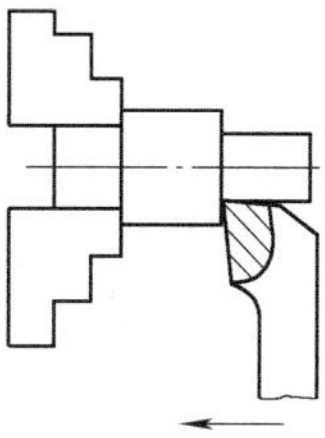
5	慢慢退中滑板,车削出台阶面	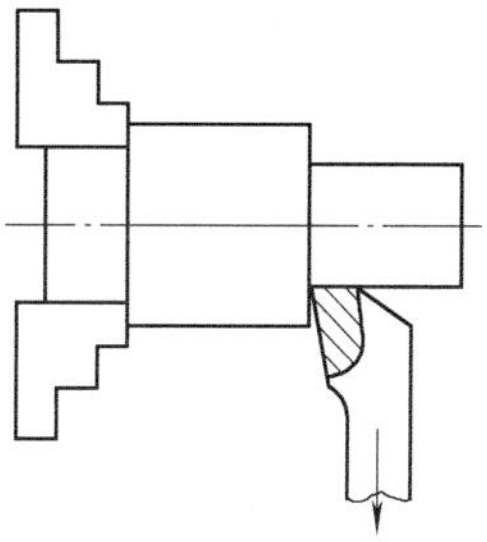
6	退床鞍,停车检测	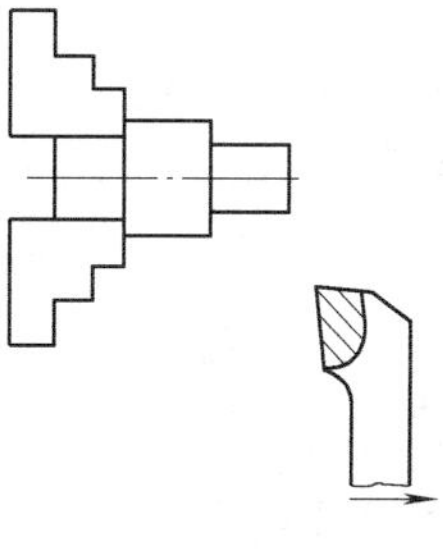

［**注意**］　图中为了突出显示，主偏角明显大于90°，实际装刀时不能这样，否则会由于中滑板退刀时切削余量过大，而出现振动或“扎刀”现象。

［**知识链接**］　**扎刀**——在切削加工中，由于某些原因造成切削力增大，使刀具出现变形，变形的方向会造成切削厚度增加，而切削厚度的增加又再度引起切削力的增大，如此循环的结果是刀尖越来越深地扎入工件，刀尖则因迅速增大的切削力作用而发生崩刃。

3. 切削用量的选择

（1）背吃刀量

1）车削端面。粗车 1mm，精车 0.3~0.5mm。

2）车削外圆。粗车 1mm，精车 0.1~0.3mm。

例 2-3 根据加工余量和背吃刀量要求，计算本任务中外圆的粗车刀数。

解：① ϕ36mm 外圆。

$$a_p=\frac{d_w-d_m}{2}=\frac{38-36.5}{2}\text{mm}=0.75\text{mm}$$

需要粗车 1 刀。

② ϕ20mm 外圆。

$$a_p=\frac{d_w-d_m}{2}=\frac{30-20.5}{2}\text{mm}=4.75\text{mm}$$

需要粗车 5 刀。

答：本任务共需粗车外圆 6 刀。

（2）进给量　粗车时选择进给量 0.3mm/r，精车时选择进给量 0.1mm/r，对应的手柄情况见表 2-4。

表 2-4　各进给手柄的调整位置

进给量/(mm/r)	粗车 0.3	精车 0.1
手柄 1	8	1
手柄 2	A	A
手柄 3	Ⅱ	Ⅰ

（3）切削速度　粗车时选择转速 220 r/min，精车时选择转速 800 r/min，对应的切削速度分别约为 27.6m/min（粗车 ϕ36.5mm 外圆面）、24.8m/min（粗车 ϕ20.5mm 外圆面）和 91.7m/min（精车 ϕ36mm 外圆面）、51.5m/min（精车 ϕ20mm 外圆面）。

4. 机动进给的操作方法

（1）机动进给的起动和停止

1）车刀移至距工件一定距离处。

2）提操纵杆，主轴 正转 。

3）机动进给。

4）到合适位置时，停止机动进给（改手动进给）。

5）退刀。

6）停止主轴转动。

（2）车至尺寸时的操作　机动进给在 即将车至 台阶面的预定长度时，需要 停止 机动进给，改为 手动进给 车至相应位置。其具体提前量根据 转速快慢、进给量大小和操作者熟练程度 等情况综合决定。对于初学者，建议提前 1~2mm 停止机动进给。

如果是车削端面，应在车至 接近工件中心 时停止机动进给，改为手动进给车至中心（从本任务起要求车削端面时中心不留凸头）。

5. 精车尺寸的控制

在精车前，需要准确测量出加工余量，并计算出进刀格数。

例 2-4　如果精车外圆（$\phi20\pm0.1$）mm×20mm 前测得直径实际值为 20.34mm，计算中滑板进刀格数。

解：

$$a_p=\frac{d_w-d_m}{2}=\frac{20.34-20}{2}\text{mm}=0.17\text{mm}$$

$$0.17\div0.05=3.4\text{ 格}$$

即对刀后，中滑板大约进 3.4 格。

[注意]　3.4 格需要评目测估计，故每个人操作时会有误差。

由于传动间隙的存在，当进刀时多进了几格时，不能直接反转退刀至正确标线值，因为这时刀具的实际位置可能仍在原位置，必须先＿反转半圈左右＿，再进刀至正确标线值。

6. 倒角

虽然图中没有标注倒角，但为了去除毛刺，防止划伤，必须倒角。根据技术要求，应倒角“C1”，其含义是倾斜角度为 45°，轴向长度为 1mm。外圆和内孔倒角的含义如图 2-30 所示。即使图样中没有对倒角提出任何要求，也应倒角，对于小零件，一般可按 C0.2 或 C0.5 加工。

倒角一般使用 45°车刀，先让主切削刃碰到需倒角处，再用大滑板根据倒角尺寸完成加工。

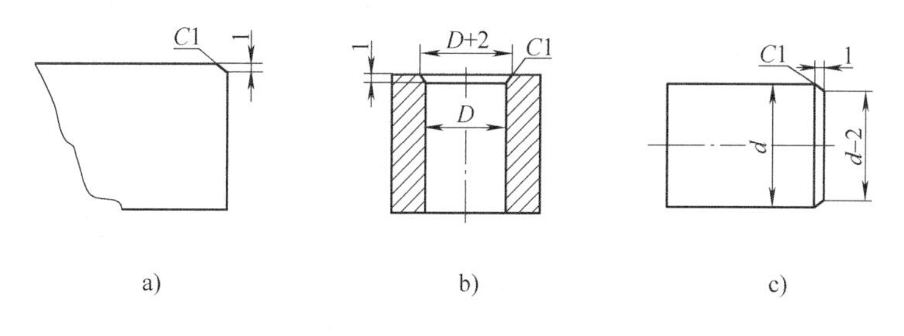

图 2-30　倒角的含义

7. 直径和长度的测量

（1）千分尺测量直径（图 2-31）

1）双手握住千分尺，使固定砧座和测量杆分别位于圆柱面的＿上下两侧＿。

2）＿固定砧座＿靠住圆柱面下侧，转动活动套筒，使测量杆逐渐接近上侧圆柱面。

3）尺身试作前后移动，应＿能移动，但有一定摩擦力＿；如不能顺利移动，则说明所测位置尺寸小于直径，应松开重新找准测量位置；如没有摩擦力，则说明测量杆位置未到，需要继续转动活动套筒。

4）尺身试作左右晃动，应＿无法晃动＿，否则说明固定砧座和测量杆的位置倾斜。

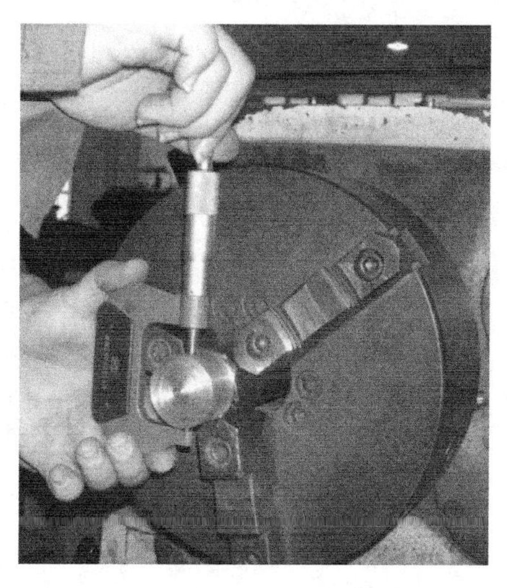

图 2-31　千分尺测量直径

5）尽可能不拿下千分尺，在测量位置直接读数。

（2）游标卡尺测量台阶长度　注意测量杆不要顶在台阶面的＿圆弧处或小台阶＿处（图2-32），以保证测量尺寸的准确性。

图2-32　游标卡尺测量台阶长度时测量杆的位置

四、注意事项

1）任务一和任务二中两次装夹的表面是同一表面，这在实际加工中是不合理的，应在一次装夹中直接完成任务二的加工要求。这里分次加工是为了分别练习手动进给和机动进给，故没有按实际生产要求操作。

2）用高速工具钢车刀精车时，应使用切削液提高加工精度和降低表面粗糙度值。本任务为了便于观察切削情况，不使用切削液。

3）由于是初学，并且考虑到减少原材料和刀具的损耗，粗加工时推荐的切削用量比生产实际中的小一些。

4）尽量减少所使用垫刀片的片数，以减少夹紧时的变形。

5）无论是游标卡尺还是千分尺，都可以采用双手握法或单手握法，只要测量准确、方便即可，每个人可以根据自己的特点和习惯进行选择。

任务三　调头车端面、外圆、台阶

学习目标

本任务主要学习调头装夹的技术要求和控制零件总长的方法，理解刀具角度对加工质量的影响，练习调头装夹时的找正、调整方法，并进一步提高加工质量。通过本任务的学习和训练，能完成图2-1所示零件的加工。

相关知识

一、调头装夹的要求

1. 装夹找正

调头装夹时，由于毛坯的形状误差和自定心卡盘装夹误差的共同作用，会使伸出部分（即将加工部分）与装夹部分（已加工部分）的轴线位置出现误差（同轴度误差），需要通过＿找正＿操作来减小误差。

2. 找正的质量要求

本任务是学习找正方法，图 2-1 中未标注几何公差，没有对找正质量提出较高要求，只要在工件转动时，用肉眼观察__无明显跳动__即可。

3. 装夹位置

可供夹紧的圆柱面有两个：__$(\phi20\pm0.1)$mm__和__$(\phi36\pm0.1)$mm__，现比较两者的优、缺点。

（1）装夹 $(\phi20\pm0.1)$mm 圆柱面　夹持长度为__20mm__（圆柱面长度），有台阶面顶在卡盘的平面上，能承受较大的轴向力，夹持__稳定可靠__，但车削位置伸出卡盘较远（车削端面时约为 65mm），装夹误差较大。

（2）装夹 $(\phi36\pm0.1)$mm 圆柱面　夹持长度__小于 25mm__（为避免车到卡盘，不能完全利用圆柱面的长度），装夹部位直径较大，车削位置伸出卡盘较近（车削端面时稍大于 40mm），装夹误差__较小__。但对于初学者，可能由于担心车到卡盘而造成过分紧张，甚至会因操作失误出现车到卡盘的现象而造成事故。

[注意]　在装夹质量要求较低时，两种装夹方法都可以使用，但对于初学者，从安全角度考虑，推荐装夹 $(\phi20\pm0.1)$mm 圆柱面。

二、刀具角度对加工质量的影响

1. 前角的作用和选择原则

前角主要影响车刀的__锋利程度__、__切削力与切屑变形__的大小，也会影响车刀的__刀头强度__、__散热条件__及__加工表面的质量__。较大的前角使刀具__锋利__，切削力__减小__，切削变形__减小__，可提高表面质量，但也会降低__刀头强度__。对于切削温度，一方面由于切削力的减小而减少了切削热，另一方面由于散热面积减小，散热困难，使得在前角逐渐增大的过程中，切削温度先__降低__，然后又__升高__。

前角的选择原则一般是：在刀具强度允许的条件下，尽量选择较大的前角。具体要求如下：

1）加工塑性材料或硬度较低的材料时选__较大__前角，反之选__较小__前角。

2）刀具材料越硬，前角应__越小__。

3）精加工时选较大前角，粗加工时选__较小__前角。

2. 刃倾角

刃倾角除了有类似前角的作用（效果不如前角明显）外，最大的作用是__对切屑流向__进行控制。当刃倾角为正值时，切屑流向__待加工__表面；当刃倾角为 0°时，切屑流向__过渡__表面（切屑断裂后易碰到已加工表面）；当刃倾角为负值时，切屑流向__已加工__表面（会划伤已加工表面）。

刃倾角的选择原则：铸、锻件和不规则零件的粗加工选__负__刃倾角；一般粗加工（毛坯比较均匀）时选__0°__刃倾角；精加工选__正__刃倾角。

[注意]　由于前角和刃倾角对刀具强度和切削力等具有类似的影响效果，所选角度值有时可以在两者之间互相“调剂”。例如，使用大前角、负刃倾角的车刀粗车，大前角起降低切削力的作用，负刃倾角可保证强度。

3. 主偏角

主偏角的主要作用是改变切削力的方向，如图2-33所示。当主偏角为90°时，切削力在基面内体现为进给力的形式；当主偏角逐渐减小时，进给力逐渐__减小__，背向力逐渐__增大__；当主偏角为45°时，背向力已经和进给力一样大了。

进给力使工件轴向压缩，背向力使工件弯曲，应根据所车削零件的形状特点，选择合适的主偏角，工件细长时，选择90°左右；若工件短而粗，则可适当减小主偏角。

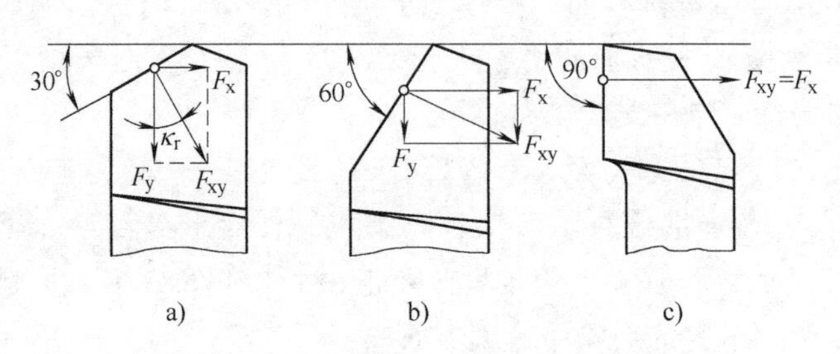

图2-33 主偏角对切削力方向的影响

[注意] 车台阶时，由于形状要求，必须使用90°车刀。

4. 主、副后角和副偏角

主、副后角和副偏角有与前角类似的功能，但作用不明显，一般取较小的__正值__。

[注意] 主、副后角和副偏角不能为负值，否则切削刃将无法参与正常切削，主、副后刀面与过渡表面或已加工表面间的摩擦将变得严重。

三、工件总长的控制方法

通过车削端面保证工件的总长。

总长80mm的测量方法有两种：第一种是车削过程中拆卸下零件直接测量总长L；第二种是在装夹前先测出左端面到台阶面1的实际长度L_1，车削端面时测量右端面到台阶面1的长度L_2，由于$L=L_1+L_2$，故可以通过控制尺寸L_2间接保证总长L，如图2-34所示。第二种方法计算比较复杂，间接保证的尺寸容易出错，本任务要求采用第一种方法。

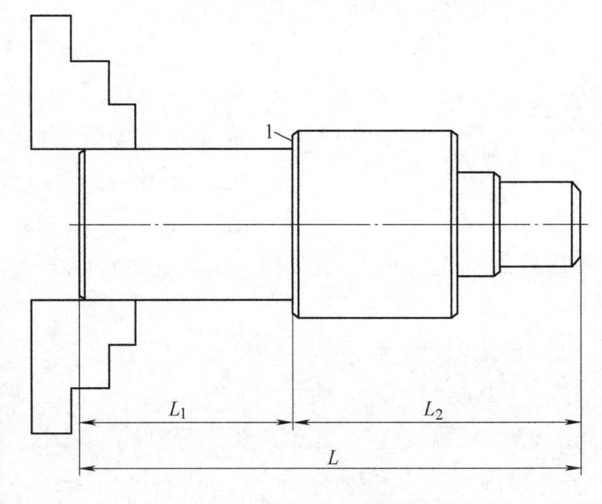

图2-34 间接保证工件总长的方法

技能训练

一、毛坯、刀具、工具、量具准备

1. 毛坯

任务二完成后的工件。

2. 刀具

本任务需要使用＿高速工具钢外圆车刀、高速工具钢端面车刀＿。

3. 工具、量具

本任务需要使用＿游标卡尺、千分尺＿。

二、工艺步骤

1）车削端面，保证总长（80±0.5）mm。

2）粗车外圆 ϕ24.5mm×35mm。

3）精车外圆（ϕ24±0.1）mm×35mm。

4）倒角 $C1$ 两处。

三、操作要求

1. 找正操作方法

夹住（ϕ20±0.1）mm 圆柱面，主轴转动后，肉眼应能看出伸出部分有＿明显跳动＿。在任务一和任务二装夹后也有跳动，但由于车削外圆后能消除误差，因此无需过多操作。本任务中如果直接车削外圆，也能消除跳动，但新车出的外圆面将和已加工好的（ϕ20±0.1）mm、（ϕ36±0.1）mm 表面产生较大的＿同轴度误差＿，因此，必须在车削外圆之前，通过找正调整，使跳动程度减小。

由于本项目的精度要求不高，特别是没有标注同轴度（或跳动度）误差，故只要粗略找正即可：装夹（ϕ20±0.1）mm 圆柱面时，不要夹得太紧，用手扳动主轴旋转，边转动边目测跳动情况，用铜棒轻敲，直至目测跳动现象消除为止，如图 2-35 所示。

图 2-35　简单找正

2. 中滑板进刀反向间隙的消除

中滑板进刀时很可能出现多进了一两格的情况，这时不能直接退一两格，要先退＿半圈＿左右，然后再次进刀至正确的标线。否则会由于传动系统的间隙，分度盘显示已退刀，但刀架实际没有动，而造成车削精度下降。

3. 全面测量

零件加工完成后应根据图样要求全面测量，并对加工质量做出分析，为以后加工提供经验。

［注意］　对于车削加工，由于装夹误差，除了要在加工过程中不断检测之外，还应在每次卸下工件前对各尺寸予以测量，并及时修正。

四、注意事项

1）应根据图样和精加工余量要求，先计算出粗加工余量，合理分配好每次进刀格数，再开始切削。

2）保证总长时，可以测出总长后算出总余量，通过床鞍分度盘分次车削总余量。由于本任务精度要求不高，因此可以不用再次卸下工件测总长。

3）测总长时，工件两端面须车平，否则会影响测量精度。

4）在粗车 ϕ24.5mm×35mm 的过程中，当实际直径大于 ϕ36mm、车至长度 35mm 时，会出现一个环形薄圈（由材料塑性变形造成），如图 2-36 所示，此时无需特殊处理，在后续加工过程中或倒角时会去除，千万不能用手去拉扯，否则容易造成手部划伤。

5）在粗车 ϕ24.5mm×35mm 和精车（ϕ24±0.1）mm×35mm 的过程中，当实际直径小于 ϕ36mm 后，可能会由于加工误差，出现车至 35mm 时，未与任务二中的（ϕ36±0.1）mm×45mm 相接的情况，而产生一个圆环（因未车到造成），如图 2-37 所示，此圆环也可以在倒角时去除。

图 2-36 环形薄圈

图 2-37 因未车到而产生的圆环

检测与评价（表 2-5）

表 2-5 高速工具钢车刀车削简单轴类零件检测与评价表

序号	检测内容	配分	量具	检测结果	学生评分	教师评分
1	（ϕ36±0.1）mm	15				
2	（ϕ24±0.1）mm	15				
3	（ϕ20±0.1）mm	15				
4	80mm	5				
5	35mm	5				
6	20mm	4				

（续）

序号	检测内容	配分	量具	检测结果	学生评分	教师评分
7	倒角 *C*1（4 处）	3×4				
8	*Ra*6.3μm（7 处）	3×7				
9	无明显缺陷	8				
10	文明生产	违纪一项扣 20				
合计		100				

思考与练习

1. 什么是主运动？什么是进给运动？哪个运动消耗的功率大？

2. 车削时，工件上会形成哪三个不断变化的表面？

3. 切削用量三要素的定义分别是什么？

4. 车削工件，从 ϕ50mm 一刀车至 ϕ46mm，背吃刀量是多大？如果选定切削速度为 30m/min，则相应的转速是多少？在 CA6140 机床上对应的转速是多少？

5. 45°车刀、75°车刀、90°车刀分别适用于什么场合？

6. 使用游标卡尺测量时尺身歪斜，常见的读数误差有哪些？如何避免？

7. 粗、精车的目的分别是什么？分别如何选择切削用量？

8. 如何快速判别一把 90°车刀是粗车刀还是精车刀？

9. 外圆车刀和端面车刀，哪个对中心高的要求更高？为什么？

10. 游标卡尺与千分尺的使用场合有什么不同？

11. “倒角 *C*1”，除了可以用床鞍进给，还有哪些进给方法？

12. 前角的选择原则有哪些？刃倾角的选择原则有哪些？有哪些异同点？

13. 任务三中，能不能先加工外圆，后车削端面？

14. 车刀对中心高，工件是静止还是转动时，更容易判断刀尖与回转中心的高度误差？

15. 利用床鞍控制台阶长度能否保证很高的精度？

16. 任务一中能否先车削外圆（ϕ30±0.3）mm×20mm，后车削外圆（ϕ38±0.3）mm×45mm？

17. 任务二中能否先粗车两处外圆，再精车两处外圆？

18. 任务二中要求倒角三处，其中 ϕ40mm 面右侧倒角将在任务三中被去除，为什么还要在任务二中倒角？

19. 图 2-1 中 ϕ36mm 左端倒角能不能在任务二中完成？

20. 如果图 2-37 中的圆环厚度较大，会使倒角时不易加工。能否避免这种现象？

项目三

用硬质合金车刀车双向台阶轴

本项目主要学习简单轴类工件的装夹、找正方法，研究切削用量的一般选择方法，学习简单轴类工件加工工艺方面的知识；练习钻中心孔技能和使用硬质合金车刀加工外圆、端面、台阶及切槽、切断等技能，加工公差等级达到8级。通过本项目的学习和训练，能够完成图3-1所示零件的加工。

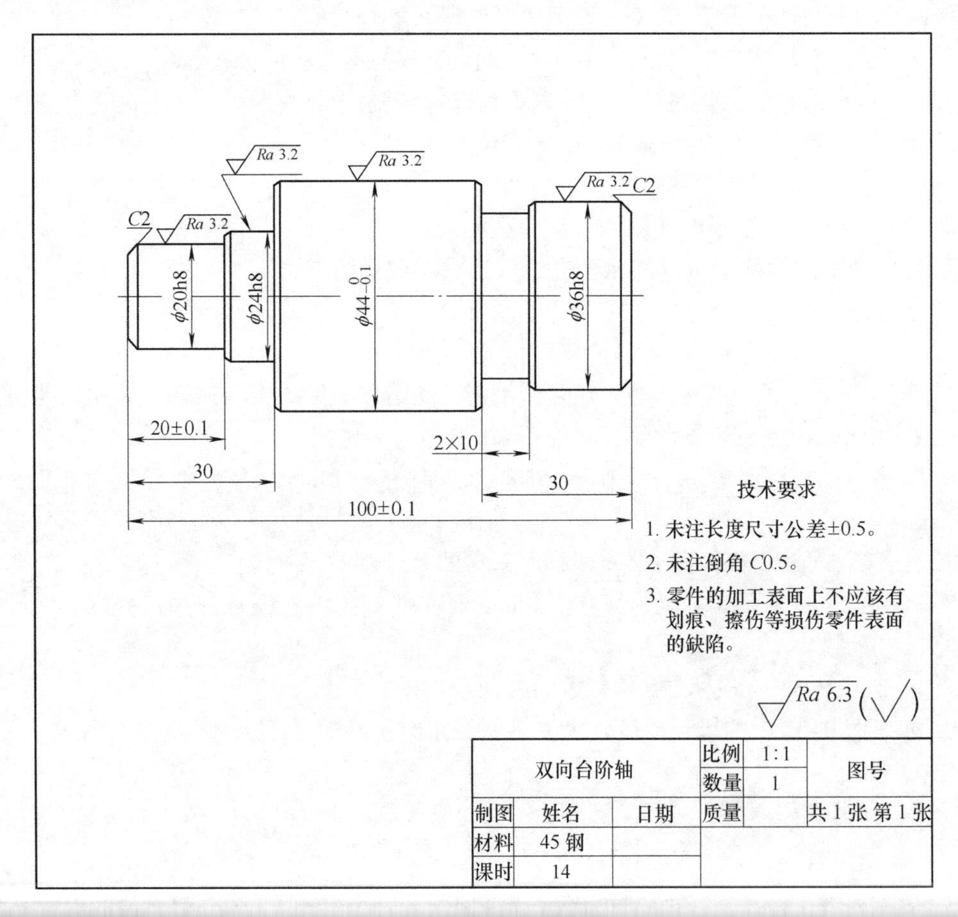

图3-1 双向台阶轴

任务一　一夹一顶车台阶轴

零件图（图 3-2）

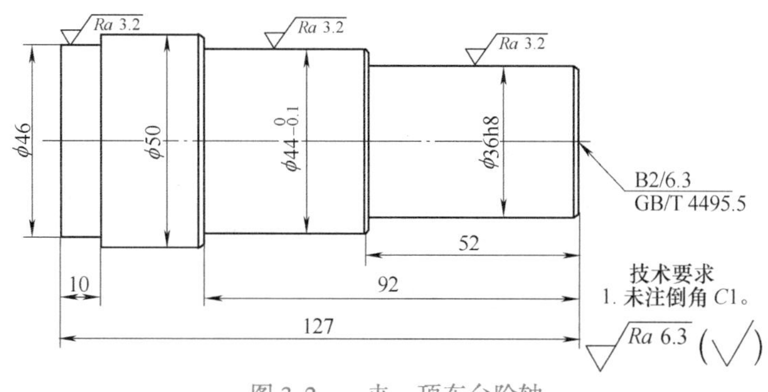

图 3-2　一夹一顶车台阶轴

学习目标

本任务主要学习轴类工件的装夹方法，比较高速工具钢和硬质合金的性能差异；合理选择切削用量，以提高加工精度和效率；练习钻中心孔和试切法等操作技能。通过本任务的学习和训练，能够完成图 3-2 所示工件的加工。

相关知识

一、轴类工件的装夹方法

根据轴类工件的形状、大小、加工精度等特点，常采用以下几种装夹方法。

1. 自定心卡盘装夹

将卡盘扳手插入方孔内转动时，三个卡爪同步运动，可以自动定心，在加工精度要求不高的工件时，无需 找正 。

自定心卡盘装夹工件 方便、迅速 ，但夹紧力 较小 ，适合加工外形 规则 的 中小型 工件。

2. 单动卡盘装夹（图 3-3）

单动卡盘四个卡爪的运动各自独立，每个卡爪对应一个夹紧用的方孔，当卡盘扳手转动时，对应的卡爪单独移动以实现夹紧。

单动卡盘找正比较 费时 ，但夹紧力比较 大 ，适合装夹 大型 或形状 不规则 的工件。

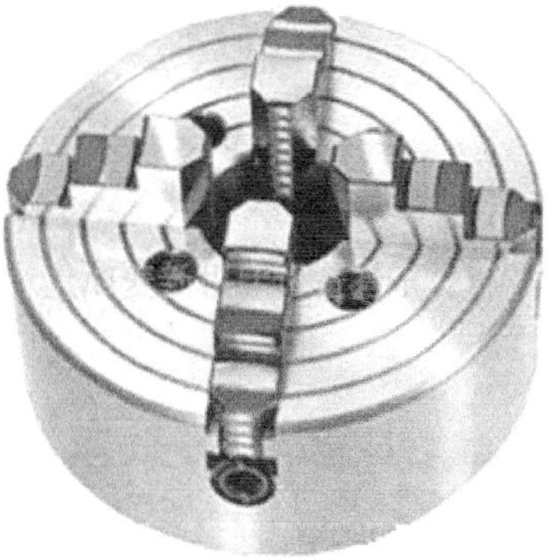

图 3-3　单动卡盘

3. 一夹一顶装夹（图 3-4）

工件的一端用自定心卡盘或单动卡盘夹紧，另一端用顶尖装夹，称为一夹一顶装夹。由于既能延续自定心卡盘或单动卡盘的特点，又能提高工件的 刚性 ，还能承受

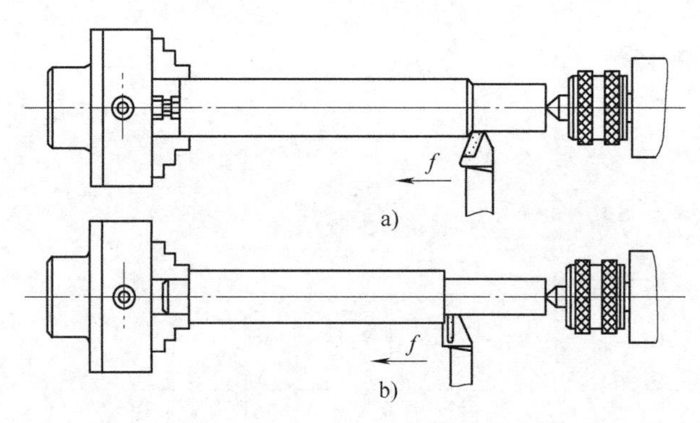

图 3-4　一夹一顶装夹

a）用限位支承限位　b）用工件台阶限位

较大的＿进给力＿，因此这种装夹方式的适用范围广泛。

4. 两顶尖装夹（图 3-5）

工件两端分别用前顶尖和后顶尖装夹，通过拨盘和鸡心夹头等附件带动工件与主轴同步转动。两顶尖装夹方便，不需＿找正＿，装夹精度＿高＿，但刚性较＿低＿。适用于＿较细长＿工件的精加工和需要多次装夹（工序较多以及车削后还需要铣削或磨削）才能完成加工的工件。

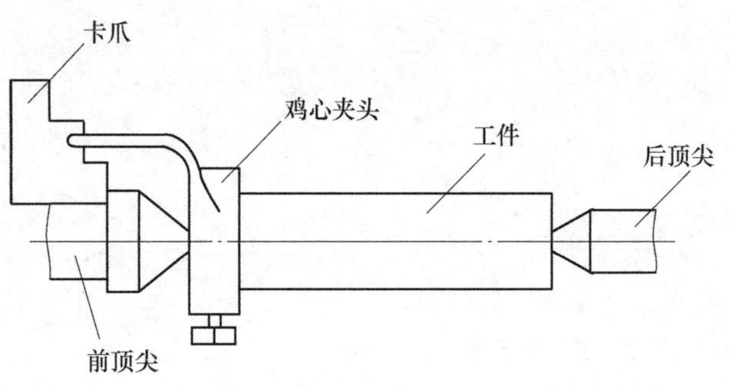

图 3-5　两顶尖装夹

二、中心钻和顶尖

1. 中心钻

如图 3-6 所示，中心钻的类型有＿A 型＿（不带护锥）、＿B 型＿（带护锥）、＿C 型＿（带螺护孔）和＿R 型＿（弧形）四种，分别用于加工以上四种中心孔，各种中心钻又有若干种尺寸规格。

A 型中心孔适用于精度不高的工件；B 型中心孔适用于精度较高、工序较多的工件；C 型中心孔可以把其他工件固定在轴上；R 型中心孔装夹时能自动少量纠偏。

本任务要求使用 B 型中心钻，圆柱直径是 2mm。

2. 顶尖

顶尖分前顶尖和后顶尖两种。

（1）前顶尖（图 3-7）　前顶尖安装在主轴锥孔内；也可以自制顶尖，装夹在自定心卡盘上，每次装夹后需要车一刀锥面，以保证锥面轴线与主轴回转中心＿同轴＿。

（2）后顶尖（图 3-8）　后顶尖有固定顶尖和回转顶尖两种，使用时将后顶尖插入＿尾座套筒＿内。

1）固定顶尖。刚性好，定心准确，但中心孔和顶尖之间是滑动摩擦，易烧坏顶尖，适合＿低速加工精度较高＿的工件。

2）回转顶尖。内部装有滚动轴承，使顶尖和工件一起转动，适用于＿高速加工＿，但其刚性较差，精度不太高。

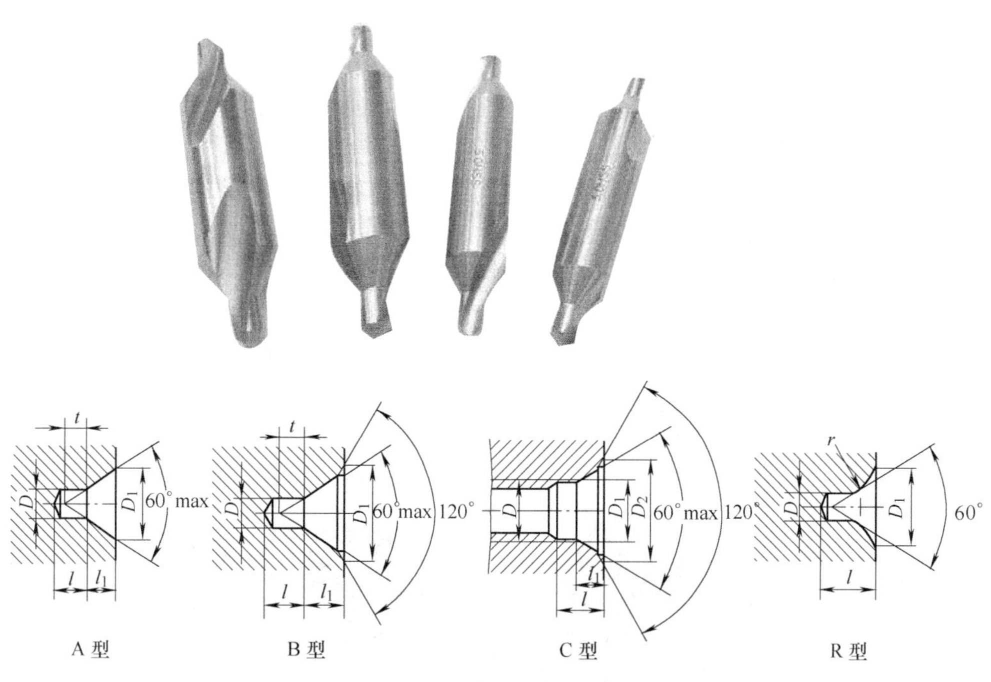

A 型　　B 型　　C 型　　R 型

图 3-6　中心钻的类型

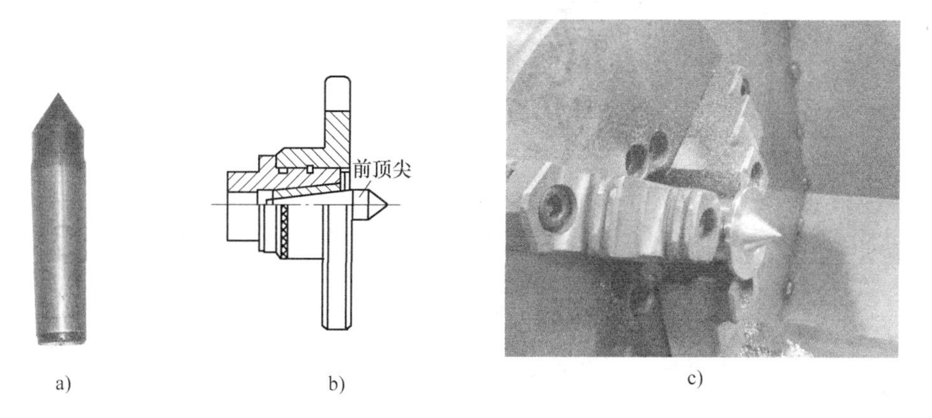

a)　　b)　　c)

图 3-7　前顶尖

a）前顶尖　b）前顶尖的装夹　c）自制前顶尖

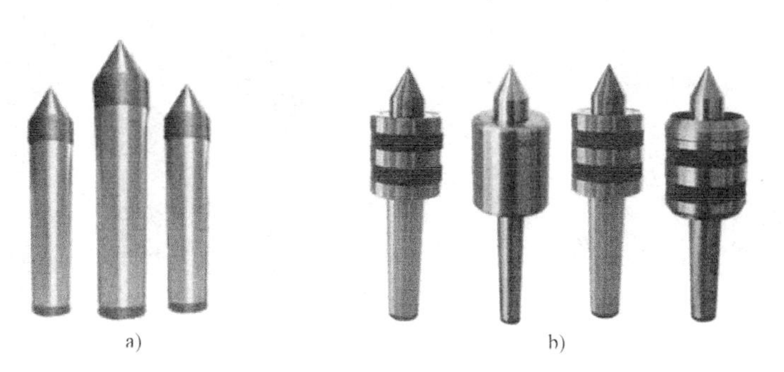

a)　　b)

图 3-8　后顶尖

a）固定顶尖　b）回转顶尖

三、硬质合金车刀

高速工具钢车刀耐热性较差，不适用于高速切削，使应用范围受到了限制，因此硬质合金成为目前车刀使用最多的材料。

硬质合金是以高硬度难熔金属的碳化物（WC、TiC）粉末为主要成分，以钴（Co）或镍（Ni）、钼（Mo）为粘结剂，经烧结而成的粉末冶金制品。

硬质合金具有<u>硬度高、耐磨、强度和韧性较好、耐热、耐蚀</u>等一系列优良性能，特别是它的高硬度和高耐磨性，即使在500℃的温度下也基本保持不变，在1000℃时仍有很高的硬度。但硬质合金在方便刃磨、韧性及刃口锋利程度等方面不如高速工具钢。

从本任务起，将主要使用硬质合金刀具，常用的硬质合金刀具如图3-9所示。

图3-9　常用的硬质合金刀具

技能训练

一、毛坯、刀具、工具、量具准备

1. 毛坯

毛坯尺寸为 ϕ50mm × 130mm，材料为45钢。

2. 刀具

车刀：硬质合金端面车刀、硬质合金90°外圆车刀。

中心钻：B型，中心孔直径为2mm。

3. 工具、量具

工具：钻夹头，如图3-10所示。

量具：游标卡尺、千分尺。

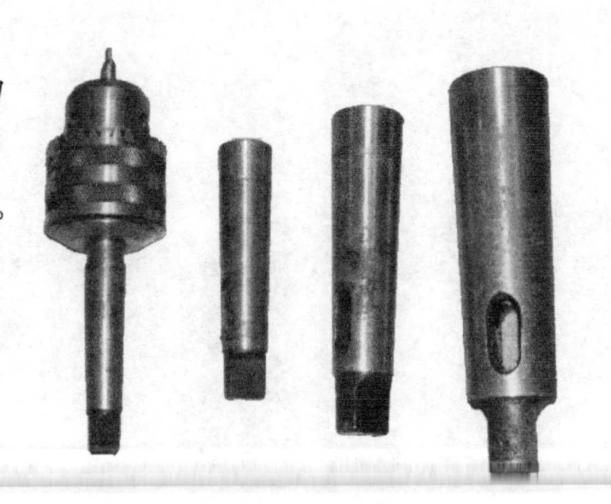

图3-10　钻夹头

二、工艺步骤

1）车削端面。

2）车削外圆 ϕ46mm×10mm，倒角两处。

3）调头装夹，车削端面，保证总长 127mm。

4）钻中心孔。

5）一夹一顶装夹，粗车外圆 ϕ44. 5mm×92mm。

6）粗车外圆 ϕ36. 5mm×52mm。

7）精车外圆 $\phi 44_{-0.1}^{\ 0}$mm×92mm。

8）精车外圆 ϕ36h8×52mm。

9）倒角三处。

三、操作要求

1. 钻中心孔

（1）装夹中心钻　如图 3-11 所示，中心钻需要装夹在<u>　钻夹头　</u>中，伸出长度应合适，并用钻夹头钥匙夹紧。钻夹头安装在<u>　尾座套筒　</u>中，其尾部圆锥与尾座套筒相互配合，安装时只需对准位置，利用加速冲力即可完成。退出时，只要转动<u>　尾座手柄　</u>，使套筒退到底部，钻夹头就会自动拆卸下来。

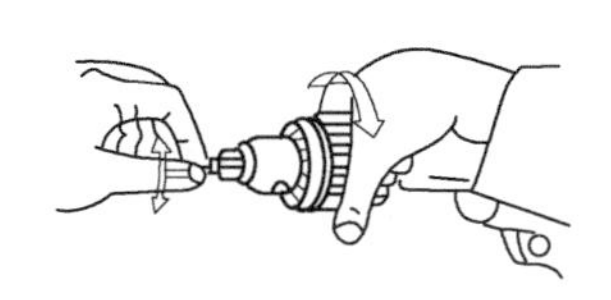

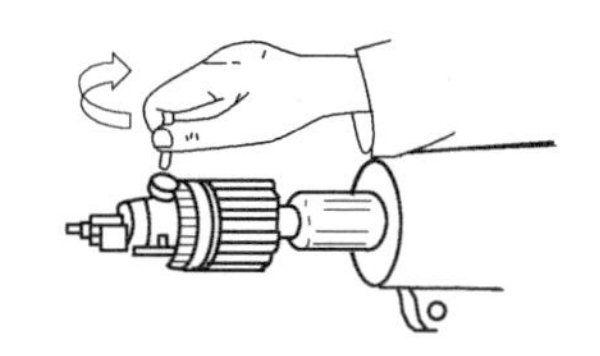

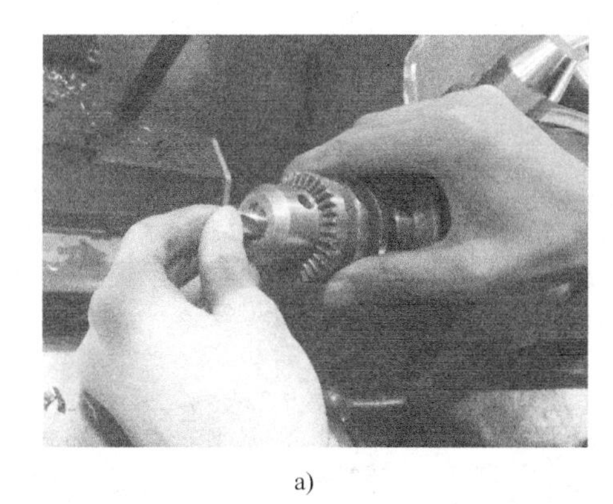

a)

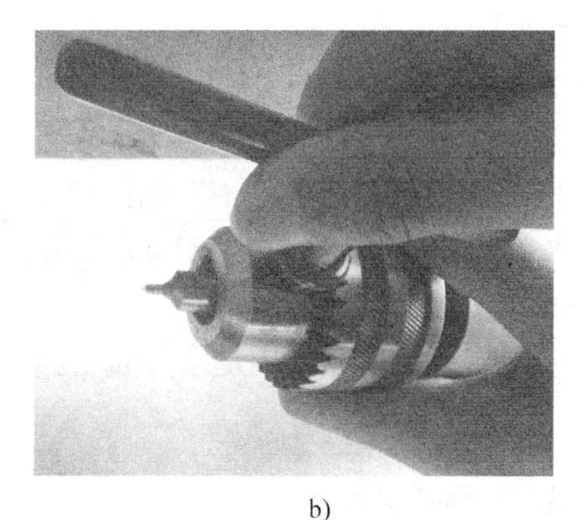

b)

图 3-11　装夹中心钻

a）松开钻夹头并装入中心钻　b）锁紧钻夹头

［注意］　装夹前要将钻夹头锥柄及尾座套筒的锥孔擦干净，并使钻夹头锥柄的矩形舌部与套筒内的槽相对应。

（2）钻孔要求　推动尾座，使中心钻靠近端面，然后锁紧尾座。因为中心钻的直径较小，为保证一定的切削速度，要选用<u>　较高转速　</u>。转动尾座手柄，逐渐钻入工件端面，同时注意加注切削液，钻孔深度以<u>　120°锥面出现为合适　</u>。当钻至合适深度时，先<u>　停止主轴转动　</u>，再<u>　退出中心钻　</u>，使钻头表面能对中心孔起到研磨作用，以提高一夹一顶的定位精度。

（3）避免中心钻折断的方法　中心钻切削部分的直径小，刚性差，加工过程中易折断，必须注意以下几点，以减少中心钻的损耗：

1）当中心钻的轴线与工件回转轴线不同轴时，中心钻会折断。原因多为尾座在车圆锥后＿未准确回位＿，需要在钻孔前找正中心钻的位置。

2）工件端面不平，留有小凸头，使中心钻歪斜而折断。需要＿事先车端面至中心＿。

3）切削用量不当，转速偏低或进给速度过快。

4）中心钻磨钝后强行切入。

5）未浇注足够的切削液，未及时清理切屑，使切屑堵塞中心钻的容屑槽，造成切削力过大而折断中心钻。

2. 一夹一顶装夹要求（图 3-12）

一夹一顶装夹时，一般要求卡盘夹持尺寸＿较小＿。本任务中先车出的外圆表面 ϕ46mm×10mm 即用于装夹，其外圆直径和长度无需准确控制。

卡盘夹住外圆表面 ϕ46mm×10mm 时，不得＿夹紧＿，需要在＿后顶尖顶住中心孔＿后再夹紧。否则可能因工件夹得倾斜，而影响到后顶尖的接触，甚至出现后顶尖与中心孔错位的现象。

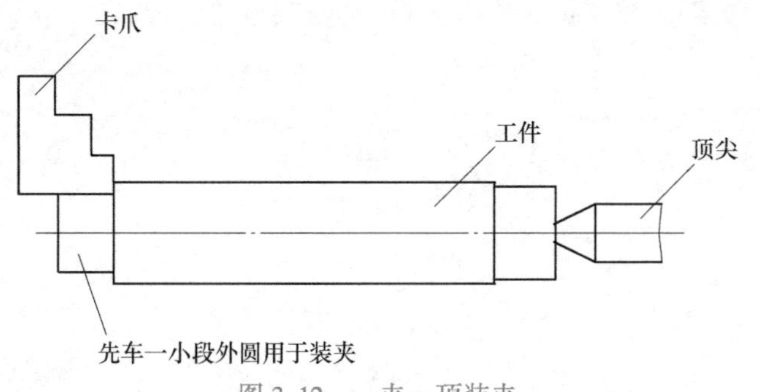

图 3-12　一夹一顶装夹

3. 后顶尖装夹要求

固定顶尖与中心孔间是滑动摩擦，为避免“烧伤”，夹紧力不能＿大＿，并且要涂抹润滑脂用于润滑；回转顶尖与中心孔间无相对运动，应保证一定的夹紧力，且＿不得涂润滑脂＿，以防止“打滑”。

根据本任务的加工要求，应选用＿回转顶尖＿，装夹步骤（图 3-13）如下：

1）松开尾座，将尾座推动到合适的位置，要求既不因尾座套筒伸出过长而降低刚性，又不影响刀架的运动。

2）锁紧尾座，使尾座固定在导轨上。

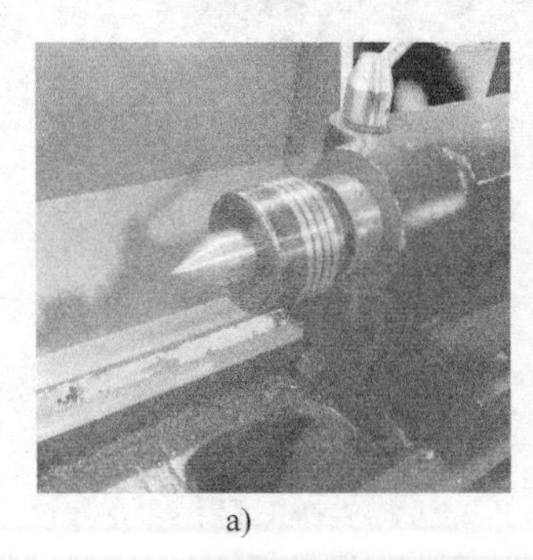
a)

b)

c)

图 3-13　回转顶尖的装夹步骤

a）推动尾座到合适位置　b）锁紧尾座　c）锁紧套筒固定手柄

3）转动尾座手柄，使顶尖准确定位在中心孔中，并保证具有一定夹紧力后，锁紧＿套筒固定手柄＿。

［知识链接］　如果卡盘夹持较长，则会出现＿重复定位＿现象，重复定位能提高工件的刚性，但对工件的定位精度有影响，一般＿不允许＿。但如果定位元件的＿精度很高＿，则重复定位也可以采用。一般而言，常用的自定心卡盘精度＿不高＿，不能出现重复定位，一夹一顶时，卡盘装夹长度要＿短一些＿。

4. 切削用量的选择

使用硬质合金刀具时，切削用量与使用高速工具钢刀具有较大区别：粗加工时，背吃刀量可选 2mm 左右，进给量可选 0.3～0.5mm/r，切削速度可选 30～50m/min；精加工时，背吃刀量可选 0.5mm 左右，进给量可选 0.1～0.2mm/r，切削速度应大于 70m/min。

5. 保证径向精度和轴向精度

（1）试切法保证径向精度　在对外圆过程中，一方面当刀尖碰到工件表面时，手柄并不能立刻停止，使得刀尖继续切入工件，造成实际直径＿小于＿预期值；另一方面，由于在切削过程中，材料出现弹性变形，当刀具离开工件后，变形恢复，造成实际直径＿大于＿预期值。

以上两种因素的影响，需要丰富的经验才能估计准确。对于初学者，靠之前所学的对刀步骤难以保证较高精度，需要运用试切法。

试切法的操作步骤：先按之前所学步骤对外圆后按加工要求进给，当车外圆 1～2mm 时，停止进给，并＿纵向退出＿，如图 3-14 所示。主轴停下后，测量所车台阶部分的直径，如尺寸符合精度要求，则重新纵向进给至所需长度，这时外圆精度能达到加工要求；如果测得所车台阶部分的直径不符合精度要求，不再对刀，直接＿调整中滑板＿，再次纵向进给至所需长度，外圆精度也能达到加工要求。

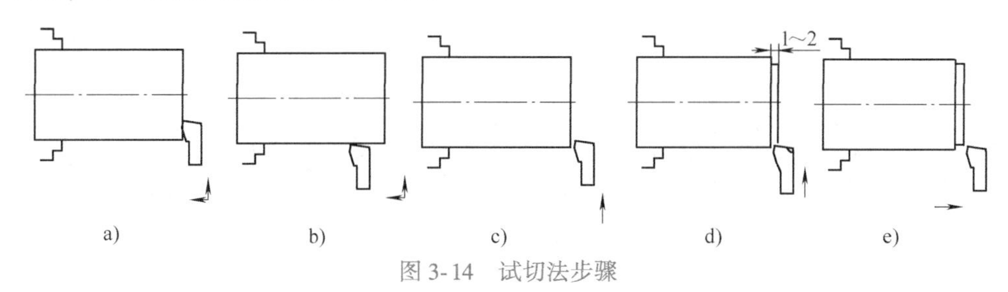

图 3-14　试切法步骤

a）对端面　b）对外圆　c）横向进刀　d）试切外圆　e）纵向退刀

例 3-1　如果图样中的直径尺寸是 $\phi40_{-0.039}^{\ 0}$mm，对刀时中滑板标记是 65，试切处的实际尺寸是 39.85mm。应把中滑板调整至多少？

解：尺寸误差：39.85mm−39.98mm＝−0.13mm

换算成背吃刀量：−0.13mm/2＝−0.065mm

调整进刀格数：−0.065÷0.05＝−1.3

中滑板应调整至：65+(−1.3)＝63.7

答：应把中滑板调整至标记为 63.7 处。

［注意］　一般情况下，计算的尺寸值应该是公差带中值。

（2）小滑板控制法保证轴向精度　由于大滑板的最小刻度值是 1mm，当轴向精度要求较高时，仅凭目测很难保证加工要求，需要使用小滑板控制精度。

先使用床鞍粗略控制轴向尺寸，应留有__足够的精加工余量__。如果需要精加工的是端面，则刀尖的运动轨迹与车削端面相同（见表2-1），仅仅是将“步骤1：对端面”和“步骤3：床鞍进刀”中的床鞍进给运动改为小滑板进给运动。小滑板分度盘每格为0.05mm，根据余量，可算出小滑板需要的进给格数。

[注意] 在对端面过程中，当刀尖接近工件时，必须通过小滑板进给。如果由床鞍进给，将不能消除小滑板丝杠传动间隙，在小滑板进刀时会出现较大误差。

如果需要精加工的是台阶面，则必须使用__90°外圆车刀__。当台阶面尺寸较小时，可以以__车削外圆__的形式，通过小滑板进给，车到需要的长度，如图3-15a所示；当台阶面尺寸较大时，必须以__车削端面__的形式，通过中滑板进给，车到外圆位置，如图3-15b所示。

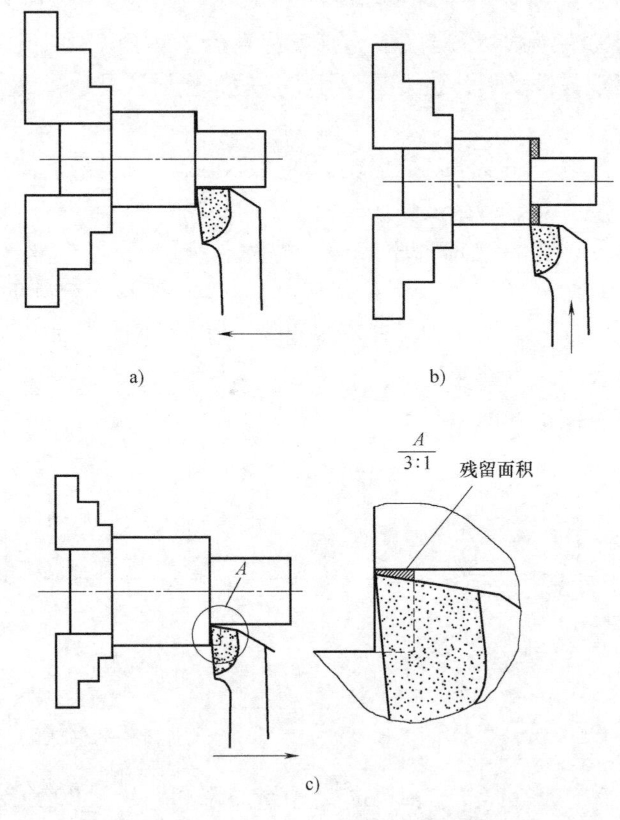

图3-15 小滑板控制法保证轴向精度

a）车削外圆形式 b）车削端面形式 c）残留部位和去除方法

四、注意事项

1）以车端面形式车台阶面时，必须准确车至外圆处。还应注意残余部位，如图3-15c所示，可以手动小滑板纵向退刀，去除残留材料。

2）由于机床、刀具角度、工件材料等诸多因素的共同影响，切削用量并不存在绝对合理的参数值，必须根据具体情况，结合实际加工效果，才能得到相对合理的参数值。本任务中要求的切削用量仅供参考。

3）采用试切法，试切的轴向尺寸应尽可能短一些，只要够测量直径即可，一般不超过2mm，对加工完成后工件质量的影响可以忽略。

任务二　调头装夹车台阶轴

零件图（图 3-16）

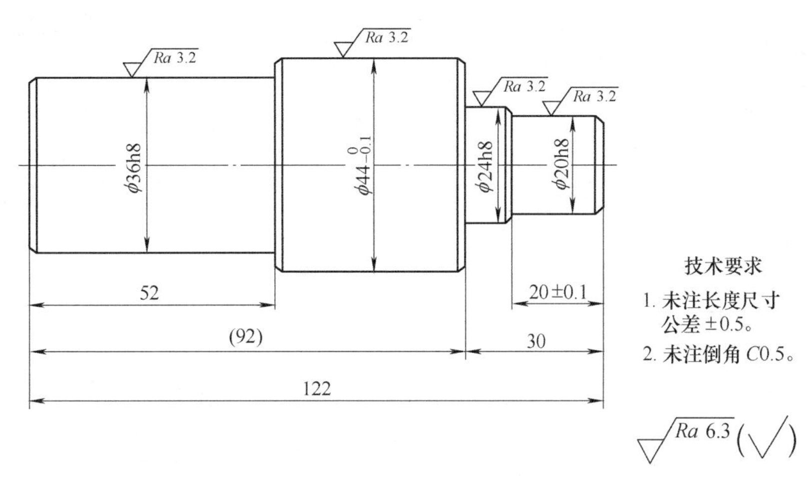

图 3-16　调头装夹车台阶轴

学习目标

本任务主要学习百分表的找正原理，会利用百分表提高调头装夹精度；练习百分表的读数方法，利用百分表保证工件最大径向圆跳动误差小于 0.1mm。通过本任务的学习和训练，完成图 3-16 所示零件的加工。

相关知识

一、百分表

百分表是一种__指示式__测量仪器，主要用于测量工件的__几何精度__，也能测量__内径__，还经常用于找正工件在机床上的安装位置。

常见的百分表有__钟面式__（图 3-17a）和__杠杆式__（图 3-17b）两种，其分度值均为__0.01mm__，百分表需和底座（图 3-18）配合使用。当底座上的旋钮拨至__“ON”__时，底座能产生较强的__磁性__，使底座及百分表吸附于钢铁材料上；当旋钮拨至__“OFF”__时，磁性消失，便于底座的取放。

钟面式百分表的工作原理是将测杆的直线移动经过齿条齿轮传动放大，转变为指针的转动。而杠杆式百分表是利用杠杆齿轮放大原理制成的。测量工件径向圆跳动误差时，需要把表头固定在底座上，底座则固定在机床上。

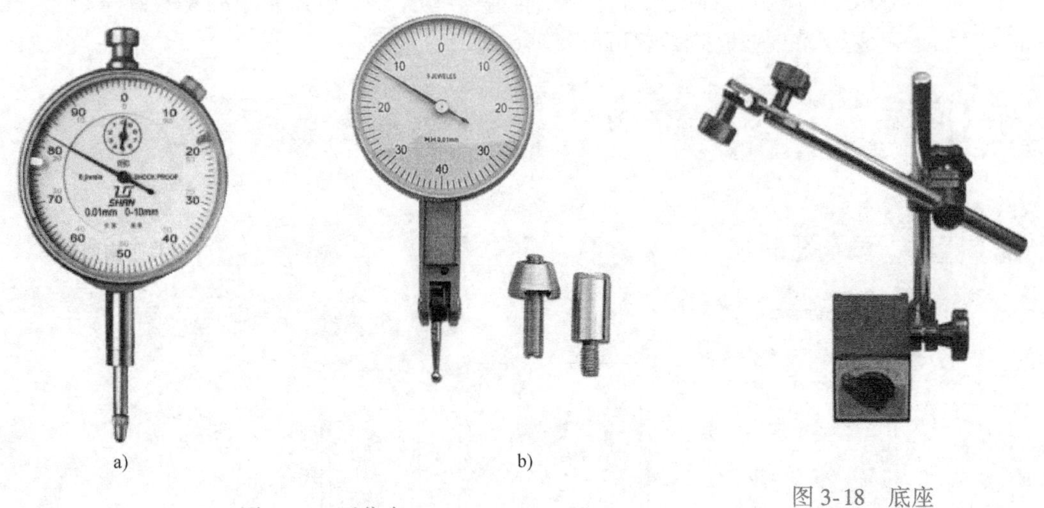

a)　　b)

图 3-17　百分表

a）钟面式　b）杠杆式

图 3-18　底座

二、百分表的读数方法

以钟面式百分表为例，小度盘上每格代表 1mm ，大度盘上每格代表 0.01mm 。大、小度盘上数值 相加 为实际读数，两次读数的 差值 为测量杆的直线移动值。

如图 3-19a 所示，使用百分表测量工件径向圆跳动值，当工件转至某一角度时，读数最小（图 3-19b），小度盘数值为 1，大度盘数值为 44；当工件转至另一角度时，读数最大（图 3-19c），小度盘数值为 2，大度盘数值为 13。此读数值的最大值与最小值之差，即为所测工件的径向圆跳动值。图中的径向圆跳动值为 2.13mm−1.44mm=0.69mm。

[注意] 初学者在读数时，经常会犯只看大度盘，不看小度盘的错误，需要注意。

技能训练

一、毛坯、刀具、工具、量具准备

1. 毛坯

任务一完成后的工件。

2. 刀具

硬质合金端面车刀、硬质合金 90°外圆车刀。

3. 工具、量具

百分表、游标卡尺、千分尺。

二、工艺步骤

1）装夹工件，夹持面为 $\phi44_{-0.1}^{\ 0}$mm。

a)

b)

c)

图 3-19　利用百分表测量工件径向圆跳动误差

2）用百分表测量工件的径向圆跳动误差，并调整至小于 0.1mm。

3）车端面，保证总长 122mm。

4）粗车外圆 ϕ24.5mm×30mm。

5）精车外圆 ϕ24h8×30mm。

6）粗车外圆 ϕ20.5mm×20mm。

7）精车外圆 ϕ20h8×(20±0.1)mm，用小滑板控制法保证台阶长度（20±0.1)mm。

8）倒角三处。

三、操作要求

1. 装夹要求

装夹面较长时有利于保证装夹的稳定性，提高装夹精度。本任务中夹持面的长度为 40mm，足以满足要求。但由于该面需要__倒角__，并要保证刀尖和卡盘留有一定距离，装夹时，该面至少需要伸出卡盘__5~10mm__。

2. 百分表的安装及调整

（1）百分表的安装　百分表装在底座上，底座可以固定在导轨或滑板上（图 3-20）。通过调整杆件，使测量杆轻轻碰到工件表面，并使刻度值处于__1~2mm__。

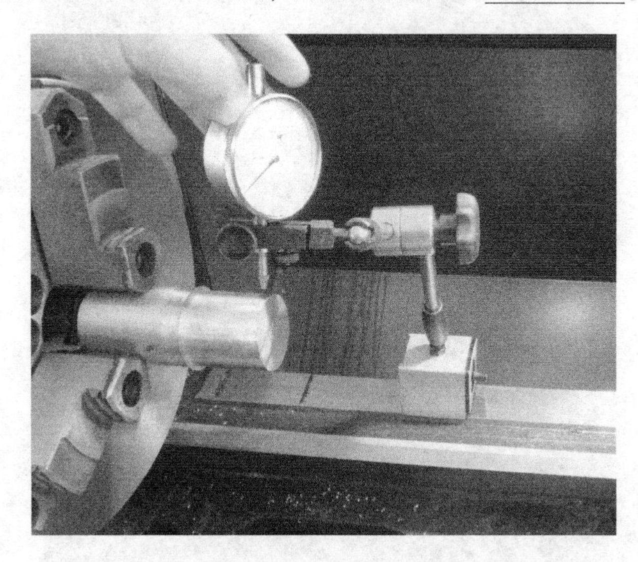

图 3-20　百分表的安装

［注意］　无论是钟面式还是杠杆式百分表，都应使测量杆尽量__垂直于__测量表面（图 3-20），并__远离卡盘__，否则会降低测量精度，如图 3-21 所示。

（2）测量径向圆跳动　把主轴箱手柄置于空档后，用手扳动卡盘，带动工件旋转。观察在__转动一周__的过程中，百分表读数值的变化情况。如出现测量杆离开工件表面的情况，则需要调整杆件，保证其能__始终接触到工件__。百分表读数的最大、最小值之差即为工件的__径向圆跳动值__。

（3）百分表的调整　如果径向圆跳动值大于 0.1mm，则需要调整。首先通过转动卡盘，找到数值__最小__的位置，即最高点，并使之位于正上方，用__铜棒__轻敲工件，使该位置

图 3-21　测量杆倾斜

稍微向下移动。反复测量和敲击，直至径向圆跳动值小于 0.1mm 为止。

[注意]　经常会出现敲了很多下，数值也没有低下去，但再一用力就敲过了的情况。敲击的力度需要反复练习才能控制好。

四、注意事项

1）在用百分表测量及调整合格前，卡盘的夹紧力不能过大，否则将无法使用敲击法调整工件的径向圆跳动。

2）敲击时，百分表要离开工件。否则敲击的振动会降低百分表的测量精度，甚至造成表头损坏。

3）百分表是精密量具，为避免其过度磨损，不适合在粗糙表面上测量。本任务中，测量杆可位于已加工表面 ϕ46mm×10mm 处测量。

4）用手扳动卡盘时，易于正反转动找到最高点。不应使用主轴低速转动的方法代替，这样既不安全，也难以找准最高点。

任务三　切断、切槽

学习目标

本任务主要学习切断刀、切槽刀的形状和刀具几何参数等知识，要求会正确使用切断刀和切槽刀，练习刃磨切断刀、切槽刀和切断、切槽的操作技能。通过本任务的学习和训练，能够完成图 3-1 所示零件的加工。

相关知识

一、普通高速工具钢和硬质合金切断刀

切断刀（图 3-21a、b）以＿横向进给＿为主，前端的切削刃是＿主切削刃＿，两侧的

切削刃是 副切削刃 。为了减少工件材料的浪费，使切断时能切到工件的中心，主切削刃比较窄，而刀头比较长，因此刀头的 强度 比其他车刀差，在选择几何参数和切削用量时要特别注意。常用切断刀的几何参数如图 3-22c、d 所示。

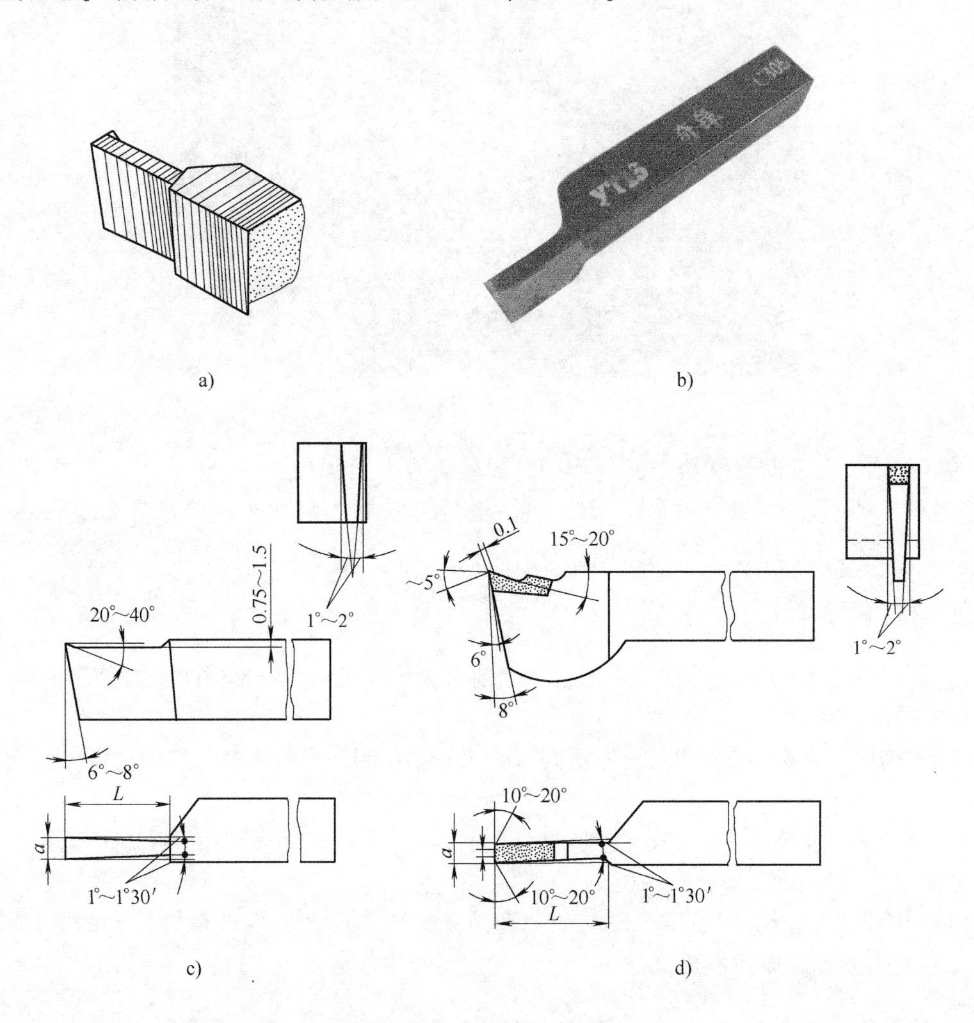

图 3-22　切断刀及其几何参数

a）高速工具钢切断刀　b）硬质合金切断刀

c）高速工具钢切断刀的几何参数

d）硬质合金切断刀的几何参数

在批量生产中，为了保证加工质量和提高加工效率，主切削刃宽度 a 和刀头长度 L 要求符合以下公式

$$a \approx (0.5\sim0.6)\sqrt{d}$$

式中　d——工件直径（mm）。

$$L = h+(2\sim3)\text{mm}$$

式中　h——切入深度（mm）。

例 3-2　批量切断外径为 40mm、内孔为 20mm 的空心工件，试计算切断刀的主切削刃

宽度和刀头长度。

解：

$$a \approx (0.5 \sim 0.6)\sqrt{d} = (0.5 \sim 0.6) \times \sqrt{40}\,\text{mm} = 3.16 \sim 3.79\text{mm}$$

$$L \approx h + (2 \sim 3)\,\text{mm} = \frac{40-20}{2}\text{mm} + (2 \sim 3)\,\text{mm} = 12 \sim 13\text{mm}$$

单件生产时，一把切断刀可能用于不同直径处的切断，不可能都满足最佳尺寸要求，主切削刃宽度 a 和刀头长度 L 没有严格要求，只要能保证完成切断即可。

为了使切削顺利，切断刀的前刀面上应磨出一个较浅的__卷屑槽__，槽深一般为 0.75～1.5mm，过深会削弱刀头强度。

为了防止切下的工件端面留有小凸头，可以将切断刀的主切削刃略磨倾斜（图 3-23）。

由于硬质合金切断刀的切削效率较高，使得切屑容易堵塞在槽内，可以把主切削刃两边__倒角__或磨成__人字形__，使切屑碎裂易于排出。同时为了提高刀头强度，常将硬质合金切断刀的刀头下部做成__凸圆弧形__（图 3-22d）。

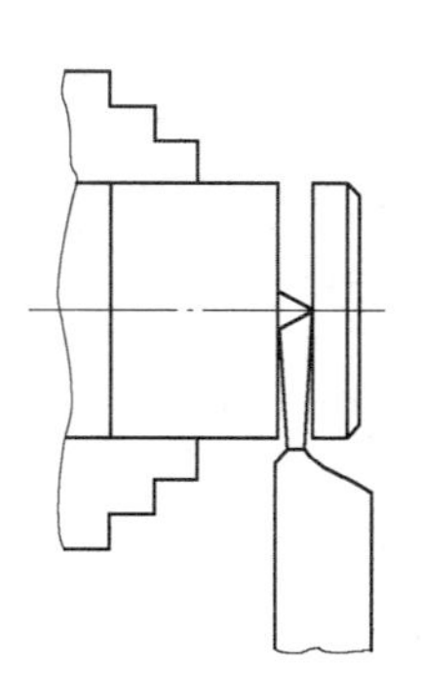

图 3-23　斜刃切断刀

二、机夹式切断刀

1. 高速工具钢弹性切断刀

将高速工具钢做成__片状__，再装夹在__弹性刀柄__上（图 3-24），可以节约高速工具钢材料。当进给量过大或切到材料硬点时，弹性刀柄受力__变形__，使刀头自动__退让__，刀片__不易折断__。高速工具钢弹性切断刀的刀头需要刃磨，刃磨要求和普通高速工具钢切断刀相同。

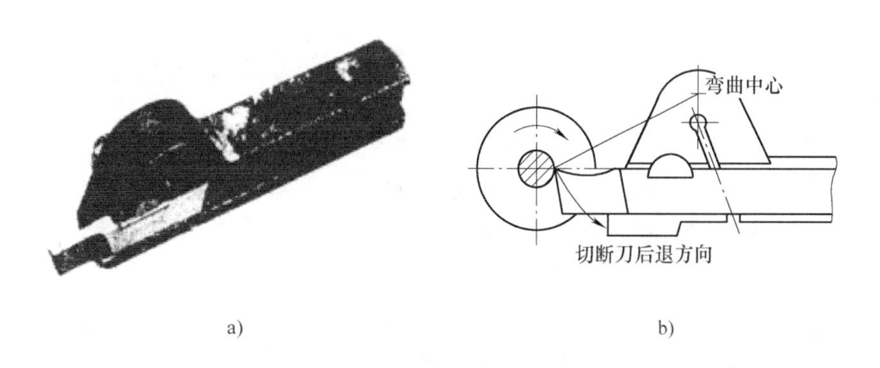

图 3-24　高速工具钢弹性切断刀及其应用

a）弹性切断刀　b）弹性切断刀的应用

2. 硬质合金可转位车刀（图 3-25）

硬质合金可转位车刀的刀头是由硬质合金材料压制成形的，符合切断刀的参数要求，无需刃磨。使用时只要把刀片按正确位置__安装__并__夹紧__即可用于切削，磨钝后更换刀片。硬质合金可转位车刀有以下优点：

1）刀片质量稳定，避免了由于刃磨技术不高而造成的质量问题。

2）刀柄可重复使用，节约了刀柄材料。

3）节约了磨刀、换刀、装刀、对刀的时间。

4）有利于刀具标准化，简化了管理工作。

但由于刀柄的一次性购置费用稍高，以及刀片型号有限，不能完全符合加工需求，使得硬质合金可转位车刀的应用受到了一定限制。

图 3-25　硬质合金可转位车刀

三、切槽刀

常用外圆切槽刀的刀具角度和几何参数与切断刀类似，差别主要在于主切削刃宽度和刀头长度。当切槽宽度较窄时（小于 5mm），主切削刃宽度与槽等宽（批量生产）或小于槽宽（单件生产时，较小的主切削刃宽度可用于不同规格槽的切削）；刀头长度稍大于槽深。

四、砂轮

砂轮由 磨粒 、 结合剂 和 气孔 三部分组成。磨粒以其裸露在表面部分的棱角作为 切削刃 ；结合剂将磨料 粘接 在一起，经加压和焙烧，使之具有一定的形状和强度；气孔在磨削时起容纳 切屑、切削液 和散热的作用。

1. 磨料

磨料即磨粒的材料，其在磨削时要承受剧烈的摩擦、挤压和高温，必须具有很高的 硬度 、良好的 耐热性 和一定的 韧性 ，还要求碎裂颗粒的 棱角锋利 。常用的磨料有棕刚玉（刚玉的化学成分为氧化铝）、白刚玉、黑色碳化硅、绿色碳化硅、立方氮化硼、人造金刚石等。刃磨车刀的砂轮常用 白刚玉 和 绿色碳化硅 作为磨料。

2. 粒度

粒度是指磨料的颗粒尺寸，分为 41 个粒度号。颗粒较大的粗磨粒用 筛选法 分级号数为 F4~F220，颗粒较小的 F230~F2000 是微粉级。

当要求提高工作效率、表面粗糙度值大、工件尺寸大、韧性好时，应选择粒度 粗 一些的磨料；反之选择粒度较细的磨料。

3. 结合剂

常用的结合剂有陶瓷结合剂、树脂结合剂等。

4. 砂轮的硬度

砂轮的硬度是指砂轮工作时，在外力作用下，磨料脱落的 难易程度 。磨粒易脱落，则砂轮的硬度低；反之，则硬度高。加工硬材料时选较软的砂轮，加工软材料时选较硬的砂轮。

[注意] 一般刀具材料都是工件材料越硬，刀具材料越硬，砂轮却不是这样。因为砂轮实际产生切削效果的是磨料，砂轮的硬度与磨料的硬度无关。砂轮软，磨料易脱落，有利于保持磨料刃口的更新，这样切硬材料会容易一些。

5. 组织

组织是指磨粒、结合剂和气孔三者体积的比例关系。

6. 强度

强度是指高速旋转时，在离心力的作用下，砂轮抵抗其自身破裂的能力，通常以安全线速度表示。

技能训练

一、毛坯、刀具、工具、量具准备

1. 毛坯

任务二完成后的工件。

2. 刀具

高速工具钢切断刀、硬质合金切槽刀。

3. 工具、量具

砂轮机、百分表、游标卡尺、千分尺。

二、工艺步骤

1）装夹工件，夹持面为 $\phi 44_{-0.1}^{0}$ mm，ϕ36h8 表面伸出卡盘。

2）用百分表测量工件的径向圆跳动误差，并调整至小于 0. 1mm。

3）切断，使 ϕ36h8 表面留下 1~2mm。

4）粗、精车端面，保证总长（100±0. 1）mm。

5）装夹后再次利用百分表找正。

6）切槽 2mm×10mm。

7）倒角两处。

三、操作要求

1. 刃磨切断刀

由于是高速工具钢材料，需要使用白刚玉砂轮。

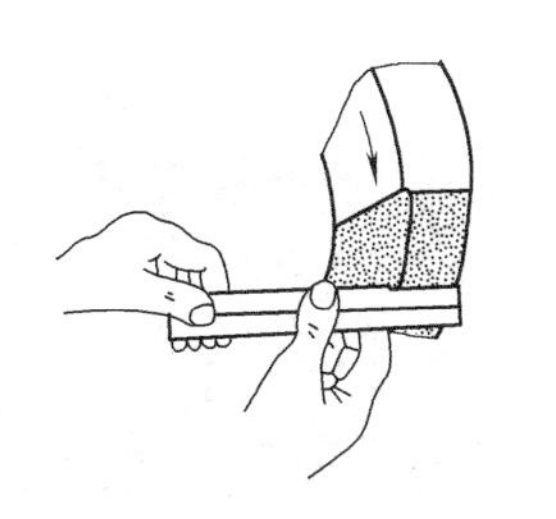

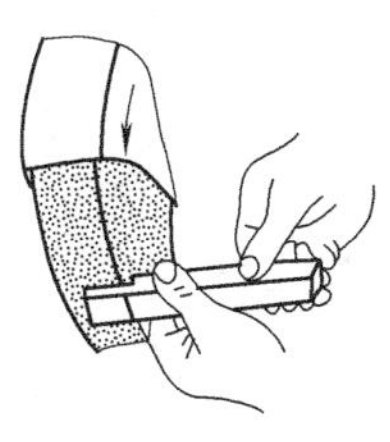

a)　　b)

图 3-26　刃磨左、右两侧副后刀面

a）左侧　b）右侧

（1）刃磨左、右两侧副后刀面　如图 3-26 所示，双手握刀，车刀前刀面向上，并稍微倾斜一个角度，形成＿副后角＿，同时刀柄尾部也倾斜一个角度，形成＿副偏角＿。通过刃磨，得到合适的刀头长度与主切削刃宽度。

（2）刃磨前刀面　如图 3-27 所示，将前刀面在砂轮上磨出＿前角＿。

（3）刃磨主后刀面　如图 3-28 所示，前刀面向上，保持刀头稍高，形成＿主后角＿。

（4）刃磨卷屑槽　如图 3-29 所示，前刀面对着砂轮圆周边缘，利用砂轮圆角磨出卷屑槽。

［注意］ 高速工具钢车刀有时不磨前刀面，而是以卷屑槽形成前角。

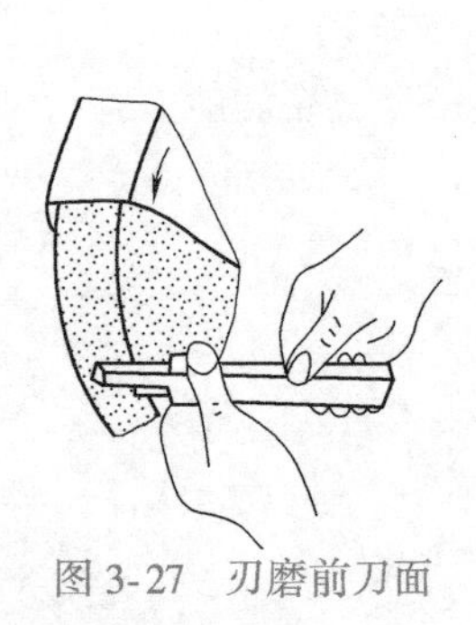

图 3-27　刃磨前刀面

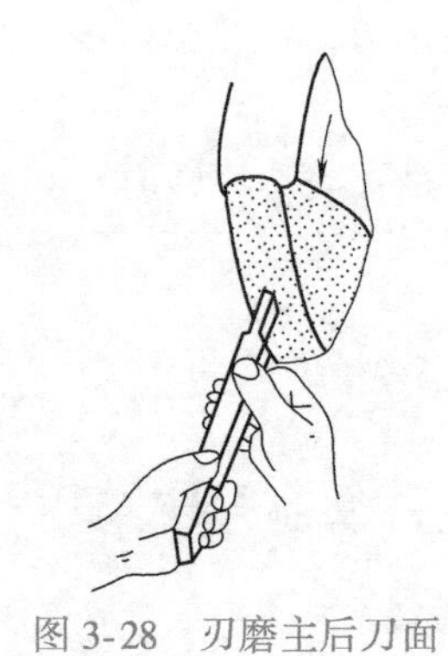

图 3-28　刃磨主后刀面

2. 刃磨切槽刀

刃磨切槽刀的方法、步骤与刃磨切断刀相同，但由于是硬质合金焊接式刀具，刀头长度和主切削刃宽度已确定，故无需刃磨。刃磨时应使用绿色碳化硅砂轮。

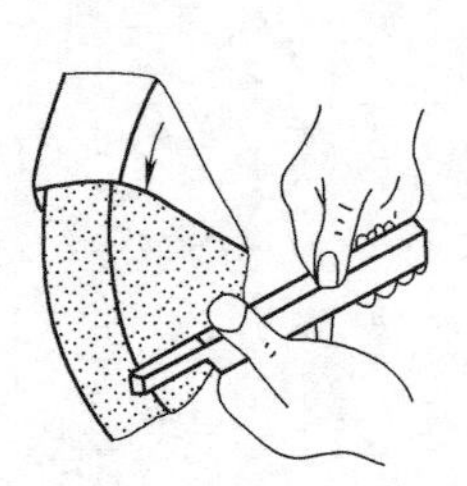

图 3-29　刃磨卷屑槽

3. 切断操作

（1）安装切断刀　由于切断操作过程中，刀尖会车至工件中心附件，因此刀尖必须＿严格对准工件中心＿，可以利用＿后顶尖＿对准中心高。如图 3-30 所示，把车刀切削刃移至后顶尖附近，对比高度，并通过调整＿垫刀片＿和压紧螺钉的松紧来保证对刀质量。

图 3-30　切断刀对中心高

另外，还应使刀柄轴线与工件轴线＿垂直＿（凭目测）。

（2）切断位置的控制　毛坯总长 122mm，如果留 2mm 车端面，则切断后应保证总长 102mm，即需要切除 20mm，由于精度要求不高，因此可以按如下步骤操作：

1）如图 3-31 所示，以切断刀的＿左侧＿刀尖对端面。

2）横向退刀后，床鞍进（$20-a$）mm。

3）从该位置切断。

［注意］　也可以利用切断刀右刀尖对刀或其他方法对刀，本任务所用方法是为了让学生更方便地理解主切削刃宽度对切断尺寸的影响。

（3）切断操作　通过中滑板不断进给，开始切断操作。由于高速工具钢车刀的耐热性较差，且切断时产生的热量不易通过切屑排出，故主轴转速应__略低于__同直径的外圆加工，并须不间断地浇注__切削液__。进给速度不能快，尤其是在快切至中心时。当工件即将切断时，不要用手直接去接切下的材料。

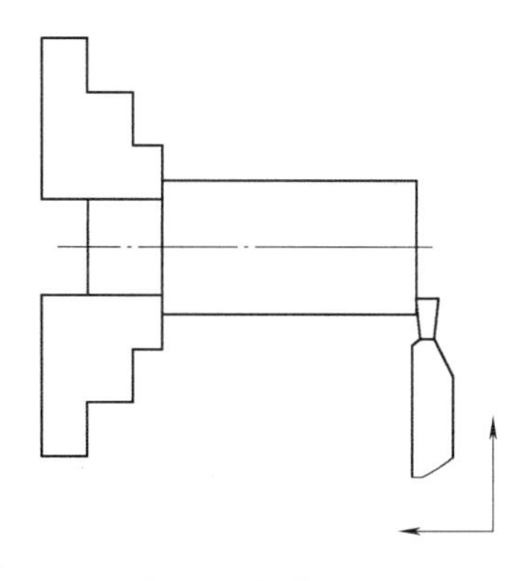
图 3-31　切断刀对刀

［注意］　由于切断操作时刀具受力较大，且刀具强度差，因此一般不能使用自动进给。手动进给可以根据受力情况，人为地调整进给速度，但应尽量使进给运动匀速。

如果刀具刃磨后副后角、副偏角不够准确或不够对称，则当切断深度较大时，可能出现副后刀面碰到工件侧壁的情况，将影响切削并发出噪声，如继续强行切削，还会折断刀头。此时，可以采用左右借刀的方法，逐步切断工件。

［知识链接］　左右借刀法的操作步骤如图 3-32 所示，先在正确的位置横向切入一定深度，退刀；用大（小）滑板使刀具向卡盘方向移动约半个刀宽，再次进刀，并比第一次进刀深，退刀；回到第一次的切削位置，再进刀，比第二次深，退刀。如此反复切削，直至切断，但最后一刀应回到初始的正确位置。

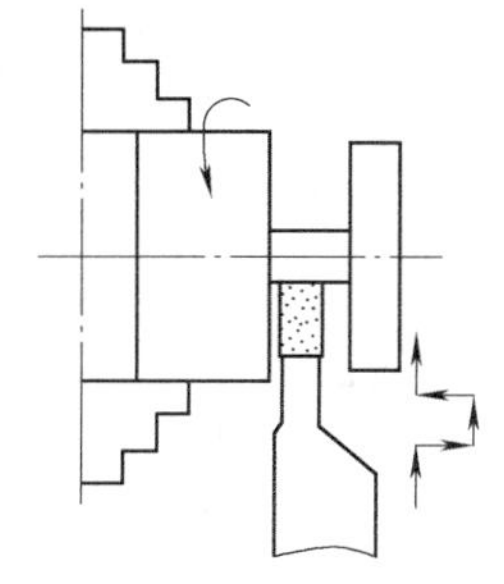
图 3-32　左右借刀法

4. 切槽操作

（1）安装切槽刀　安装切槽刀的关键是刀具的主切削刃应与工件外圆表面__平行__，这样才能保证车出槽底的质量。先根据目测使刀柄大致与工件轴线__垂直__，再把切削刃移到工件__外圆__表面旁，仔细观察切削刃是否和外圆表面平行，并作相应调整。

（2）切槽操作　如果切槽刀的主切削刃宽度等于槽宽，则直接进给至相应深度即可，__中滑板进给量__即为槽深。

［注意］　如果切槽时外圆表面还未精车，则中滑板进给量除了与槽深有关，还必须考虑到精车余量的影响。

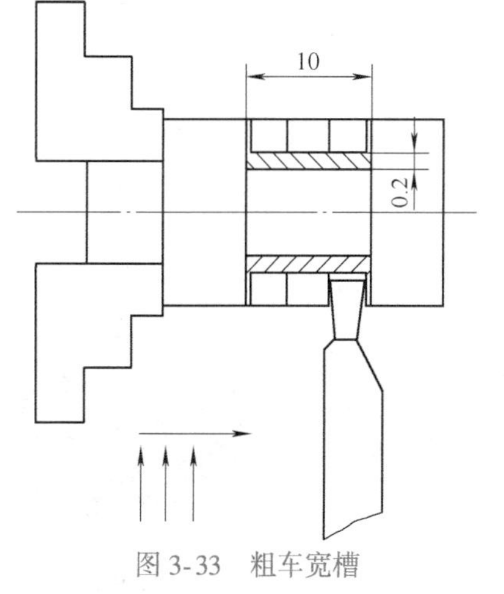

图 3-33　粗车宽槽

（3）切宽槽操作　本任务槽宽 10mm，考虑到工件、刀具及机床的刚性，不宜一次性车槽成形，需要分次车削成形。如图 3-33 所示，先分若干次__横向__进给，粗车宽槽，槽底留有 0.2mm 左右的精车余量；再__纵向__进给，一次精车出槽底。粗、精车过程中，要注意中滑板分度盘的控制。

本任务车槽 2mm×10mm 时，左、右两侧进给位置的调整方法如图 3-34 所示。

1）左侧位置：用切槽刀左刀尖对端面，并左移 30mm 进给。

2）右侧位置：从以上进给位置右移（10−a）mm 进给。

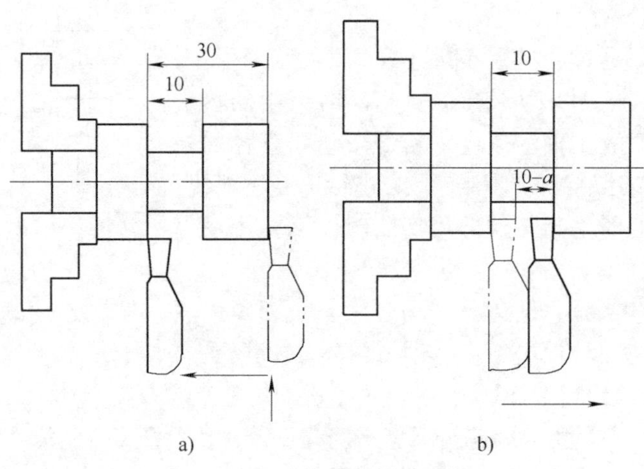

图 3-34　左、右两侧的进刀位置

［注意］　由于是初学，本任务中所车槽深比较小，对槽两侧的质量要求不高，在装刀时没有仔细检测副偏角的对称性，槽两侧也没有留余量用于精车。

5. 倒角

槽右侧倒角可以用 45°端面车刀完成，如图 3-35 所示。

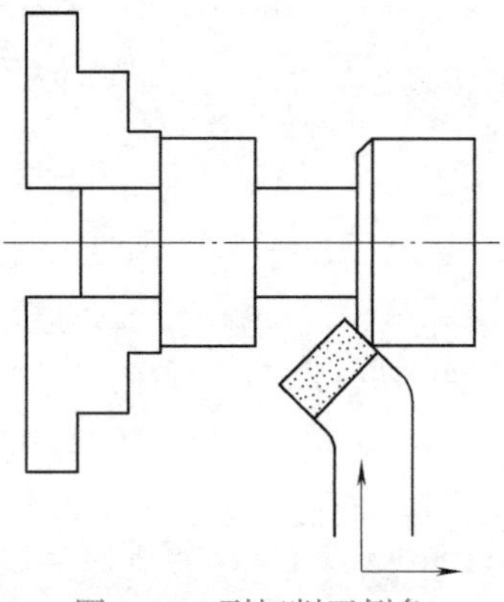

图 3-35　副切削刃倒角

6. 槽的测量

槽的测量内容包括槽深、槽宽和槽位置精度三项。

根据精度要求，可以使用游标卡尺进行测量，其中槽深和槽位置精度用<u>　测深杆　</u>检测，槽宽用<u>　上测量爪　</u>检测，如图 3-36 所示。

图 3-36　槽的测量

四、注意事项

1）本任务中两次使用百分表进行找正，目的不完全相同。工艺步骤2）主要是避免工件表面圆跳动误差过大，使切断刀受到冲击而损坏；工法步骤5）主要是为了保证槽与外圆表面有较高的位置精度。实际生产中，工艺步骤2）可以不用百分表，本任务中使用百分表是为了增加练习机会。

2）为了保证总长精度合格，必须直接测量工件总长，不能通过间接测量获得。由于测量总长需要卸下工件，因此工艺步骤5）还要再次找正。

3）因为是初次练习切断，为减少刀具损坏，使用高速工具钢切断刀，在实际生产中更多使用硬质合金切断刀。在以后的项目中，一般均使用硬质合金切断刀。

4）刃磨切断刀两侧副后刀面的难度较大，如果副后角、副偏角为0°或负值，则副切削刃不能正常切削，容易损坏刀头；但如果副后角、副偏角为正值且较大，又会严重削弱刀头强度，使刀头容易折断。两侧角度不对称，也会使切削时受力不均匀而影响切削，甚至会造成刀头折断。

任务四　轴类零件的加工工艺分析

学习目标

本任务主要学习工序基准和测量基准的概念，理解表面质量的概念、影响因素，掌握提高表面质量的方法；要求能针对本项目零件合理选择车削三要素。通过本任务的学习，能够编写简单轴类零件的工艺步骤。

相关知识

一、工序基准和测量基准

工序基准是指在工序图上，用以标定该工序＿被加工表面＿位置的基准。例如，图3-1中槽宽10mm的基准是槽左侧面。

测量基准是指在检测零件＿已加工表面＿的尺寸和位置时所依据的基准。例如，任务三中测量槽宽操作的基准是槽左侧面。

如上所述，工序基准和测量基准是统一的。但实际操作中由于测量手段的局限性，两者可能不统一。如图3-37所示的台阶轴，总长$40_{-0.02}^{0}$mm可以用千分尺测量，但若用游标卡尺测量台阶长度$20_{-0.03}^{0}$mm，则精度难以保证，只能通过用千分尺测量$\phi40$mm圆柱面的长度来间接得到。而此尺寸到底在何范围内才能保证$20_{-0.03}^{0}$mm的准确性，需要进行＿尺寸链计算＿，不但复杂，而且提高了加工精度

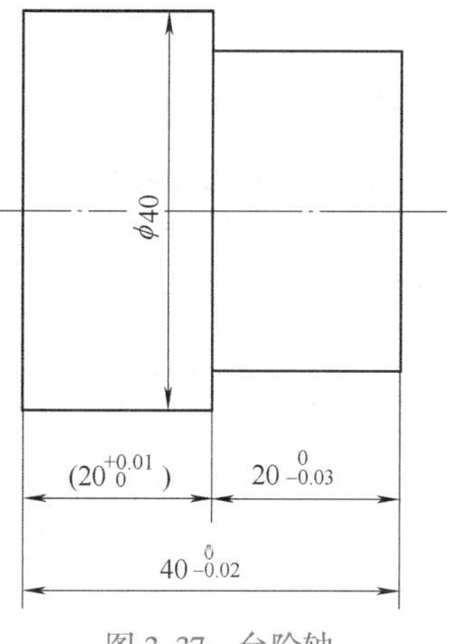

图3-37　台阶轴

（ϕ40mm 圆柱面的长度要求是 $20^{+0.01}_{0}$mm）。因此，在制订加工工序时要考虑到测量方法，尽可能使工序基准和测量基准 统一 。

二、已加工表面质量

已加工表面质量对零件的 耐磨性 、 耐蚀性 、 疲劳强度 及 使用寿命 都有很大影响。常见的影响表面质量的因素如下。

1. 已加工表面的表面粗糙度

（1）残留面积　如图 3-38 所示，车削时，工件每转一转，刀具沿进给方向移动进给量 f，致使工件上留下一个三角形区域 $\triangle ABE$，f 越大，$\triangle ABE$ 的面积 越大 。主偏角、副偏角和刀尖圆弧半径也对残留面积的大小有一定影响。

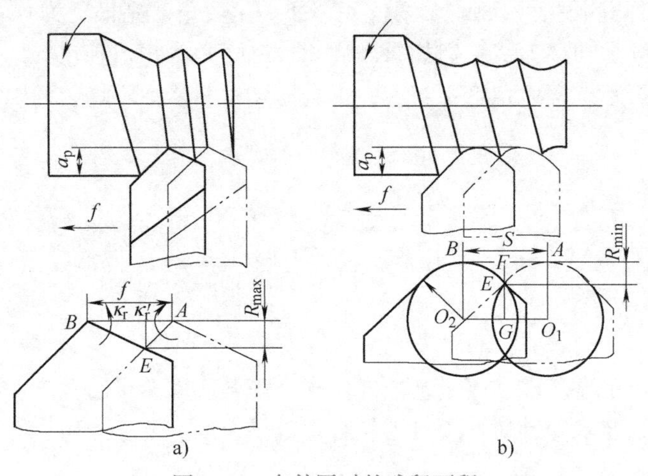

图 3-38　车外圆时的残留面积

（2）积屑瘤　在 中等切削速度 下，切削 塑性金属 材料时，刀具切削刃附近的前刀面上经常粘附着一小块金属，称为积屑瘤（图 3-39）。

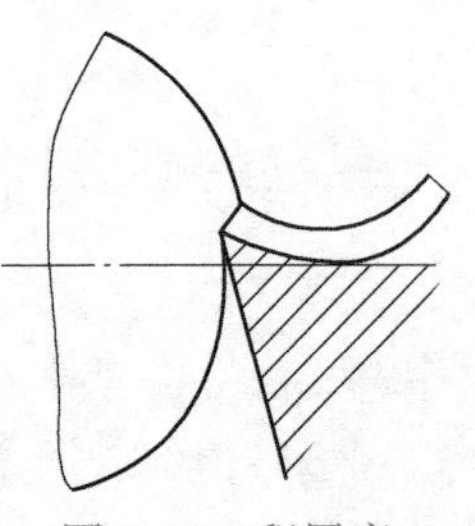
图 3-39　积屑瘤

积屑瘤能起到 保护刀具 的作用，但也会影响 加工质量 。粗加工时，需要产生较多积屑瘤以保护刀具；精加工时，则要消除积屑瘤以保证精度。

切削速度对积屑瘤的影响最明显，以 45 钢为例，当 v_c = 30m/min 时，积屑瘤的高度最大；当 v_c<5m/min 或 v_c>70m/min 时，积屑瘤的高度极低。因此，粗加工时，应尽量将切削速度控制在 30m/min 左右；精加工时，应选择高于 70m/min（硬质合金刀具）或低于 5m/min（高速工具钢刀具）的切削速度。

（3）振纹　当机床、夹具、工件或刀具等的 刚性不足 时，切削力不稳定，使切削过程产生振动，将导致工件表面出现周期性波纹（图 3-40），增大了表面粗糙度值，此波纹称为振纹。

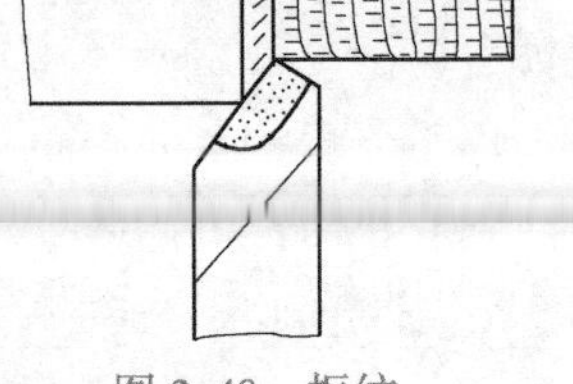
图 3-40　振纹

除了以上三项主要因素外，切屑也会划伤已加工表面，使表面粗糙度值增大。

2. 表层材质变化

（1）加工硬化　在切削过程中，工件＿已加工表面＿受切削刃和后刀面的挤压和摩擦而产生塑性变形，表层组织的硬度提高，称为加工硬化。硬化层深度为＿0.02～0.30＿mm，挤压和摩擦越严重，硬化层深度越大。高速工具钢车刀刃磨得比较锋利，硬化层＿较浅＿；硬质合金刀具的刀尖圆弧半径较大，硬化层就＿比较深＿。

一般情况下，精加工后不应留有硬化层。高速工具钢刀具精车时，背吃刀量可小一些；硬质合金车刀具精车时，背吃刀量一般不得小于＿0.2mm＿，其具体数值还要考虑到前道工序的受力状况。

（2）残余应力　在表层发生加工硬化的同时，还会由塑性变形和相变引起残余应力。

3. 提高表面质量的方法

（1）刀具　刀具的各独立角度增大，刀具变得锋利，切削力减小，切削热减少，会明显＿减少加工硬化＿、残余应力、振纹，但不利于减小＿残留面积＿。

（2）进给量　进给量减小，对＿减小残留面积＿效果显著，也能在一定程度上减小切削力和减少切削热；但如果进给量过小，则造成局部反复摩擦，加工硬化和残余应力反而会增加。

（3）切削速度　切削速度对＿积屑瘤＿影响明显，对表层材质变化影响不大，与残留面积无关。切削速度对振纹的影响比较复杂，主要和系统的固有频率有关，要避免出现共振。

三、车削三要素的选择

1. 粗车时车削三要素的选择

粗车以提高＿生产率＿为主，理论上应选＿较大＿的车削三要素，但受系统刚性、机床功率等的限制，三要素不能同时增大。综合效率、刀具成本等因素，从最低成本原则考虑，应按如下顺序选择车削三要素：首先根据系统刚性选择尽可能大的＿背吃刀量＿，其次选择一个较大的＿进给量＿，最后选择一个合理的＿切削速度＿。

［**注意**］　以上原则是方向性的，车削三要素的准确选择要结合具体情况而定。例如，用普通车床加工时，刀具成本所占比例较大，为保护刀具，粗加工一般不选较大的切削速度。但在数控车削时，数控车床的价格高，刀具成本比例减小，为了充分发挥机床能力，粗车时一般仍选较高的切削速度。

2. 精车、半精车时车削三要素的选择

精车、半精车时，以保证＿加工精度＿为前提，也应注意效率和刀具寿命。

背吃刀量是粗车时根据需要所留，通常应一次车完。所留余量不宜过大，否则切削力大，难以保证表面质量；也不宜过小，否则会造成表面硬化（特别是使用硬质合金刀具时）。

进给量通常应＿小一些＿，以减小残留面积。

切削速度则根据刀具材料选择，对于高速工具钢刀具，v_c<5m/min；对于硬质合金刀具，v_c>70m/min。

技能训练

单件生产，使用 ϕ50mm×105mm 的毛坯，完成图 3-1 所示零件的加工，编写其工艺步骤。

一、工艺分析

图 3-1 所示工件较粗，刚性较好，精度要求不高，无需一夹一顶也能保证加工要求。

若先车右半边，则切槽位置伸出卡盘 40mm 以上；若先车左半边，切槽时所夹表面是 $\phi 44_{-0.1}^{0}$ mm 精车表面，切槽位置伸出卡盘 5~10mm，由于切槽时切削力大，伸出长度较短，有利于装夹的稳定可靠。因此，先车 左半边 比较好。

切槽处的刚性比较好，且工件未标注几何公差，切槽后无需再精车 ϕ36h8 外圆。

二、工艺步骤

1）检查毛坯后用自定心卡盘装夹，伸出长度约为 75mm ，车端面。

2）粗车外圆 ϕ44.5mm×72mm 。

3）粗车外圆 ϕ24.5mm×30mm 。

4）粗车外圆 ϕ20.5mm×20mm 。

5）精车外圆 $\phi 44_{-0.1}^{0}$ mm×72mm。

6）精车外圆 ϕ24h8×30mm 。

7）精车外圆 ϕ20h8×(20±0.1)mm 。

8）倒角三处，检测后卸下工件。

9）调头装夹，用铜皮保护 $\phi 44_{-0.1}^{0}$ mm 外圆面，车端面，保证工件总长（100±0.1）mm。

10）再次装夹并找正，粗车外圆 ϕ36.5mm×30mm 。

11）精车外圆 ϕ36h8×30mm 。

12）切槽 2mm×10mm。

13）倒角三处，检测后卸下工件。

检测与评价（表 3-1）

表 3-1　硬质合金车刀车双向台阶轴检测与评价表

序号	检测内容	配分	量具	检测结果	学生评分	教师评分
1	$\phi 44_{-0.1}^{0}$ mm	10				
2	ϕ36h8	10				
3	ϕ24h8	10				
4	ϕ20h8	10				
5	(100±0.1)mm	5				
6	(20±0.1)mm	5				
7	30mm(2 处)	3×2				
8	2mm×10mm	10				
9	倒角 $C2$(2 处)	3×2				
10	倒角 $C0.5$(4 处)	1×4				
11	$Ra3.2\mu m$(4 处)	3×4				
12	$Ra6.3\mu m$(3 处)	2×3				
13	无明显缺陷	6				
14	文明生产	违纪一项扣 20				
	合计	100				

思考与练习

1. 为什么回转顶尖与中心孔间不能做相对运动?

2. 用小滑板控制法保证轴向精度，为什么当台阶面尺寸较大时，必须以车端面的形式加工?

3. 任务一工艺步骤中的步骤 5～8，如果改成 5→7→6→8 的顺序，对加工质量有什么影响?

4. 任务一和任务二中的粗、精车顺序不同，各有何优缺点?

5. 本项目中提高调头装夹精度的方法和项目二中各有何优缺点?

6. 本项目加工中能不能用切断刀代替切槽刀?

7. 如果切深槽，槽两侧留有精加工余量，则精车时的进给路线是怎样的?

8. 任务三中用副切削刃倒角时，往往会由于切削刃不够锋利而影响倒角质量，有没有其他倒角方法?

9. 任务三中如果槽的位置标注如图 3-41 所示，该如何对刀? 如何测量呢?

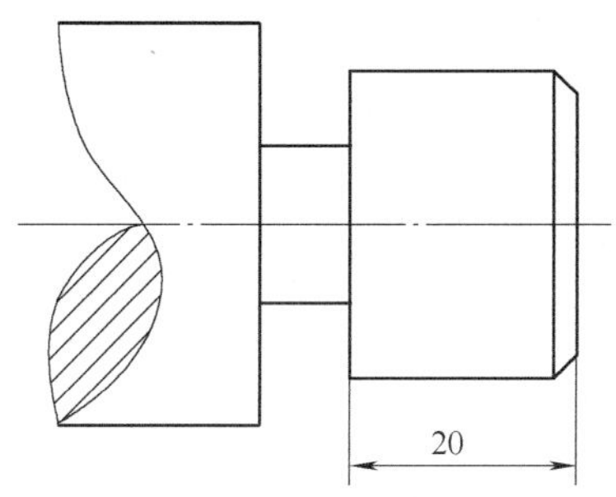

图 3-41　槽的不同标注方式

10. 任务四的工艺步骤 10 中，如果外圆实际车成 ϕ36. 40mm，然后要先切槽，再精车外圆。试计算切槽时中滑板一共要进多少格?

11. 如果任务四中的图样、毛坯等不变，但两头装夹都要求使用一夹一顶的方式，试编写工艺步骤。

项目四

加工简单套类零件

本项目主要学习钻孔、扩孔、车孔和铰孔的方法，了解麻花钻和内孔车刀的刃磨要求，要求会分析简单套类零件的加工工艺，练习刃磨麻花钻和不通孔车刀、通孔车刀，练习钻孔、扩孔和铰孔操作，要求车孔的尺寸公差达到IT9。通过本项目的学习和训练，能够完成图4-1所示零件的加工。

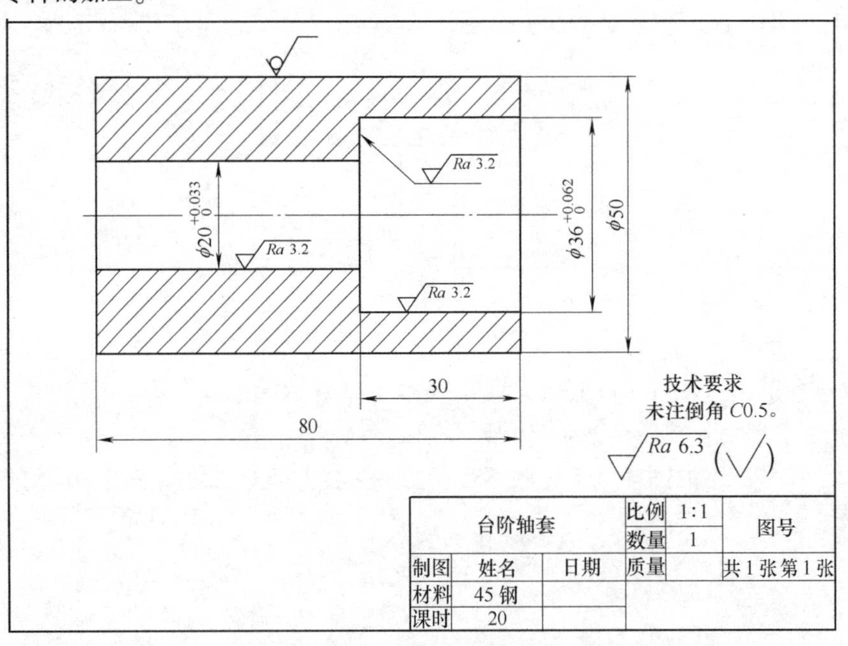

图 4-1　台阶轴套

任务一　钻孔和扩孔

零件图　（图4-2）

学习目标

本任务主要学习麻花钻的刃磨方法，以及钻孔和扩孔的工艺特点；练习刃磨麻花钻和钻

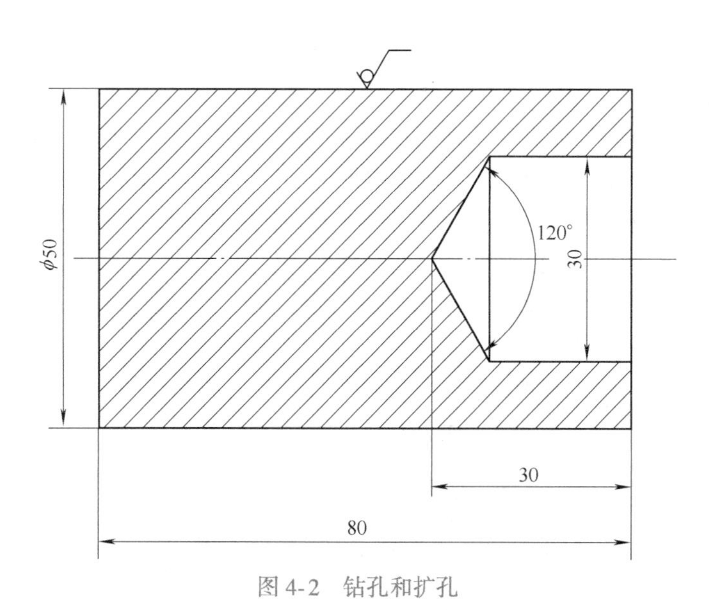

图 4-2　钻孔和扩孔

孔、扩孔操作。通过本任务的学习和训练，能够完成图 4-2 所示零件的加工。

相关知识

一、钻孔与麻花钻

用钻头在　实体材料　上加工出孔的方法称为钻孔。根据形状和用途不同，钻头可分为中心钻、麻花钻、锪钻和深孔钻等，其中应用最多的是麻花钻，其形状如图 4-3 所示。

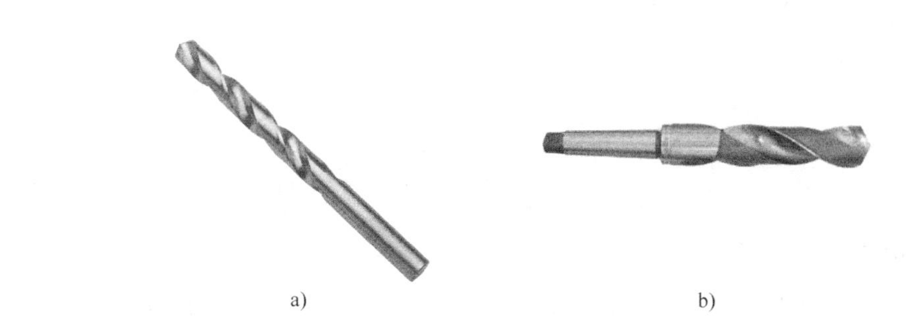

图 4-3　麻花钻
a）直柄麻花钻　b）锥柄麻花钻

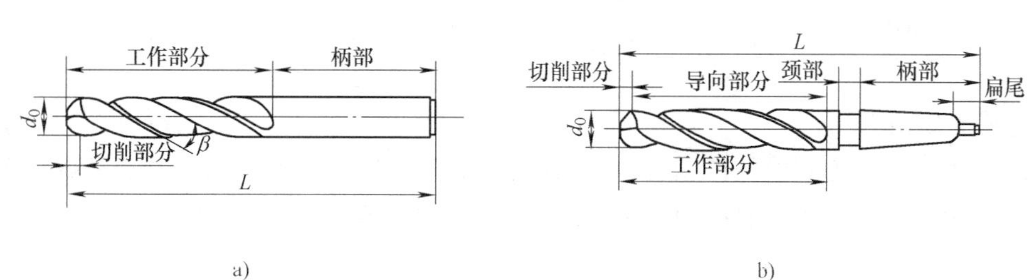

a)　　b)

图 4-4　麻花钻的组成
a）直柄麻花钻　b）锥柄麻花钻

1. 麻花钻的组成

麻花钻由＿柄部＿、＿颈部＿和＿工作部分＿组成，如图4-4所示。

（1）柄部　麻花钻的柄部在钻削时起＿夹持定心＿和＿传递转矩＿的作用，分为直柄和锥柄两种，直柄麻花钻的直径一般为0.3~16mm。

（2）颈部　直径较大的麻花钻柄部标有直径、材料牌号及商标等内容；直径较小的直柄麻花钻无明显颈部，直径、材料牌号等标在柄部。

（3）工作部分　工作部分是麻花钻的主要部分，由＿切削部分＿和＿导向部分＿组成。

2. 麻花钻工作部分的几何形状

麻花钻的工作部分包含螺旋槽、前刀面、主后刀面、主切削刃、顶角$2\kappa_r$、前角γ_o、后角α_o、横刃、横刃斜角ψ、棱边等几何形状，如图4-5所示。

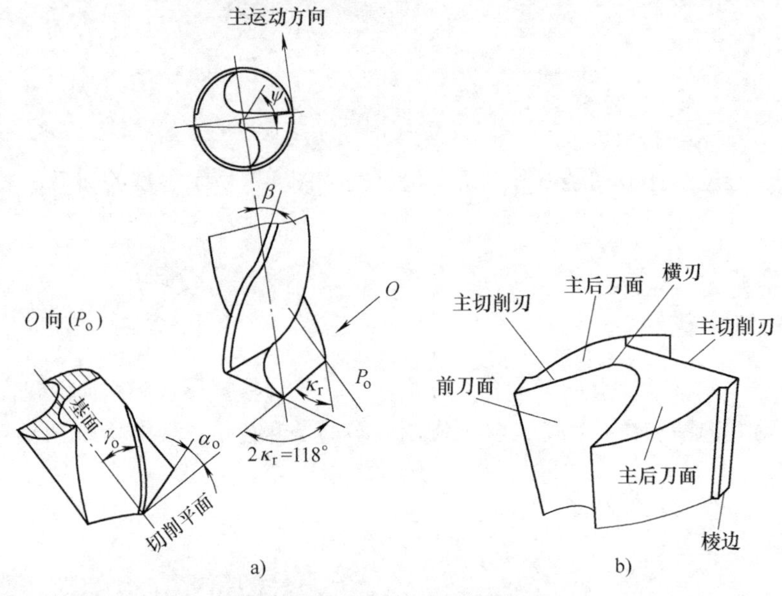

图4-5　麻花钻的几何形状

a）麻花钻的角度　b）外形图

二、麻花钻的刃磨要求

麻花钻的刃磨质量直接关系到钻孔质量和钻削效率。当刃磨质量要求不高时，只需刃磨两个＿主后刀面＿，同时保证后角、顶角和横刃斜角的正确性即可。

麻花钻刃磨后必须达到以下两个要求：

1）两条主切削刃＿对称＿，即两主切削刃与钻头轴线成相同角度，且长度相等，如图4-6a所示。

2）横刃斜角为＿55°＿。

常见刃磨得不正确的情况有顶角不对称、切削刃长度不对称、顶角和切削刃长度都不对称。

用顶角不对称的麻花钻钻孔时，由于只有一个切削刃在切削，另一切削刃不起作用，两边受力不平衡，会使钻出的孔＿扩大和倾斜＿（图4-6b）。

用切削刃长度不对称的麻花钻钻孔时，钻头的工作中心偏移，会使钻出的孔＿扩大＿（图4-6c）。

当顶角和切削刃长度都不对称时，不仅会使孔径＿扩大＿，还会产生＿阶台＿（图4-6d）。

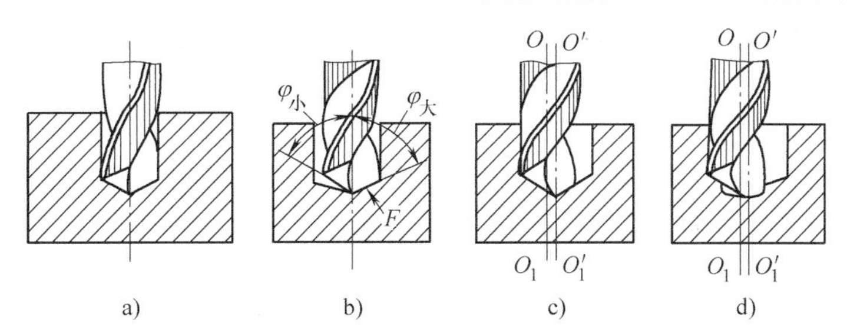

图4-6　麻花钻的刃磨形状及其对钻孔质量的影响
a）刃磨正确　b）顶角不对称　c）切削刃长度不等　d）顶角不对称且切削刃长度不相等

对于材料为45钢的工件，所钻不通孔的顶部一般标注为120°锥面，图4-2中就是如此。要满足此要求，麻花钻的顶角必须磨成＿118°＿。由于钻削时钻头和工件材料的挤压变形，顶角118°的麻花钻钻出的孔是120°。

［**知识链接**］　当麻花钻的顶角为118°时，切削刃为直线，适合钻削中等硬度的材料；顶角越大，越适合钻削硬材料；顶角越小，越适合钻削软材料。

三、扩孔

用扩孔刀具将原工件孔径＿扩大＿的加工过程称为扩孔。

在实心工件上钻直径较大的孔时，由于钻头直径＿大＿，横刃＿长＿，轴向切削力＿大＿，不但钻削费力、加工效率低，而且因为钻削时产生的热量多，使得钻头的磨损速度加快，降低了钻头的＿使用寿命＿。因此，直径较大的孔宜采用钻孔和扩孔两次切削加工，这样效率反而高于一次钻削加工。

由于扩孔时横刃＿不参与切削＿，使得切削力小、产生的热量少，又因为中心已加工出底孔，使得排屑状况比钻孔好，切削液也更易于流入切削刃处，扩孔的质量要＿高于＿钻孔。扩孔的尺寸公差可达IT9～IT10，表面粗糙度值可达 $Ra6.3\mu m$；钻孔的尺寸公差一般为IT11～IT12，表面粗糙度值为 $Ra12.5 \sim Ra25\mu m$。

1. 扩孔钻扩孔

使用专用扩孔钻（图4-7）扩孔，能较好地保证扩孔质量，其原因如下：

1）扩孔钻的齿数＿较多＿（一般为3～4齿），导向性好，切削平稳。

2）排屑槽比麻花钻＿浅＿，钻心比较＿粗＿，刚性＿好＿。

扩孔钻扩孔一般适用于自动车床和镗床加工，其效率和质量都比较高。

图4-7　扩孔钻

2. 麻花钻扩孔

利用麻花钻扩孔，由于横刃处是已加工的底孔，故能提高孔加工的质量。

在单件、小批加工中，由于无需准备专用的扩孔钻，节约了刀具成本，故应用较多。对于加工质量稍差的问题，可由后续加工解决。本任务用麻花钻完成扩孔加工。

技能训练

一、毛坯、刀具、工具、量具准备

1. 毛坯

毛坯尺寸为 ϕ50mm×80mm，材料为 45 钢。

2. 刀具

ϕ16mm 麻花钻、ϕ30mm 麻花钻，材料是高速工具钢。

3. 工具、量具

工具：尾座扳手、莫氏变径套 2/3 号、莫氏变径套 3/4 号、莫氏变径套 4/5 号（图 4-8）。

量具：游标卡尺。

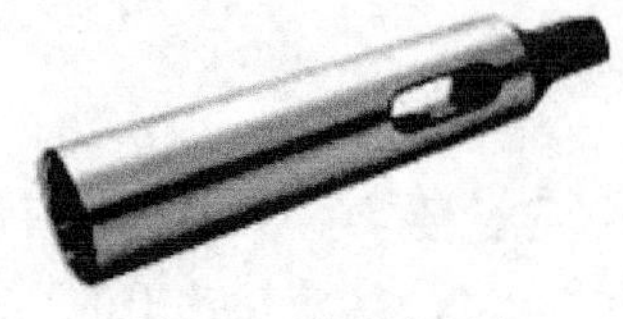

图 4-8　莫氏变径套

二、工艺步骤

1）钻孔 ϕ16mm，深度为 30mm。

2）扩孔 ϕ30mm，深度为 30mm。

三、操作要求

1. 刃磨麻花钻

在一般的钻孔加工中，对麻花钻的刃磨要求不高，只刃磨＿两主后刀面＿，同时磨出顶角、后角和横刃斜角，手工完成刃磨有一定难度。

［注意］　麻花钻的刃磨有一定难度，初次练习时，最好用废旧麻花钻练习刃磨。

（1）刃磨方法和步骤

1）刃磨前，钻头切削刃处于砂轮中心＿水平面＿或＿稍高些＿。钻头中心线与砂轮外圆柱面素线在水平面内的夹角等于＿顶角的一半＿（59°），钻尾稍＿向下倾＿，如图 4-9 所示。

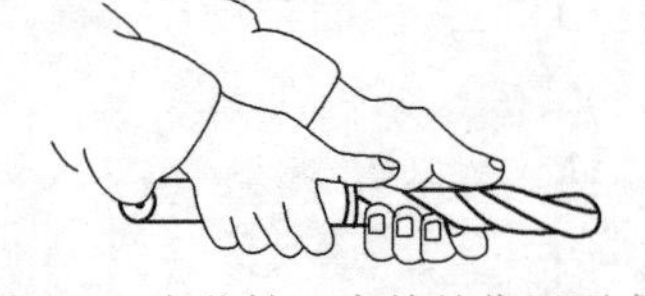

图 4-9　麻花钻刃磨前的位置要求

2）刃磨时右手握住钻头＿前端＿作为支点，左手握＿钻尾＿，以钻头前端支点为圆心，钻尾＿上下摆动＿（范围不宜过大），同时略微＿转动钻头＿，如图 4-10 所示。当摆动过大或转动过多时，会磨出＿负后角＿，或者

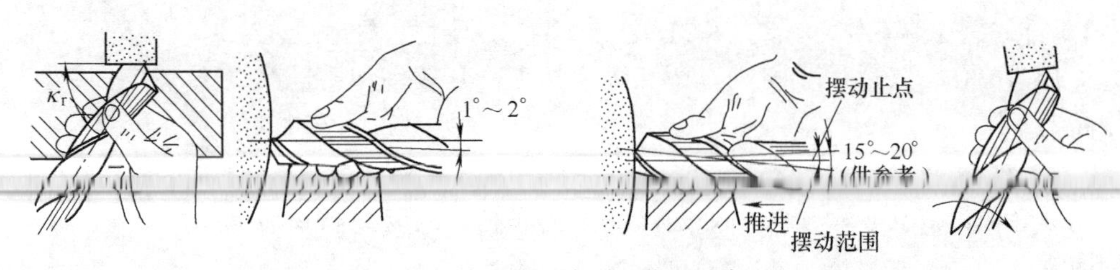

图 4-10　麻花钻刃磨时的位置要求

磨到＿另一主切削刃＿，小钻头尤其明显。

3）磨完一侧主切削刃后，把钻头转动＿180°＿，磨另一主切削刃，人和手尽量不要动，保持原姿势，这样有利于两切削刃的＿对称＿。

［注意］ 麻花钻的材料为高速工具钢，应随时注意冷却，以防止退火。刃磨时用力应小一些，以避免热量产生得过快，并注意浸水冷却。

（2）两主切削刃对称性的检测

1）目测。粗略检测时用目测法，钻头竖直放在与眼＿等高＿处，观察两侧是否对称。容易感觉＿左刃高、右刃低＿，须转过 180°再观察。如两刃有偏差，则应重新刃磨，直到感觉基本对称为止。

2）用量角器检测。如图 4-11 所示，将量角器角尺的一边靠在麻花钻＿棱边＿上，另一边靠在钻头＿刃口＿上，测量刃长和角度，再测另一刃，如不对称就修磨相应位置。反复测量和修磨，直到符合麻花钻的刃磨要求为止。

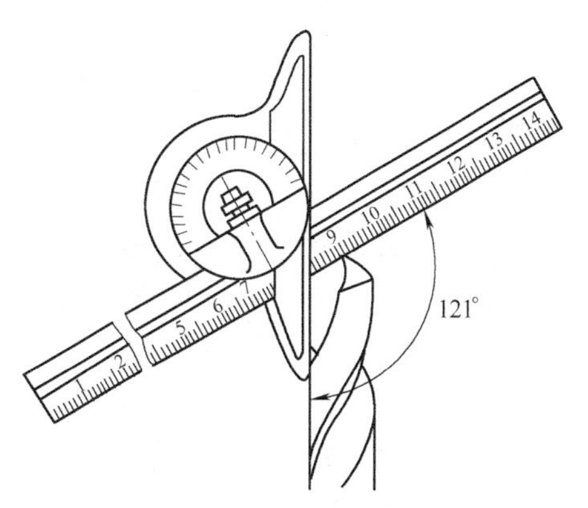

图 4-11　量角器测量麻花钻的对称性和顶角角度

2. 安装麻花钻

ϕ16mm 麻花钻柄部圆锥是＿莫氏 2 号＿，车床尾座套筒内圆锥是＿莫氏 5 号＿，无法直接安装。需要依次嵌套在莫氏变径套上，再安装在车床尾座中。

［知识链接］ 为了便于生产和使用，对工具圆锥进行了标准化。工具圆锥标准有多种，莫氏圆锥就是其中最常用的一种，共分 7 个号码（规格），分别为莫氏 0 号、莫氏 1 号……莫氏 6 号，其中莫氏 6 号的尺寸最大。规格 2/3 的意思为外锥是莫氏 3 号，内锥是莫氏 2 号的变径套。各变径套可以依次嵌套在一起，如图 4-12 所示。

图 4-12　各变径套依次嵌套

3. 钻孔操作

1）钻孔前要保证端面的平整，不得＿倾斜＿，否则要先车端面至＿中心＿，不留＿凸头＿，否则会把孔钻歪，甚至折断钻头。

2）选择主轴转速，取 $v_c = 20$m/min，则 $n \approx 400$r/min，选择转速＿355＿r/min。

3）找正尾座，保证钻头中心对准工件＿回转中心＿，否则会扩大孔径，甚至折断钻头。

4）调整尾座位置，使钻头接近工件端面后＿固定尾座＿。

5）加注切削液，使其对准＿钻头头部＿，并保证充分浇注。

6）转动＿尾座手轮＿，使钻头切入工件。

7）钻削过程中经常退出钻头，使切屑更易排出，并使钻头头部得到冷却。

8）尾座手轮每转一圈，钻头前进5mm，从钻头碰到工件端面时记住手柄起始位置，转动6圈，达到图样要求深度30mm。

4. 扩孔操作

ϕ30mm麻花钻通过莫氏变径套安装在车床尾座上，扩孔操作步骤同钻孔操作（选择转速__220__r/min），完成扩孔。

[注意] 扩孔时切削阻力较小，但不能因此大大增加进给量，否则会使钻头与尾座套筒的圆锥配合松动，钻头将在尾座套筒内打滑。

四、注意事项

1）当钻头接近工件端面时，推动尾座要小心，防止因用力过猛而使钻头撞到工件端面，造成工件或钻头损坏。

2）钻孔前，尾座的伸出长度应尽量短一些，以提高刚性。

3）当钻孔直径较小时，钻头直径小、刚性差。为防止起钻时的振动，可以选择较短（达到孔深要求）的钻头完成加工；也可以在刀架上夹一块挡铁，支承钻头头部（图4-13）完成钻孔；还可以使用中心钻先钻出中心孔，再用麻花钻完成钻孔。

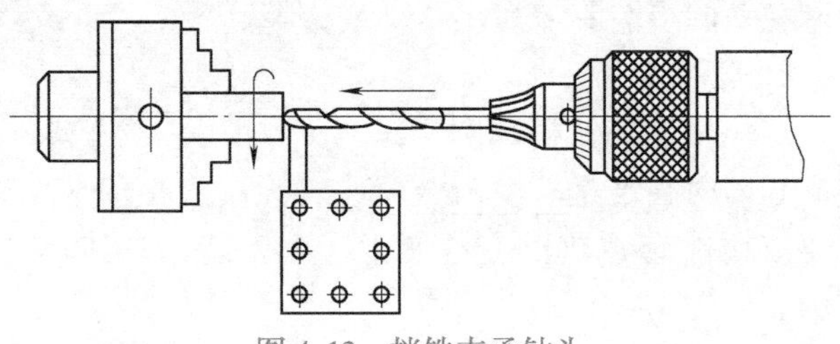

图4-13 挡铁支承钻头

4）钻孔深度可以通过测量套筒伸出长度进行控制：在钻孔开始时测出伸出长度L_1，钻削过程中经常测量套筒伸出长度（图4-14），当实测伸出长度达到L_1加上孔深时，钻削完成。

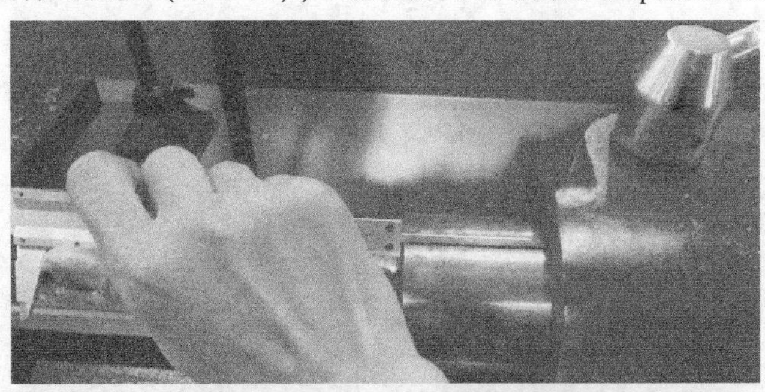

图4-14 测量套筒伸出长度

5）拆卸变径套时，可将斜铁从变径套后端的腰形孔中插入，敲击斜铁即可，如图4-15所示。

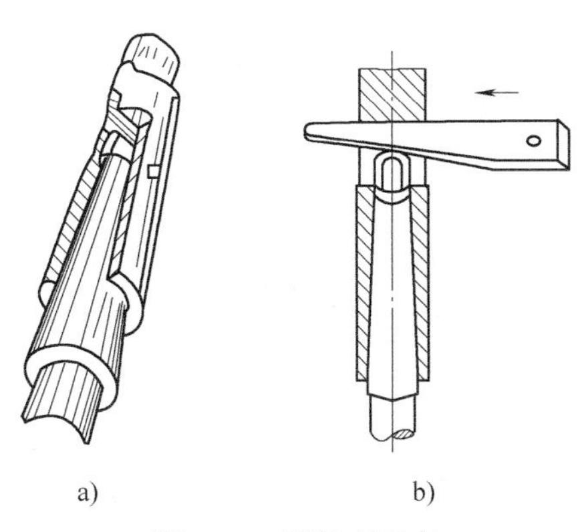

图 4-15　拆卸变径套

a）锥形套　b）用斜铁敲出锥柄

任务二　车平底孔

零件图　（图 4-16）

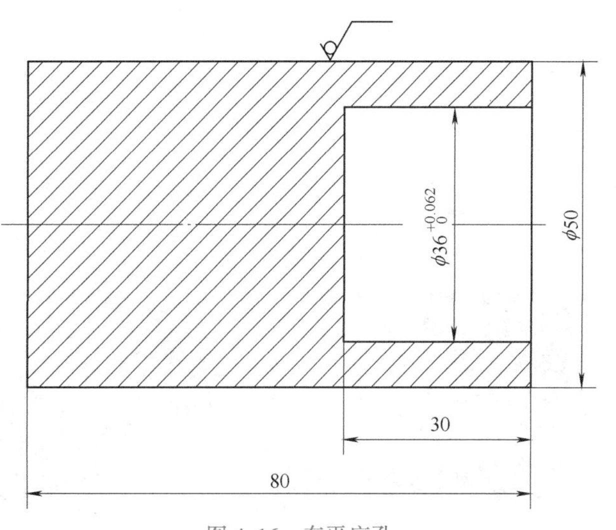

图 4-16　车平底孔

学习目标

本任务主要学习内孔车刀的形状和几何结构，学会车削通孔、台阶孔、不通孔和平底孔的方法，练习刃磨内孔车刀和粗、精车平底孔的操作。通过本任务的学习和训练，能够完成图 4-16 所示零件的加工。

相关知识

一、内孔车刀

车削内孔可以是＿粗加工＿，也可以是＿精加工＿，尺寸公差可达 IT7～IT9，表面粗糙度值可达 $Ra1.6\mu m$。

车削内孔使用的车刀称为内孔车刀。根据不同的加工情况，内孔车刀可分为＿通孔车刀＿和＿不通孔车刀＿。

1. 通孔车刀

通孔车刀用于车削通孔，如图 4-17a 所示，其基本形状与外圆车刀近似。为了减小背向力，防止振动，主偏角（κ_r）取 60°～75°，副偏角（κ_r'）取 15°～30°。为了防止内孔车刀后刀面与孔壁产生摩擦，又为了避免后角过大而影响刀具强度，一般磨成两个＿后角＿，如

图 4-17b 所示。

2. 不通孔车刀

不通孔车刀（图 4-18）用于车削 不通孔 或 台阶孔 。为了能顺利地车削台阶面和底平面，主偏角（κ_r）取 92°~95°，使刀尖位于刀柄的 最前端 。为了保证强度，副偏角（κ_r'）适当减小，取 5°~10°。

在车削不通孔，需要车平孔底平面时，还必须保证刀尖到刀柄外端的距离 a 小于 孔半径 R，否则将无法车平底平面，如图 4-19 所示。

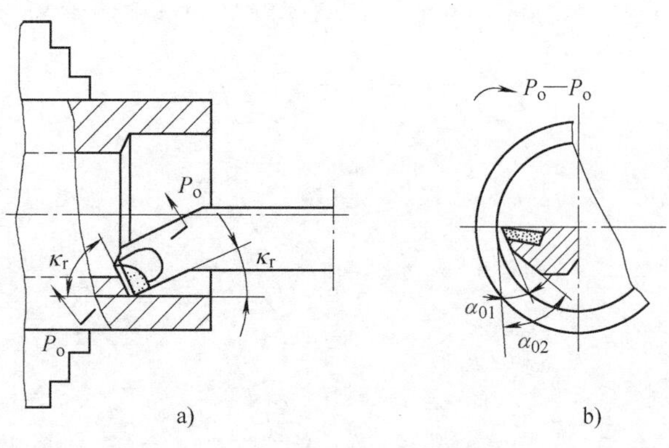

图 4-17　通孔车刀及其刃磨

a）通孔车刀　b）两个后角

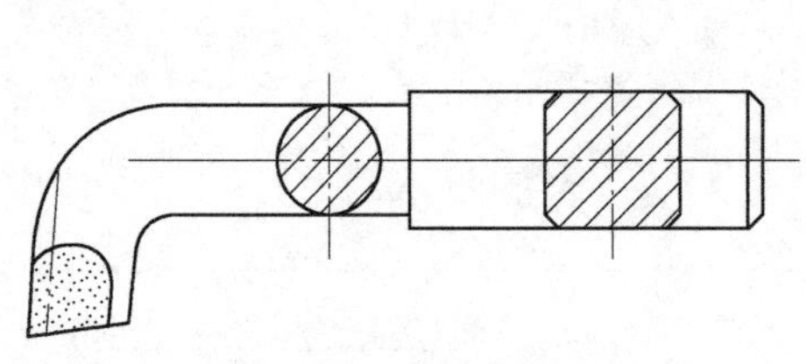

图 4-18　不通孔车刀

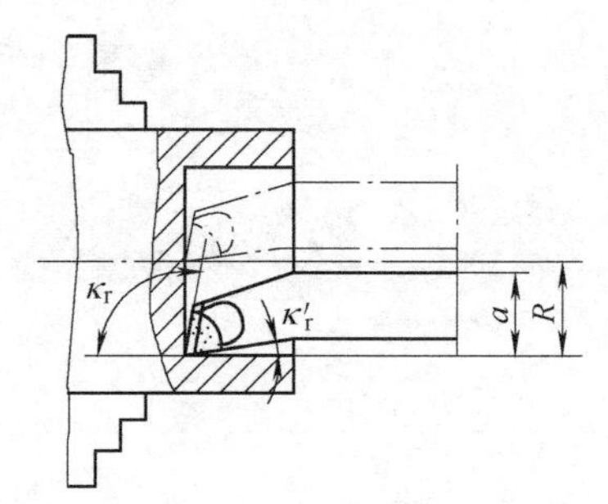

图 4-19　刀尖到刀柄外端的距离与孔的半径

内孔车刀从材料和结构上分，有高速工具钢整体式车刀、硬质合金整体式车刀和机夹式车刀（所用刀头有高速工具钢、硬质合金等）三种形式，如图 4-20 所示。

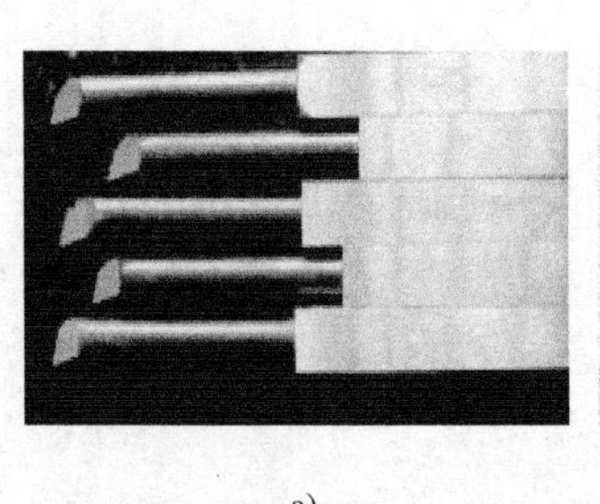

a)

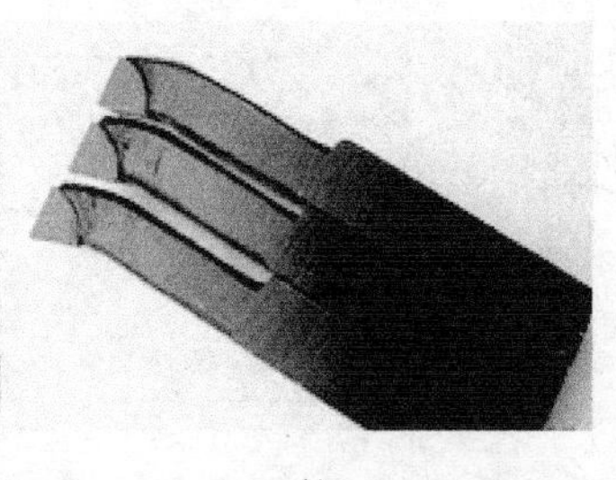

b)

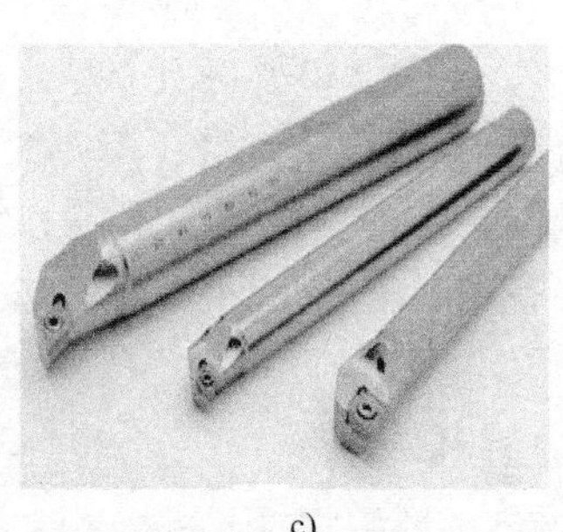

c)

图 4-20　内孔车刀按材料和结构分类

a）高速工具钢整体式车刀　b）硬质合金整体式车刀　c）机夹式车刀

二、车内孔的关键技术

车孔的难点是刀具刚性不足和排屑困难，因此，车内孔的关键就是解决内孔车刀的 刚性 和 排屑 问题。

1. 增加车刀的刚性

（1）增加刀柄截面积　一般整体式车刀的刀尖位于刀柄的 上平面 ，由于刀尖要对

准工件回转中心，刀柄的截面积小于孔截面积的＿1/4＿。而机夹式车刀可以把刀头安装在刀柄中心处，刀柄的直径可以接近于孔径，大大增加了车刀的截面积，如图 4-21 所示。

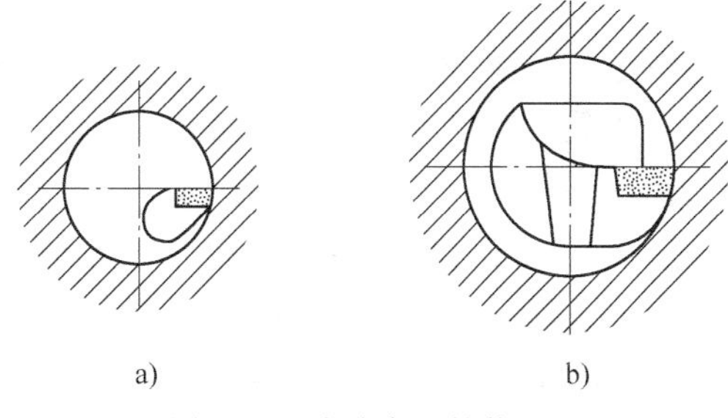

图 4-21　内孔车刀的截面积
a）刀尖位于刀柄上平面　b）刀尖位于刀柄中心

（2）缩短刀柄伸出长度　根据图样，保证刀柄的伸出长度略＿大于＿孔深即可。在批量生产时，选用相应长度的刀柄。在单件生产，伸出长度经常变换时，为减少刀具数量，可采用可伸缩刀柄，根据需要调节成相应长度。

2. 顺利排屑

通常通过控制＿切屑流向＿来解决排屑问题。粗车时，使用＿负＿刃倾角，切屑流向已加工表面，从孔口流出。精车通孔时，为降低表面粗糙度值，采用＿正＿刃倾角，切屑流向待加工表面，从孔的另一端流出；精车不通孔时，切屑只能从孔口流出，可通过控制＿切削用量＿来改变切屑形状，以避免划伤已加工表面。

三、车孔的方法

1. 切削用量

由于内孔车刀的刚性差，车孔时排屑困难，故切削用量应比车外圆时＿小一些＿。粗车时，a_p 取车外圆时的一半，f 比车外圆时小 20%～40%，v_c 比车外圆时小 10%～20%；精车时，一般采用低速（v_c<5m/min）。

2. 各类孔的车削内容

（1）通孔　只需要车削内圆柱表面，最简单。

（2）不通孔　在车内圆柱面时，要注意控制＿孔深＿，防止车刀撞到底面损坏，难度要大一些。

（3）台阶孔　除了要车削多个内圆柱面，还需车＿台阶面＿，也要控制车孔深度，难度更大。直径较小的台阶孔，一般先粗、精车小孔，再粗、精车大孔；直径较大的台阶孔，一般先粗车大孔和小孔，再精车大孔和小孔。与车外圆类似，在车削大孔时通过径向退刀车出台阶。

（4）平底孔　除了要车内圆柱面，还要车出底平面，由于刀尖到刀柄外端的距离 a 要小于孔半径 R，刀柄细，刚性差，因此，要达到加工精度比车台阶孔更难。

一、毛坯、刀具、工具、量具准备

1. 毛坯

任务一完成后的工件。

2. 刀具

高速工具钢内孔车刀，所用高速工具钢条的规格为 16mm×16mm×200mm。

3. 工具、量具

游标卡尺。

二、工艺步骤

1）粗车内孔 $\phi35.5$mm×30mm。

2）精车内孔 $\phi36^{+0.062}_{0}$mm×30mm。

3）车底平面。

4）倒角。

三、操作要求

1. 刃磨内孔车刀

首先磨出刀头部分，通过磨去刀柄部分材料，使刀尖处于最前端，如图 4-22 所示。

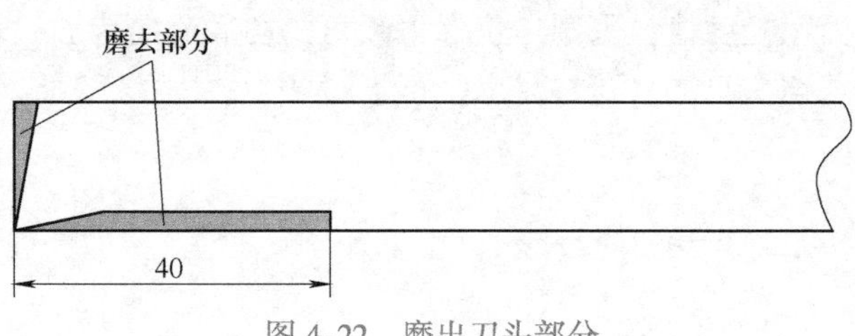

图 4-22 磨出刀头部分

［注意］ 用高速工具钢条刃磨内孔车刀，无论是磨出刀头部分时，还是刃磨角度时，都必须时刻注意冷却，以防止＿退火＿。刃磨时按压在砂轮上的力＿不能大＿，并应经常＿浸水冷却＿。特别是磨出刀头时，不能因为磨削余量大，就用力过大，或是长时间连续刃磨不冷却。

刀头角度（图 4-23）的刃磨步骤如下：

1）粗磨前刀面。

2）粗磨主后刀面。

3）粗磨副后刀面。

4）粗、精磨前角。

5）精磨主后刀面、副后刀面。

6）修磨刀尖圆弧。

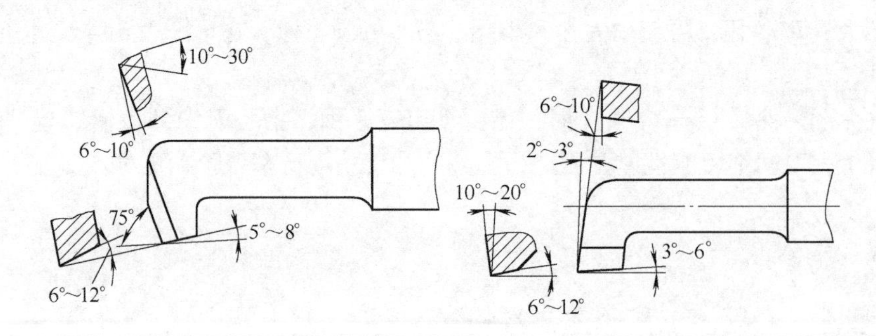

a) b)

图 4-23 刃磨不通孔车刀的角度

a）粗不通孔车刀 b）精镗孔车刀

2. 装夹内孔车刀

内孔车刀的装夹位置如图 4-24 所示，装夹时还应做到以下两点。

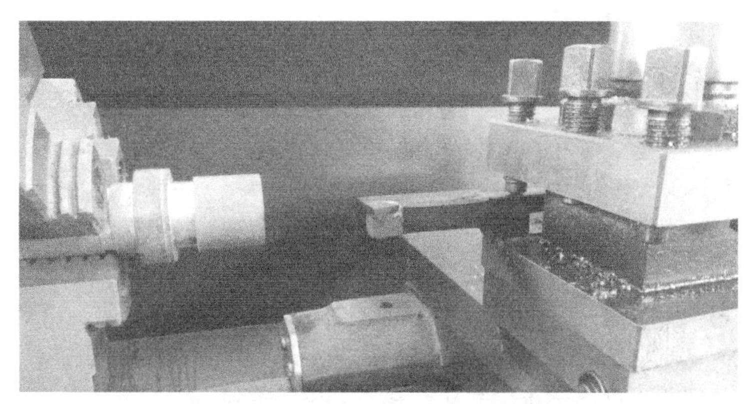

图 4-24　内孔车刀在刀架上的装夹位置

(1) 刀柄应与工件轴线<u>　平行　</u>如有倾斜，则车到一定深度时，刀柄可能会与孔壁<u>　相碰　</u>。为保证安全，车孔前应先把内孔车刀在孔内试走一遍，以保证能顺利车削。

(2) 刀尖应与工件回转中心<u>　等高　</u>或<u>　略高　</u>若工件已有内孔，无法在端面对齐内孔车刀的中心高，则可以在尾座上安装顶尖，让内孔车刀和顶尖对中心高。

[注意]　根据切削原理，刀尖应与工件回转中心等高。但由于内孔车刀的刚性差，在实际切削时，刀尖会被切削力压低一些，对刀时调高一点，则正好可以抵消。因此，在刀具刚性很好时，应保证刀尖与工件回转中心等高；而刀具刚性越差，刀尖就要调得越高一些。

3. 车内圆柱面

车内圆柱面的方法与车外圆基本相同，如图 4-25 所示。可以通过对端面，利用<u>　床鞍　</u>分度盘控制纵向尺寸；通过对内孔，利用<u>　中滑板　</u>分度盘控制径向尺寸。在精度要求较高时，也可以采用试切法，以提高径向尺寸的加工精度。

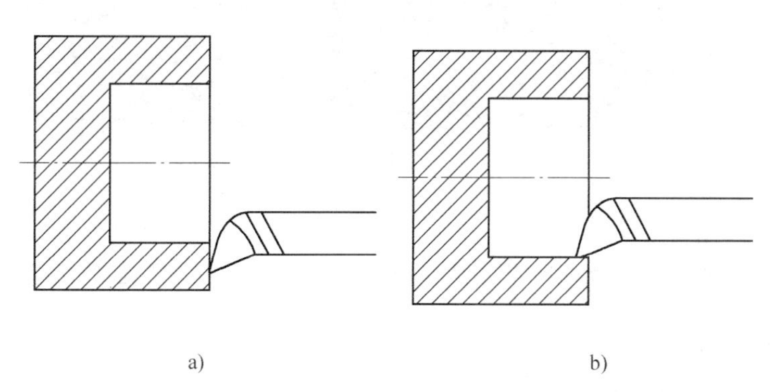

图 4-25　车内圆柱面的操作方法

a) 对端面　b) 对内孔

[注意]　车内圆柱面时，径向进刀、退刀方向和车外圆时相反，中滑板的旋转方向也跟着改变，在操作时要小心。

在完成对刀后，便可开始车削。为了提高加工精度，降低表面粗糙度值，车削内孔时一般需浇注切削液。

由于前期扩孔加工后孔底附近留有__锥面__，在车至麻花钻所留锥面之前（21.3mm），应停止机动进给，改为手动进给至30mm。

［知识链接］ 本任务中车内圆柱面，从孔深21.3mm至30mm的过程和开始车底平面时，加工余量较大，需要小心操作。在实际生产中，为了降低加工难度，可以先用平底钻或立铣刀锪平底平面，再车内圆柱面和底平面。

4. 车底平面

为了减少对刀次数，应在车完内圆柱面后直接车平底孔。由于不能肉眼观察到刀具的具体位置，因此，需要通过中滑板分度盘完成车平底孔时的径向进给。

在车内圆柱面前，需先计算中滑板的总进给量（36mm/2=18mm），并将其换算成格数（18/0.05=360格）。

观察、计算中滑板分度盘标记的变化，在车至中心前停止__机动进给__，改为__手动进给__至中心。

［注意］ 中滑板分度盘每圈100格，需要进刀3圈多。进刀过程中不能数错圈数，否则会未车到中心或者车过中心，甚至会使刀柄撞到孔壁。

5. 倒角

内孔同样需要倒角，倒角可用45°车刀完成，也可用__内孔车刀__完成，如图4-26所示。

图4-26 用内孔车刀对内孔进行倒角

6. 测量

因精度不是很高，孔深和孔径都使用游标卡尺测量，测量方法如图4-27所示。

四、注意事项

1）内孔车刀要在受力状态下保证中心高的准确，否则无法车平底平面。

2）车底平面时，无法直接观察到刀尖车削的实际位置，中滑板的进给也比较快，操作时如不专心，容易出现未及时停止机动进给，造成刀尖损坏的情况，甚至会使刀柄撞到孔壁，故必须小心操作。操作不熟练者，也可以使用手动进给完成车底平面操作。

3）刀尖锋利与否，影响切削力的大小，对车削过程中的让刀现象影响较大。为了提高车削精度，要保持车刀的锋利，车削一定时间后，需及时修磨刀具。

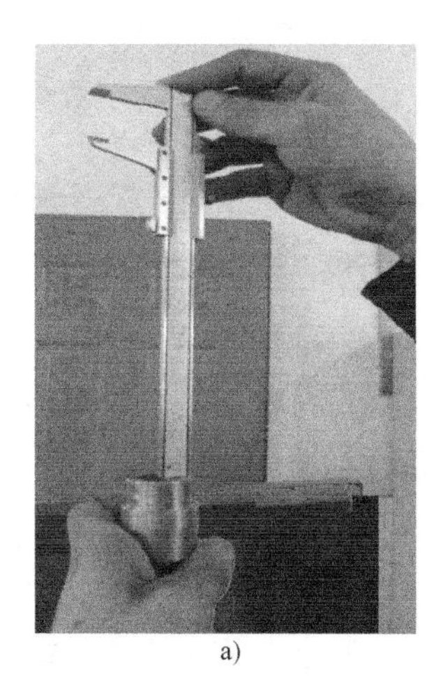

a)

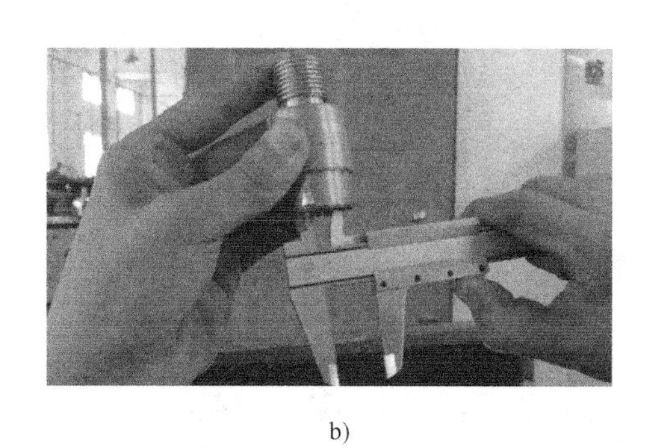

b)

图 4-27　用游标卡尺测量内孔

a）孔深　b）孔径

任务三　铰圆柱孔

学习目标

本任务主要学习钻→车→铰的加工方法，学会铰孔的方法，会选择切削液，能正确选择铰刀，完成铰削加工。通过本任务的学习和训练，能够完成图 4-1 所示零件的加工。

相关知识

一、铰孔和铰刀

铰孔是用铰刀对未淬硬的孔进行<u>精加工</u>的方法，具有加工余量<u>小</u>、切削速度<u>低</u>、排屑和润滑性能好等优点。铰削的尺寸公差可达 IT7 ~ IT9，表面粗糙度值可达 $Ra0.4 \sim Ra1.6\mu m$。铰刀是尺寸精确的多刃刀具，其刚性比车刀<u>好</u>，特别适合加工<u>小孔、深孔</u>。

1. 铰刀的种类

铰刀（图 4-28）按用途分有<u>机用</u>铰刀和<u>手用</u>铰刀。机用铰刀的柄部有直柄和锥柄两种。铰孔时由车床尾座定向（直接安装在尾座套筒中；或者安装在浮动套筒中，浮动套筒再安装在尾座套筒中），铰刀的工作部分较短，主偏角较大。手用铰刀的柄部做成<u>方榫形</u>，以便套入铰杠，手工旋转铰刀进行铰孔，手用铰刀的工作部分比较长。

铰刀按孔的形状，可分为圆柱铰刀和圆锥铰刀；按结构组成，可分为整体式铰刀和可调式铰刀；按容屑槽形状不同，可分为直槽铰刀和螺旋槽铰刀；按切削部分的材料，可分为高速工具钢铰刀和硬质合金铰刀。

2. 铰刀的几何形状

如图 4-29 所示，铰刀由工作部分、颈部和柄部组成。柄部用来夹持和传递转矩。工作

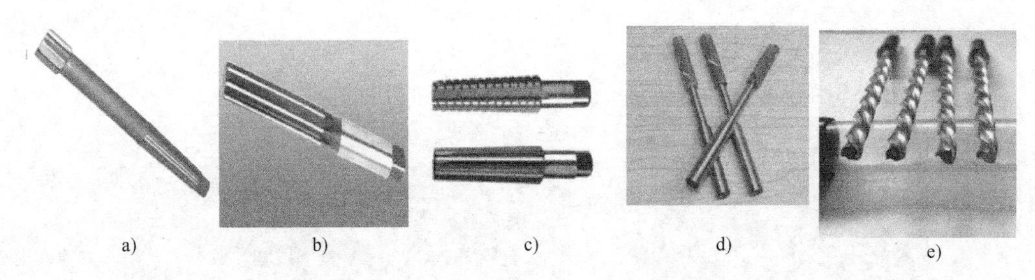

图 4-28　铰刀的分类

a）机用铰刀　b）手用铰刀　c）圆锥铰刀　d）可调式铰刀　e）螺旋槽铰刀

部分由引导部分（l_1）、切削部分（l_2）、修光部分（l_3）和倒锥（l_4）组成。铰刀的齿数一般为 4~8 齿，为了测量直径方便，多采用＿偶数＿齿。

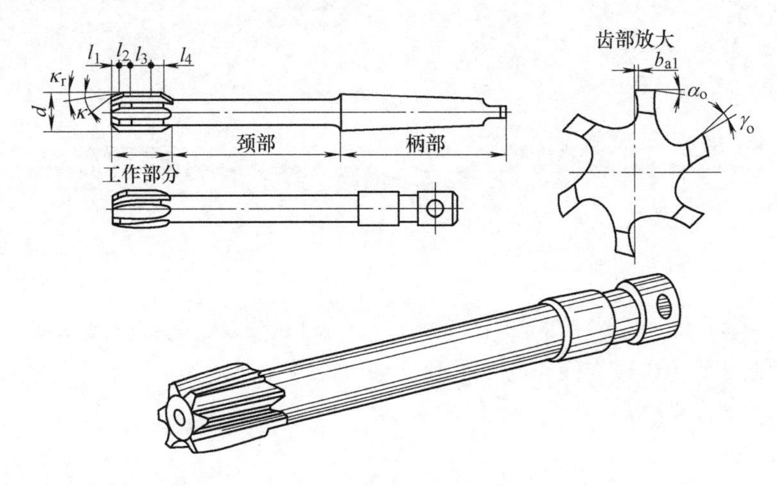

图 4-29　铰刀的几何形状

3. 铰刀尺寸的选择

铰孔精度主要取决于铰刀的＿尺寸＿。铰刀的公称尺寸与孔的公称尺寸＿相同＿；铰刀的公差要根据孔的精度等级，加工时可能出现的扩大量或收缩量，以及允许的铰刀磨损量来确定。因此，铰刀的公差最好选择被加工孔公差带＿中间 1/3＿左右的尺寸。如铰 ϕ20H7（$^{+0.021}_{0}$）孔时，铰刀尺寸以选择 $\phi20^{+0.014}_{+0.007}$mm 为最佳。

[**知识链接**]　铰孔时，由于铰刀的振动，会使孔略微增大，振动越明显，增大量越大。由于材料的弹性变形会使孔略微收缩，工件材料的塑性越好、铰刀越钝，则收缩量越大。增大或收缩还和切削液的种类有关。因此，在铰孔前很难准确判断孔径和铰刀直径的关系，为保险起见，铰刀的公差最好选择为被加工孔公差带中间 1/3 左右的尺寸，或者通过试铰选择恰当的铰刀。

二、铰孔余量

通常情况下，钻孔后不能直接铰孔，需要经过扩孔或车孔等加工，留有合适的铰削余量，再铰孔。铰削余量的大小对铰孔质量有影响：余量太小，则不能把前道工序的加工痕迹全部铰除；余量太大，切屑挤在铰刀的齿槽中，切削液不能进入，将影响表面粗糙度值，甚至会使切削刃负荷过大而＿磨损加剧＿，甚至导致＿崩刃＿。

合适的铰削余量：高速工具钢铰刀＿0.08～0.12mm＿，硬质合金铰刀＿0.15～0.20mm＿。

三、铰孔的方法

1. 手铰和机铰

手铰时，切削速度低，切削温度也低，不产生积屑瘤，尺寸变化小，质量比机铰＿高＿，但效率低，只适用于＿单件、小批＿生产。

在车床上机铰时，把机铰刀安装在尾座套筒或＿浮动套筒＿中，把尾座移向工件，用手转动尾座手轮均匀进给实现铰削。

2. 切削液的选择

铰孔时，不同切削液对孔的扩张量和表面粗糙度值的影响是不同的。干切削和使用切削油时，铰出的孔径比铰刀直径略＿大＿些，干切削时最＿大＿；使用乳化液时，铰出的孔径比铰刀直径略＿小＿些；使用乳化液铰削时，表面粗糙度值最＿小＿；使用切削油时，表面粗糙度值＿大一些＿，干切削时最＿大＿。

四、钻→车→铰加工

在车床上以铰孔为精加工手段，通常采用“钻→车→铰”三步骤完成。“钻”是＿粗＿加工，目的是加工出孔，并完成大部分加工余量。“车”一般为＿半精＿加工，保证留下合适的铰削余量。“铰”是＿精＿加工，保证达到加工要求。“钻→车→铰”是一种孔加工的常见工艺方法。

五、塞规

在批量生产中，为了测量方便，常用塞规测量孔径，如图4-30所示。塞规由＿通端＿、＿止端＿和手柄组成。通端的尺寸等于孔的＿下极限尺寸（L_{min}）＿，止端的尺寸等于孔的＿上极限尺寸（L_{max}）＿。为了区分通端和止端，塞规止端的长度比通端＿短＿一些。测量时，通端能通过，且止端不能通过，孔径＿合格＿。测量不通孔的塞规，外圆上沿轴向开有排气槽。

技能训练

一、毛坯、刀具、工具、量具准备

1. 毛坯

任务二完成后的工件。

2. 刀具

麻花钻 ϕ16mm、高速工具钢内孔车刀、铰刀 ϕ20H7。

3. 工具、量具

尾座扳手、塞规 ϕ20H8。

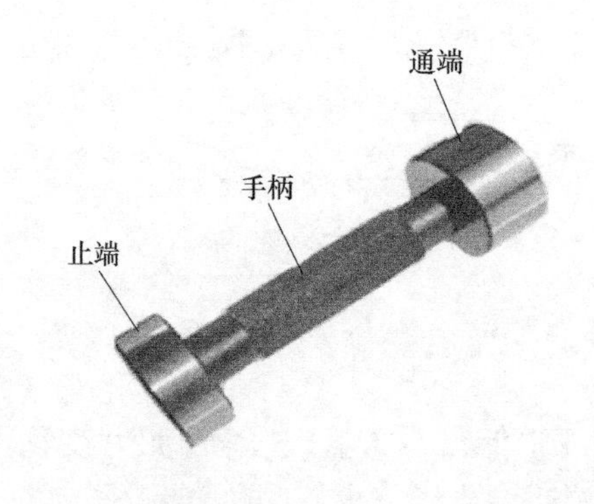

a)

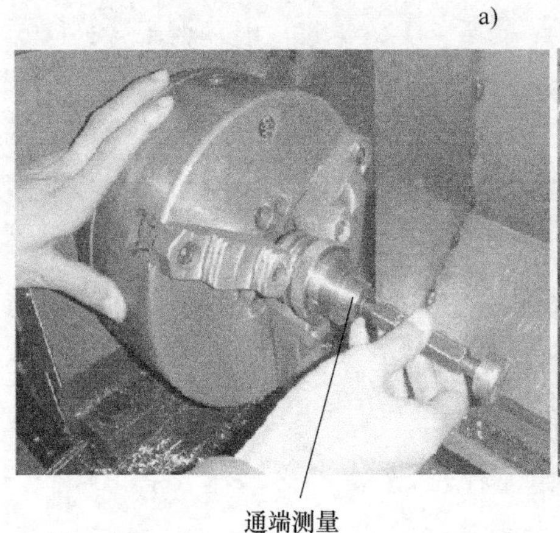

止端测量

b)

图 4-30　塞规及其使用

a）塞规　b）塞规的使用

二、工艺步骤

1）钻孔 $\phi16$mm。

2）车内孔 $\phi20^{-0.15}_{-0.2}$mm。

3）铰孔 $\phi20^{+0.033}_{0}$mm。

4）倒角。

三、操作要求

1. 铰刀的装夹

为了确保铰刀和孔的轴线重合，将铰刀安装在 浮动套筒 中，浮动套筒安装在车床尾座中。铰削时，铰刀可作微量偏移或歪斜来调整铰刀中心线与孔中心线 重合 ，从而消除铰刀安装误差对加工质量的影响。

2. 铰孔操作

1）推动尾座至接近工件处，固定尾座。

2）要求 v_c<5m/min，转速为 56 r/min。

3）浇注 乳化液 。

4）转动尾座手轮，使铰刀均匀进给。

5）铰孔深度以铰刀___引导部分___超过加工终止线为准。

6）铰削完成时，反转尾座手轮，退出铰刀。

［注意］　铰刀不能反转，否则会损坏切削刃。直接拔出铰刀，会使孔壁出现划痕。因此在退出铰刀前，主轴不能反转，也不能停下。

3. 倒角

本任务的难点在于孔内部的倒角。使用内孔车刀从大孔端倒角，由于不能直接看到，需要小心调整车刀的位置，以防止撞到内孔车刀和孔壁。

4. 用塞规检测孔径

等到工件冷却后，使用塞规测量孔径。检测时要注意塞规不能___倾斜___，以防止认为孔径偏小。当塞规不能顺利塞入时，不能硬塞，更不能用力敲击。取出时也要轻一些，以避免把孔撑大，或是撞到内孔车刀。

四、注意事项

1）安装铰刀时，要注意锥柄和锥套的清洁，防止安装歪斜。

2）由于铰刀的修光部分较长，故铰削时进给量要取得大一些（0.2~1mm/r）。

任务四　孔加工工艺分析

学习目标

本任务主要学习孔加工的特点、套类工件的装夹方法和一般套类工件的车削步骤，能针对本项目零件，制订合理的加工步骤。通过本任务的学习，能够编写简单轴类零件的工艺步骤。

相关知识

一、套类工件的特点

套类工件由内外回转面、内外台阶、内外沟槽等结构组成，其结构比轴类零件复杂，而且一般对内孔和外圆有较高的___同轴度___等要求，加工难度比轴类工件大。

内圆柱孔的加工也比外圆表面难，这是由于：

（1）观察困难　孔在工件内部，难以直接观察切削情况，孔越___小___越___深___，此问题越明显。

（2）刀柄刚性差　受孔径和孔深的限制，刀柄不能做得又短又粗，其刚性___不如___外圆车刀。

（3）排屑、冷却困难　刀具和孔壁间的间隙有限，切削液难以进入，刀柄越___粗___，间隙越小，孔越___深___，切削液越难进入。

（4）测量困难　量具不易深入孔内测量，孔越小、越深，测量难度越___大___。

二、套类工件的装夹

套类工件的技术要求主要有尺寸精度、形状精度（圆度、圆柱度、直线度等）和位置精度（同轴度、垂直度、平行度、径向圆跳动和轴向圆跳动等）。为了保证各项技术要求（主要是同轴度），应选择合理的装夹方式。

1. 在一次装夹中完成尽可能多的车削内容（图 4-31）

在单件、小批生产中，应尽可能在一次装夹中完成工件全部或大部分表面的加工。这样没有__定位误差__，可获得较高的__几何__精度。但该方法需要经常转换刀架，切削用量也需要经常改变，尺寸较难控制。

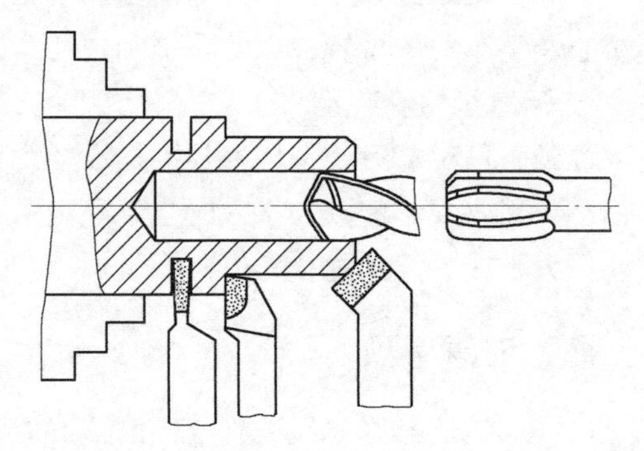

图 4-31　一次装夹中加工工件

2. 以内孔为定位基准装夹工件

车削中小型轴套、带轮、齿轮等工件时，尽可能先加工好__内孔__，再以__内孔__为定位基准，加工__外圆__。

以内孔为定位基准，需要使用心轴（图 4-32）作为定位元件。常用的心轴有：

（1）实体心轴　有__小锥度__心轴和__圆柱__心轴两种。小锥度心轴的定心精度高，但轴向精度__低__，能承受的切削力__小__，装卸__不太方便__。圆柱心轴一般带__台阶面__，用于轴向定位，心轴与工件孔之间是__小间隙__配合，定心精度__低__，可一次装夹多个工件，装夹操作比较方便。

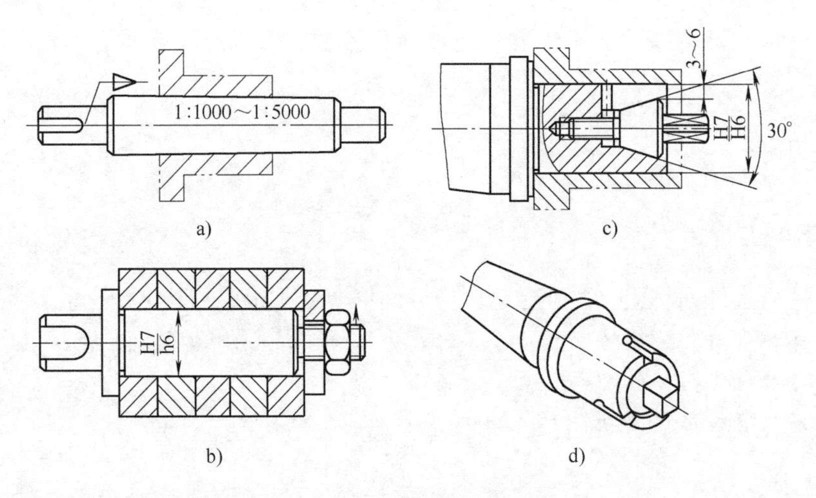

图 4-32　各种常用心轴

a）小锥度心轴　b）台阶心轴　c）胀力心轴　d）槽做成三等分

（2）胀力心轴　依靠材料__弹性变形__所产生的胀力来固定工件。由于定心精度高，装卸方便，故应用广泛。

3. 以外圆为定位基准装夹工件

当由于工艺原因无法以内孔为基准时，才考虑以＿外圆＿为定位基准。自定心卡盘或单动卡盘的精度较低，可以用＿软卡爪＿（图4-33）装夹。软卡爪用未经淬火的＿45钢＿制成，焊接在原卡爪上，装夹工件前，根据待装夹部分的＿实际尺寸＿，车削软卡爪成形，使卡爪和装夹部分的尺寸、形状相配合。装夹过程中，接触良好，装夹质量高，且不易夹伤工件表面。

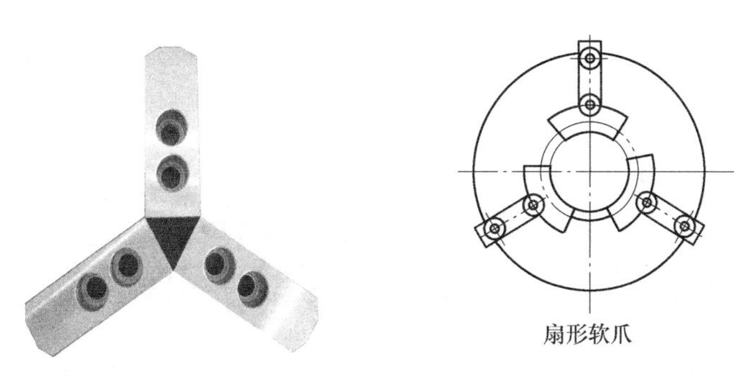

图4-33　软卡爪

三、一般套类工件的车削步骤

虽然各种套类工件的加工方案不尽相同，但也有一些共性可遵循：

1）车削短而小的套类工件时，为保证内、外圆的同轴度，最好在一次装夹中完成所有加工内容。

2）内沟槽在＿半精车＿之后、＿精车＿之前加工，但要注意精车余量对槽深的影响。

3）车精度较高的孔常用以下两种方案：

① 粗车端面→钻孔→粗车孔→半精车孔→精车端面→铰孔。

② 粗车端面→钻孔→粗车孔→半精车孔→精车端面→磨孔。

4）加工平底孔时，先用麻花钻钻孔，再用平底钻锪平，最后用不通孔车刀精车孔。

5）如果工件以内孔定位车外圆，在精车内孔后，对端面也应＿精车＿，以保证端面和内孔的垂直度要求。

技能训练

单件生产，使用 ϕ50mm×80mm 的毛坯，所有刀具、工具、量具和本项目相同，完成图4-1所示零件的加工，编写工艺步骤。

一、工艺分析

本零件无外圆面加工要求，精度要求不高，可以在一次装夹中完成所有加工内容，直接使用自定心装夹即可。

先加工内孔 $\phi20^{+0.033}_{0}$mm，后加工内孔 $\phi36^{+0.062}_{0}$mm×30mm，这样只需要车台阶面，比本项目所用加工步骤的加工难度要低一些。

二、工艺步骤

1）钻通孔 $\phi16$mm。

2）车内孔 $\phi20_{-0.20}^{-0.15}$mm。

3）铰孔 $\phi20_{0}^{+0.033}$mm。

4）粗车内孔 $\phi35.5$mm×30mm。

5）精车内孔 $\phi36_{0}^{+0.062}$mm×30mm。

6）车台阶面。

7）倒角。

检测与评价（表4-1）

表4-1　简单套类零件检测与评价表

序号	检测内容	配分	量具	检测结果	学生评分	教师评分
1	$\phi36_{0}^{+0.062}$mm	25				
2	$\phi20_{0}^{+0.033}$mm	25				
3	30mm	15				
4	倒角 $C0.5$（5处）	3×5				
5	$Ra3.2\mu m$（3处）	3×5				
6	无明显缺陷	5				
7	文明生产	违纪一项扣20				
合计		100				

思考与练习

1. 怎样判断刃磨后的麻花钻是否达到刃磨要求？

2. 直柄麻花钻无法装在莫氏变径套中，怎样安装在尾座套筒中？

3. 除了本项目所学的用尾座手轮控制钻孔深度外，还可以用哪些方法控制钻孔深度？

4. 通孔车刀能不能车不通孔？为什么？不通孔车刀能不能车通孔？为什么？

5. 车削不通孔时，除了本项目所学的用床鞍分度盘控制孔深，还可以用哪些方法控制孔深？

6. 铰孔 $\phi20_{-0.02}^{+0.03}$mm，计算所选铰刀的直径。

7. 用新铰刀铰孔时，选哪种切削液比较好？铰刀用过一段时间后，选用哪种切削液比较好？为什么？

8. 在任务四中，为了方便工艺步骤2的对刀，没有扩孔。如果采用扩孔，是在步骤1、2之间较好，还是在步骤3、4之间更好？各有何利弊？

9. 如果工件还未冷却就用塞规测量，则可能会出现什么后果？

项目五

加工外圆锥面

本项目主要学习圆锥尺寸计算、转动小滑板法车削外圆锥的知识和圆锥角度的测量方法，练习转动小滑板法车削外圆锥。通过本项目的学习和训练，能够完成图 5-1 所示零件的加工。

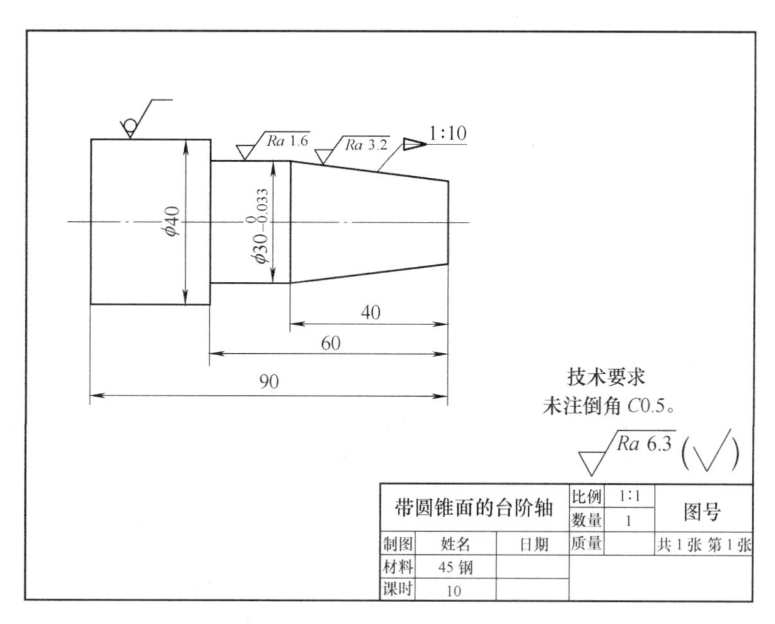

图 5-1　带圆锥面面的台阶轴

任务一　转动小滑板法车外圆锥面

学习目标

本任务主要学习圆锥尺寸的计算方法，熟悉转动小滑板法车外圆锥的操作要求，练习转动小滑板法车外圆锥。通过本任务的学习和训练，能够完成图 5-2 所示零件的加工。

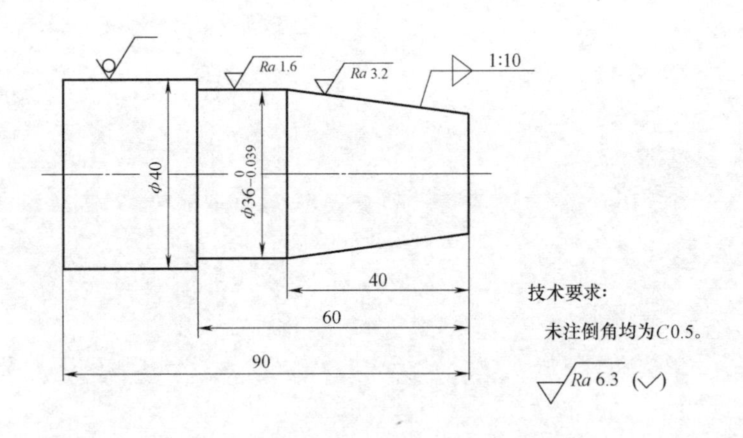

图 5-2　转动小滑板法车外圆锥

相关知识

一、圆锥各部分的名称和尺寸计算

圆锥面配合的同轴度误差＿小＿、拆卸方便，当圆锥角＿较小＿时能传递很大的转矩，在机器制造中被广泛应用，如车床尾座套筒、小锥度心轴等。圆锥面的加工方法主要是车削和磨削。

1. 圆锥各部分的名称（图 5-3）

（1）大端直径 D　圆锥＿大端＿处的直径，也称最大圆锥直径。

（2）小端直径 d　圆锥＿小端＿处的直径，也称最小圆锥直径。

（3）圆锥角 α　在通过圆锥轴线的截面内，两条素线间的夹角。

（4）圆锥半角 $\alpha/2$　圆锥角的一半，圆锥素线和轴线的夹角。

（5）圆锥长度 L　圆锥大端和小端之间的＿垂直距离＿。

（6）锥度 C　大端直径与小端直径之差和＿圆锥长度＿之比。

（7）斜度 $C/2$　大、小端直径之差和圆锥长度之比的一半。

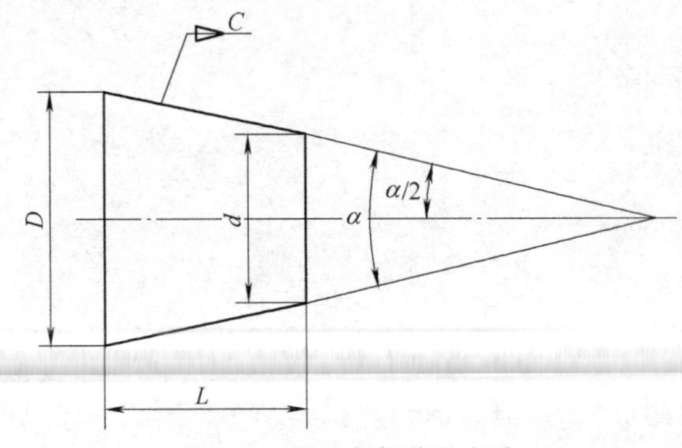

图 5-3　圆锥各部分的名称

2. 圆锥尺寸计算

圆锥的基本参数有四个：C（或 $\alpha/2$）、D、d、L，只要知道其中__三__个，即可计算出另一个。

（1）锥度 C 和其他参数的关系

$$C=\frac{D-d}{L}$$

对公式进行变形，可以得到

$$D=d+CL$$

$$d=D-CL$$

$$L=\frac{D-d}{C}$$

（2）圆锥半角 $\alpha/2$ 和锥度的关系

$$\tan\frac{\alpha}{2}=\frac{C}{2}$$

或
$$C=2\tan\frac{\alpha}{2}$$

（3）圆锥半角 $\alpha/2$ 和其他参数的关系

$$\tan\frac{\alpha}{2}=\frac{D-d}{L}$$

对公式进行变形，可以得到

$$D=d+2L\tan\frac{\alpha}{2}$$

$$d=D-2L\tan\frac{\alpha}{2}$$

$$L=\frac{D-d}{2\tan\frac{\alpha}{2}}$$

例 5-1　有一外圆锥工件，已知锥度 $C=1:20$，小端直径 $d=64\text{mm}$，圆锥长度 $L=80\text{mm}$，求大端直径 D 和圆锥半角 $\alpha/2$。

解： $D=d+CL=64\text{mm}+\frac{1}{20}\times80\text{mm}=68\text{mm}$

$$\tan\frac{\alpha}{2}=\frac{C}{2}=\frac{\frac{1}{20}}{2}=0.025$$

使用计算器求反三角函数，得到 $\frac{\alpha}{2}\approx1.435°\approx1°26'$

[知识链接]　生产中可以用以下近似公式计算圆锥半角

当 $C<0.10$（$\alpha/2<6°$）时

$$\frac{\alpha}{2} \approx 28.7° \frac{D-d}{L} = 28.7°C$$

例 5-2 用近似公式计算例 5-1 中的圆锥半角 $\alpha/2$。

解： $\frac{\alpha}{2} \approx 28.7°C = 28.7° \times \frac{1}{20} = 1.435° \approx 1°26'$

当 $C(\alpha/2)$ 稍大时，近似公式的误差较大，其中的 28.7°可按表 5-1 修改；当圆锥半角大于 13° 时，不能使用近似公式。

表 5-1 小滑板转动角度近似公式常数

C	常数	C	常数
<0.10	28.7°	>0.29~0.36	28.4°
>0.10~0.20	28.6°	>0.36~0.40	28.3°
>0.20~0.29	28.5°	>0.40~0.45	28.2°

二、转动小滑板法车外圆锥

由于圆锥的素线与轴线相交成 圆锥半角 $\alpha/2$ ，在车圆锥时，车刀沿着与圆锥轴线相交成 圆锥半角 $\alpha/2$ 的方向运动，就能车出圆锥。

转动小滑板法是把小滑板转过一个圆锥半角 $\alpha/2$，通过小滑板进给，使车刀的运动轨迹与所要的圆锥素线平行，如图 5-4 所示。

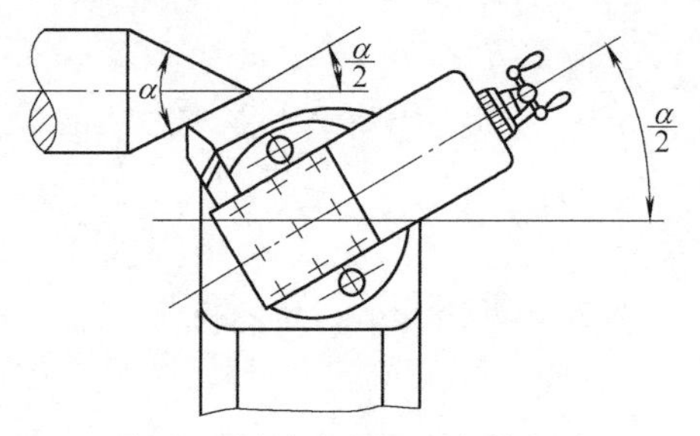

图 5-4 转动小滑板法车外圆锥

1. 转动的方向和角度

如图 5-5 所示，装夹后，若大端直径靠近主轴，小端直径靠近尾座，则小滑板 逆时针 转动一个圆锥半角 $\alpha/2$；反之，则 顺时针 转动一个圆锥半角 $\alpha/2$。

a)

b)

图 5-5 小滑板转动的方向和角度

a) 逆时针转动 $\alpha/2$ b) 顺时针转动 $\alpha/2$

在图样中，一般不标注圆锥半角 $\alpha/2$，需要通过计算求出 $\alpha/2$ 的具体值。

［注意］　无论是外圆锥，还是内圆锥，转动方向都可以用以上方法判断。

2. 转动小滑板法车外圆锥的特点

（1）优点　可以车削任意角度的圆锥，适用范围广；无需任何其他设备，操作也比较简单。

（2）缺点　只能__手动__进给，劳动强度__大__，表面粗糙度值__难控制__；受小滑板行程的限制（CA6140 型卧式车床小滑板行程有 140mm 和 165mm 两种），只能加工__较短__的圆锥。

转动小滑板法适合单件加工精度要求不高的较短圆锥。

技能训练

一、毛坯、刀具、工具、量具准备

1. 毛坯

毛坯尺寸为 ϕ40mm×90mm，材料为 45 钢。

2. 刀具

常用车刀。

3. 工具、量具

工具：扳手。

量具：游标卡尺、千分尺。

二、工艺步骤

1）车外圆 $\phi36_{-0.039}^{\ 0}$mm×60mm。

2）车外圆锥。

3）倒角。

三、操作要求

1. 转动小滑板的方法

转动小滑板法车圆锥需要调整小滑板的旋转角度。将小滑板下面转盘上的螺母__松开__，把转盘转至所需要圆锥半角 $\alpha/2$ 的标尺标记上，与__基准零线__对齐，然后拧紧螺母固定__转盘__。角度一般不是整数，可在分度盘上估计。

［注意］　通过分度盘估计，不会很准确，很难达到精度要求。当精度要求稍高时，需要反复试切、测量、调整，才能保证转动小滑板的角度比较准确，具体方法将在任务二中学习。

2. 小滑板的进刀方法

进刀前，先调整好小滑板镶条的松紧。如果调得过紧，则手动进给费力，移动不均匀；若调得过松，则会造成小滑板间隙过大，使车出的圆锥面的表面粗糙度值变大且使素线不直。

顺时针转动 小 滑板手柄，使车刀沿圆锥面素线前进，完成进刀。一刀车完后， 中 滑板退刀。车刀离开工件表面后， 小 滑板退刀至工件端面外。中滑板再次进刀后，小滑板进刀车第二刀。中、小滑板反复进刀和退刀，直至中滑板进刀格数完成，车圆锥过程结束。

[**注意**] 从对刀时刀尖碰到工件开始，直到车削圆锥完成为止，不能动床鞍，否则，之前计算的中滑板进刀格数就会发生变化，将无法顺利车削到所需尺寸。

3. 圆锥尺寸的控制

圆锥的四个基本参数中， 圆锥半角 由转动小滑板角度保证， 大端直径 在车圆锥之前的车外圆过程中得到，只要能控制圆锥长度或小端直径，就能车出正确的圆锥。

（1）控制圆锥长度　可以用刻线法控制圆锥长度。先端面对刀（图5-6a），再移动床鞍，使刀尖移动到圆锥长度尺寸，在外圆表面刻下 刀痕 （图5-6b）。每次进给通过 中 滑板进刀，转动小滑板车圆锥时，车刀车出工件表面位置会 逐渐接近 刻痕（图5-6c）。无需计算中滑板进给格数，当车刀车出工件表面位置达到刻痕时，车削完成（图5-6d）。

a)　b)　c)　d)

图5-6　刻线法控制圆锥长度

（2）控制小端直径　通过控制中滑板进刀格数，得到 小端直径 。大、小端直径之差就是总的切削余量，可以很容易地算出中滑板进给格数。但由于对外圆之后，小滑板退刀时已经切除部分余量，再用中滑板进刀原先的格数，进刀量就会 偏大 ，因此需要计算出中滑板的实际进给量（图5-7）。

图中，X是总切削余量，L_1是对刀时刀尖距离端面的尺寸，X_1是对刀后小滑板退刀时切除的部分余量。中滑板实际进刀量为 $(X-X_1)$ /中滑板分度盘每格毫米数 。

例 5-3　车一外圆锥，大端直径 $D=40\text{mm}$，小端直径 $d=36\text{mm}$，圆锥长度 $L=40\text{mm}$。在距离端面 $L_1=2\text{mm}$ 处对外圆，中滑板分度盘数值是 26。试求当中滑板进给至分度盘哪一格时，圆锥将车至要求尺寸。（CA6140 型卧式车床中滑板每格为 0.05mm）

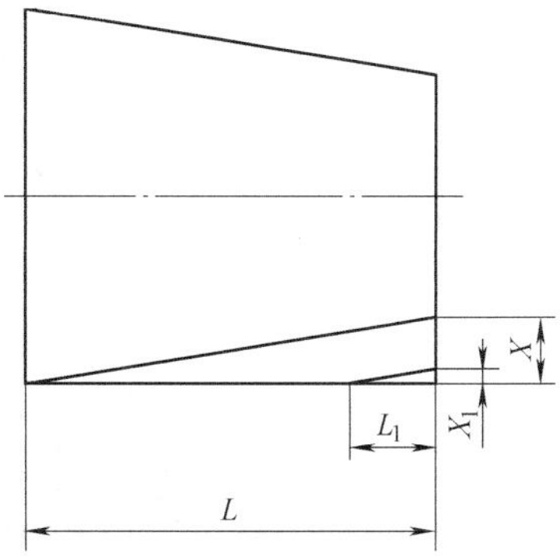

图 5-7　中滑板进刀格数计算

解：$X=(D-d)/2=(40-36)\text{mm}/2=2\text{mm}$

$$\frac{X}{L}=\frac{X_1}{L_1}$$

$$\frac{2}{40}=\frac{X_1}{2}$$

$$X_1=0.1\text{mm}$$

$(X-X_1)$/中滑板分度盘每格毫米数 $=(2-0.1)/0.05=38$ 格

$$26+38=74$$

答：当中滑板分度盘进给至 74 时，圆锥将车至要求尺寸。

［**注意**］　以上例题中，中滑板总进给格数是 38 格，和车外圆类似，不能一次进给完成，应按照切削原理，分粗车、精车几次进给完成。

四、注意事项

1）车刀要严格对准工件回转中心，否则车出的圆锥素线将不直。

2）应两手握小滑板手柄，均匀移动小滑板，尽可能保持进给运动的稳定性，这样才能降低圆锥面的表面粗糙度值。

3）在对刀前，先把小滑板退至最后，以保证小滑板行程并提高系统刚性。

4）车削过程中不要调整刀具位置，否则之前的进刀格数将无效。如因刀具损坏，确实需要重新装刀，则必须重新对刀和计算进刀格数。

任务二　测量外圆锥角度车外圆锥

学习目标

本任务主要学习游标万能角度尺的读数方法和测量圆锥角度的方法，练习试切法调整小滑板旋转角度的操作。通过本任务的学习，完成图 5-1 所示零件的加工。

相关知识

一、游标万能角度尺

1. 结构与读数

游标万能角度尺的结构如图 5-8 所示，其主要结构除了 尺身 、 游标 （旋转形式）外，还有 直尺 和 直角尺 两个组合件。

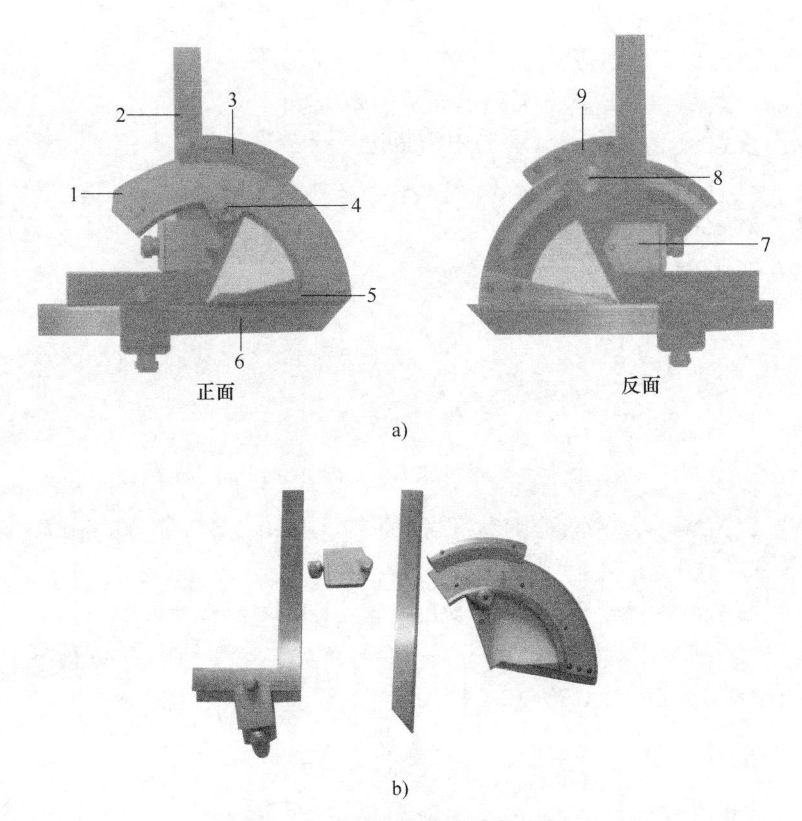

图 5-8　游标万能角度尺的结构

a）结构示意图　b）拆卸零件图

1—主尺　2—直角尺　3—游标尺　4—锁紧装置　5—基尺　6—直尺　7—卡块　8—调节旋钮　9—扇形板

游标万能角度尺的读数方法与 游标卡尺 相似，读数时，先从主尺上读出游标“零”标记 左边 角度的整度数（每格为1°），再用与主尺标线 对齐 的游标尺上的标线格数乘以游标万能角度尺的分度值（常用的为2′），得到角度的“分”值，两者 相加 就是被测角度值。

2. 测量范围

游标万能角度尺是用来测量工件内、外 角度 的量具，其测量范围是 0°~320° 。各角度范围的测量方法如图5-9所示。

游标万能角度尺也可在调整好角度后，当作 样板 测量角度。

二、测量圆锥角度

测量前应将 测量面 和 工件 擦干净，直尺调好后将卡块紧固螺钉拧紧。测量时，应先将基尺贴靠在工件 测量基准 面上，然后缓慢移动游标，使直尺紧靠在工件表面再读出读数。

测量圆锥角度时，端面或圆柱面都可作为 测量基准面 。如图5-10所示，根据工件的形状，选择安装不同的组合件，并选择恰当的测量形式，测得角度。经过计算，可得到圆锥半角 $\alpha/2$ 数值。

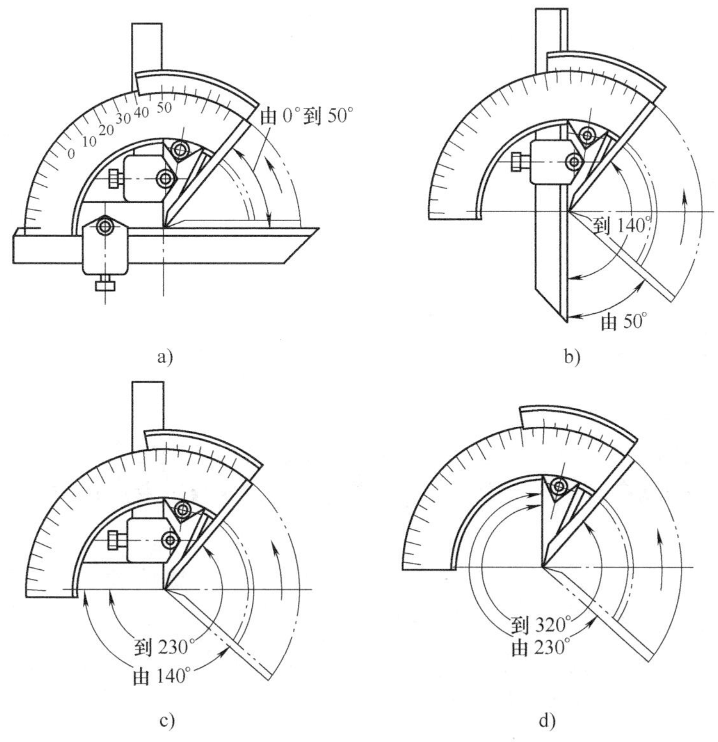

图 5-9　游标万能角度尺的测量范围

a）0°~50°　b）50°~140°　c）140°~230°　d）230°~320°

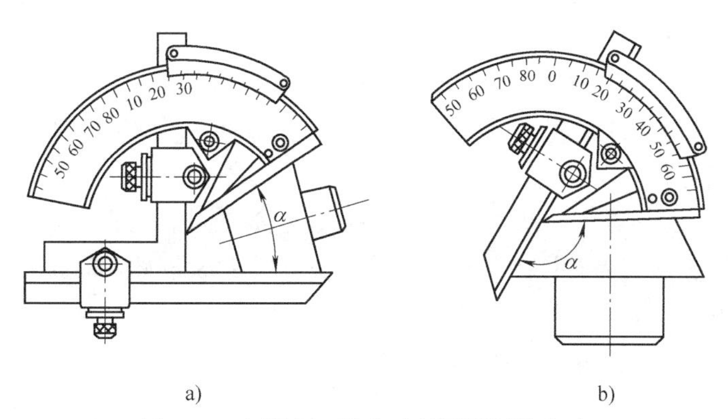

图 5-10　用游标万能角度尺测量圆锥角度

技能训练

一、毛坯、刀具、工具、量具准备

1. 毛坯

任务一完成后的工件。

2. 刀具

硬质合金端面车刀、硬质合金 90°外圆车刀。

3. 工具、量具

游标万能角度尺、游标卡尺、千分尺。

二、工艺步骤

1）车外圆 $\phi 30_{-0.033}^{0}$mm×60mm。

2）车外圆锥。

3）倒角。

三、操作要求

1. 小滑板旋转角度的调整

用游标万能角度尺检测任务一车出的圆锥，会发现圆锥角度的精度不高，这是由于仅凭肉眼估计小滑板的转动角度误差较大。为了提高所车工件圆锥角度的准确性，需要反复试车、测量、调整，具体方法如下。

（1）试车　第一次先凭<u>　肉眼　</u>估计，旋转小滑板至大致角度，切削出<u>　一小段　</u>圆锥。然后反复试车，按照每次调整后的角度车圆锥。

（2）测量　不卸下工件，用游标万能角度尺测量圆锥角度，计算出所车工件的实际<u>　圆锥半角　</u>（即小滑板实际的旋转角度）。

（3）调整　把紧固螺母<u>　稍微松开一点　</u>，左手拇指紧贴在小滑板转盘与中滑板底盘上，用铜棒轻轻敲小滑板所需的<u>　找正方向　</u>，凭手指的感觉决定微调量。

（4）拧紧　重复以上步骤，直至小滑板旋转角度足够精确，拧紧紧固螺母。

[注意]　以上调整小滑板旋转角度的前三步操作，往往需要循环反复几次，才能获得较高的精度，初学者的操作次数更多。也有可能因为机床误差，在第一次肉眼估计时误差过大，造成反复多次调整。需要耐心调整，直到精度足够时，才能车削圆锥。

2. 测量圆锥角度

在未车完工件前，不得<u>　拆卸工件　</u>，保持装夹状态，游标万能角度尺的基尺平面靠在<u>　端面　</u>上，基尺与<u>　直径　</u>重合，拧动捏手，使直尺边缘贴紧<u>　圆锥面　</u>。读出角度值，得到圆锥半角 $\alpha/2$（读数减去 90°就是圆锥半角）。

[注意]　使基尺与直径重合，直尺经过圆锥素线，有利于保证测得圆锥角度的准确性。图 5-10a 所示方法中，基尺靠在素线上，不稳定，测量误差较大；图 5-10b 所示方法中，基尺靠在端面上，稳定，且基尺与直径重合，故测量误差较小。

四、注意事项

1）用游标万能角度尺测量圆锥时，可能有不同的测量方法（图 5-11），应该尽量把基尺平面靠在平面（端面）上或较大的圆柱面上，这样有利于保证测量的准确性。不同测量方法的读数需要换算，才能得到圆锥半角 $\alpha/2$。

2）为了保证圆锥面的表面质量，选择转速时，要考虑到车圆锥时各处的直径不同。切削速度最好能使大、小端直径处都能满足不产生积屑瘤的要求（v_c>70m/min 或 v_c<5m/min）。

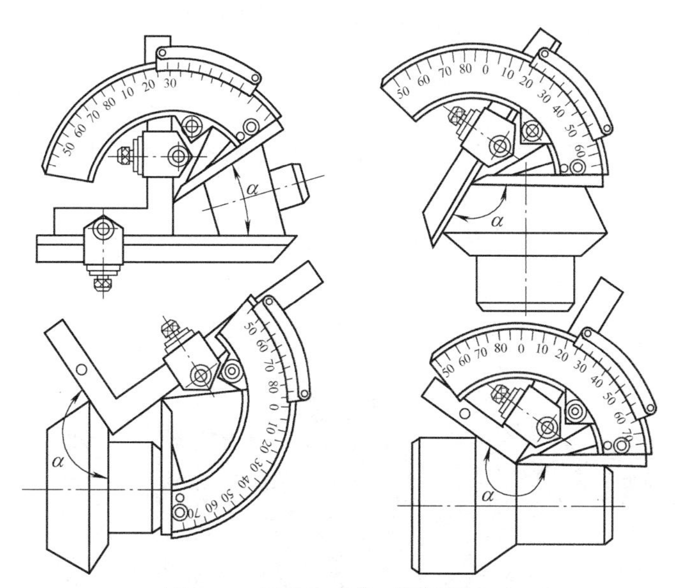

图 5-11 圆锥角度的不同测量方法

检测与评价 （表 5-2）

表 5-2 外圆锥工件检测与评价表

序号	检测内容	配分	量具	检测结果	学生评分	教师评分
1	$\phi_{-0.033}^{0}$mm	10				
2	60mm	10				
3	40mm	20				
4	$C=1:10$	30				
5	$Ra1.6\mu m$	5				
6	$Ra3.2\mu m$	15				
7	倒角	5				
8	无明显缺陷	5				
9	文明生产	违纪一项扣 20				
合计		100				

思考与练习

1. 采用转动小滑板法车外圆锥时，表面粗糙度和哪些因素有关？

2. 计算圆锥半角 $\alpha/2$，用三角函数法和计算公式法各有何优缺点？

3. 分别用三角函数法和计算公式法计算圆锥半角 $\alpha/2$：

（1）$D=24$mm，$d=20$mm，$L=60$mm。

（2）$D=58$mm，$d=48$mm，$L=170$mm。

（3）$C=1:10$。

（4）$C=1:30$。

4. 为什么当圆锥半角变大后，不再采用近似公式计算圆锥半角？

5. 转动小滑板法车圆锥过程中，如果不慎使用床鞍退刀了，应该怎么办？

6. 控制圆锥长度和控制小端直径各有何利弊？

7. 例 5-3 中，如果在距离端面 5mm 处对刀，中滑板分度盘标线值仍是 26。试求当中滑板进给至分度盘哪一格时，圆锥将车至要求尺寸。

8. 读出图 5-12 中游标万能角度尺的读数。

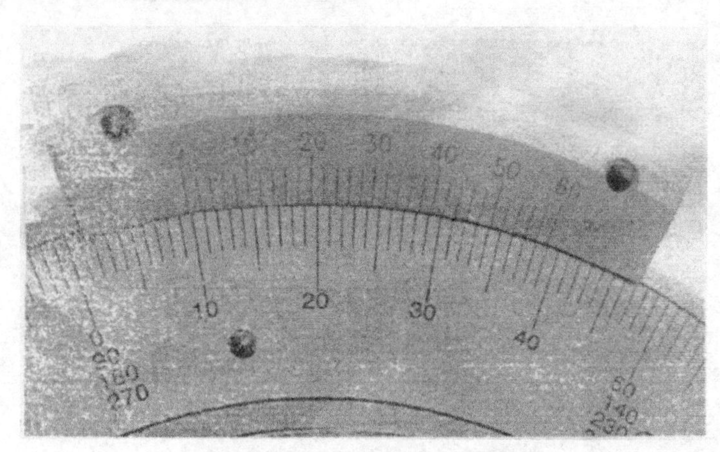

图 5-12　游标万能角度尺读数

9. 为什么在细微调整小滑板转动角度时，要把紧固螺母调得稍微松开一点，而不是松开或是拧紧？

10. 用游标万能角度尺测圆锥角度时，若直尺未经过圆锥素线，则测得的圆锥角度与实际角度相比是大了还是小了？

项目六

车三角形外螺纹

本项目主要学习三角形螺纹的基本要素、三角形螺纹车刀的形状、车三角形外螺纹的方法等知识，练习刃磨三角形外螺纹车刀，用开倒顺车法车削三角形外螺纹，会用螺纹千分尺等量具检测三角形外螺纹。通过本项目的学习和训练，能够完成如图 6-1 所示零件的加工。

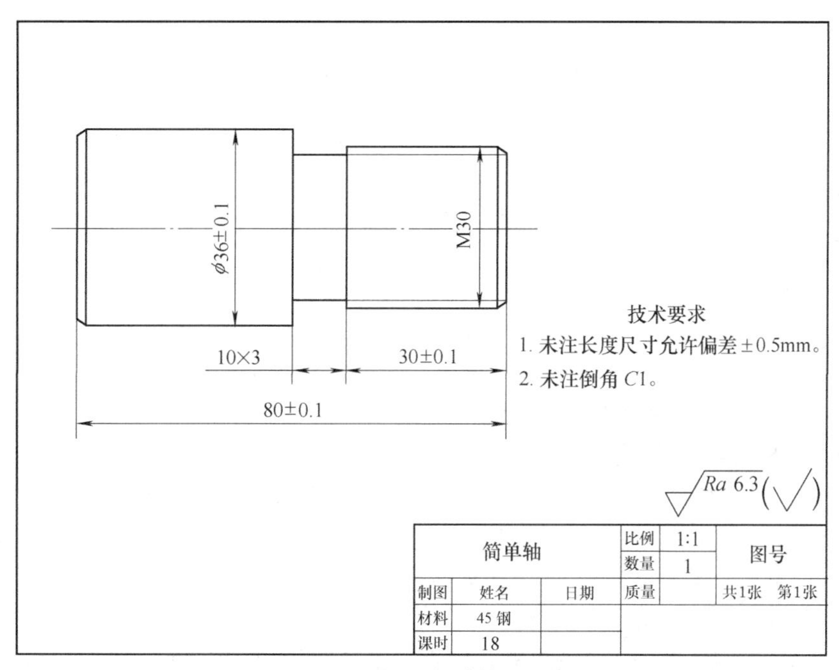

图 6-1　简单轴

任务一　三角形外螺纹及其车削刀具知识

学习目标

本任务主要学习三角形螺纹的基本要素、三角形螺纹车刀的形状要求，练习刃磨三角形外螺纹车刀以及正确安装刀具。通过本任务的学习和训练，能够刃磨三角形外螺纹车刀。

相关知识

一、螺纹的基本要素

螺纹按用途分为__连接__螺纹和__传动__螺纹，三角形螺纹是最常用的连接螺纹，它由于__自锁__性能好、强度__高__等原因，而被广泛应用。现以普通三角形螺纹为例（图6-2），学习螺纹的基本要素。

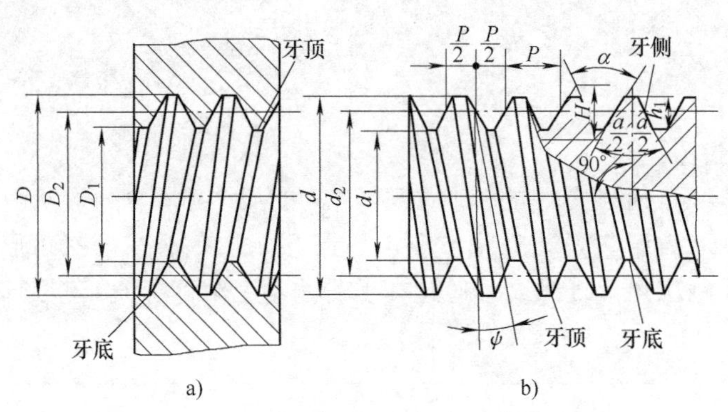

图 6-2 普通三角形螺纹的基本要素

a）左旋内螺纹 b）右旋外螺纹

1. 牙型角 α

在螺纹牙型上，相邻两__牙侧__间的夹角称为牙型角。

2. 牙型高度 h_1

在螺纹牙型上，牙顶到牙底在垂直于__螺纹轴线__方向上的距离称为牙型高度。

3. 螺纹大径（d，D）

螺纹大径是与外螺纹__牙顶__或内螺纹__牙底__相切的假想圆柱（或圆锥）的直径。外螺纹大径用__d__表示，内螺纹大径用__D__表示。

4. 螺纹小径（d_1，D_1）

螺纹小径是与外螺纹__牙底__或内螺纹__牙顶__相切的假想圆柱（或圆锥）的直径。外螺纹小径用__d_1__表示，内螺纹小径用__D_1__表示。

$$d_1 = D_1 = d-2h_1 = D-2h_1$$

5. 螺纹中径（d_2，D_2）

螺纹中径是一个假想圆柱（或圆锥）的直径，该圆柱（或圆锥）的素线通过牙型上沟槽和凸起宽度__相等__的地方。同规格的外螺纹中径 d_2 和内螺纹中径 D_2 的公称尺寸__相等__。

[注意] 螺纹中径不是螺纹大径和螺纹小径的中间值。由于螺纹的牙顶少 $H/8$（理论牙型高度），牙底少 $H/4$，因此，中径线只是位于理论牙型高度 H 的正中。

6. 螺纹公称直径

螺纹公称直径是代表螺纹尺寸的直径，一般为__螺纹大径__的公称尺寸。

7. 螺距 P

螺距是相邻两牙在__中径线__上对应两点间的轴向距离。

8. 导程 P_h

导程是同一条螺旋线上　相邻两牙　在　中径线　上对应两点间的轴向距离。

$$P_h = nP$$

式中　n——线数。

9. 螺纹升角ψ

在中径圆柱（或圆锥）上，螺旋线的　切线　与垂直于　螺纹轴线　的平面间的夹角称为螺纹升角（图 6-3）。

$$\tan\psi = \frac{P_h}{\pi d_2} = \frac{nP}{\pi d_2}$$

二、三角形螺纹车刀

1. 车刀材料

三角形螺纹车刀的材料主要有高速工具钢和硬质合金两类。一般在低速车削螺纹时，用　高速工具钢　车刀；在高速车削螺纹时，用　硬质合金　车刀。根据三角形螺纹的精度要求，考虑到生产率，车三角形螺纹时多为　高速　车削。

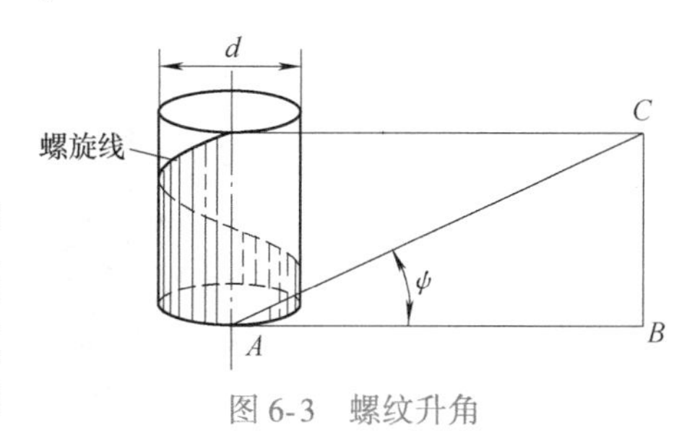

图 6-3　螺纹升角

2. 三角形螺纹车刀的形状要求（图 6-4）

螺纹车刀是成形刀具，其切削部分的形状应和螺纹牙型　轴向剖面的形状　相符合，车刀的刀尖角应该等于　牙型角　。三角形螺纹的牙型角是 60°，理论上三角形螺纹车刀的刀尖角也应该是 60°。但实际生产中，只有高速工具钢三角形螺纹车刀的刀尖角是 60°，硬质合金三角形螺纹车刀的刀尖角则应为　59°30′　左右。这是因为用硬质合金车刀高速切削时，工件材料受到较大的挤压力，会使牙型角增大约 0.5°。

高速工具钢三角形螺纹车刀的前角一般取 5°~15°，粗车刀的纵向前角一般取　15°　左右，精车刀的前角一般取　5°~10°　。硬质合金三角形螺纹车刀的前角和纵向前角一般都取　0°　，为了增加切削刃的强度，在车削较高硬度的材料时，两切削刃上可磨出　负倒棱　。

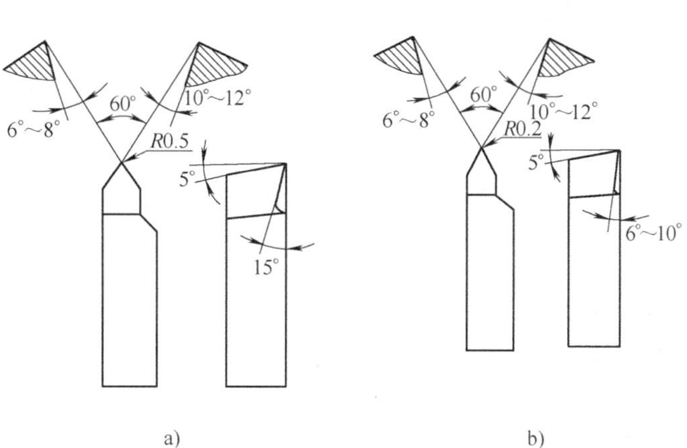

图 6-4　三角形螺纹车刀

a）高速工具钢粗车刀　b）高速工具钢精车刀

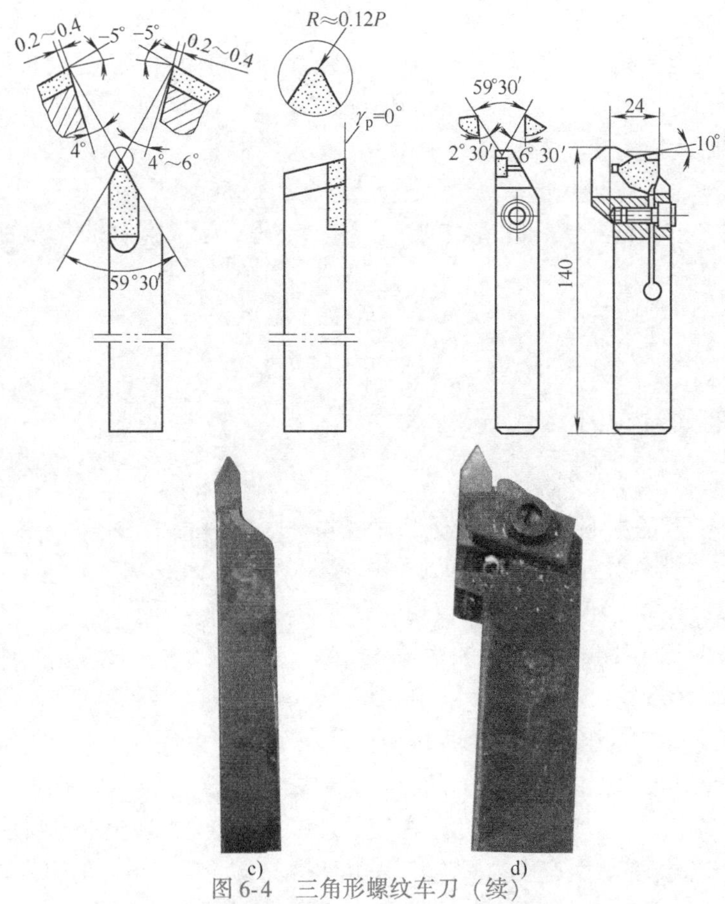

图 6-4 三角形螺纹车刀（续）

c）硬质合金焊接式 d）硬质合金机夹式

技能训练

一、毛坯、刀具、工具、量具准备

1. 刀具

三角形外螺纹车刀。

2. 工具、量具

对刀样板。

二、工艺步骤

1）刃磨三角形外螺纹车刀。

2）安装三角形外螺纹车刀。

三、操作要求

1. 刃磨和检测硬质合金三角形外螺纹车刀

（1）刃磨 刃磨要求如下：

1）前、后角合理。粗车刀前角大、后角小，精车刀相反。本任务按粗车刀的要求刃磨。

2）左、右两侧切削刃是直线，无崩刃。

3）刀头不歪斜，牙型半角相等。

刃磨时，一般先粗磨刀头两侧的 主、副后刀面 ，然后粗磨 前刀面 ，再精磨 前刀面 ，最后精磨 主、副后刀面 ，这时需要用样板检测刀尖角。刀尖角合格后，在刀尖处磨出 $R0.5\text{mm}$ 的圆弧。

（2）检测　检测的关键是牙型角是否正确，使用专用的角度样板（图 6-5）进行检测。如图 6-6 所示，刀尖伸入相应的 角度凹槽 中，对准光源，观察两边贴合的间隙，判断出牙型角的大小。当刀具的纵向前角不为零时，可用较厚的角度样板进行测量，测量时样板与车刀底面 平行 ，便可检测出牙型角。

图 6-5　角度样板

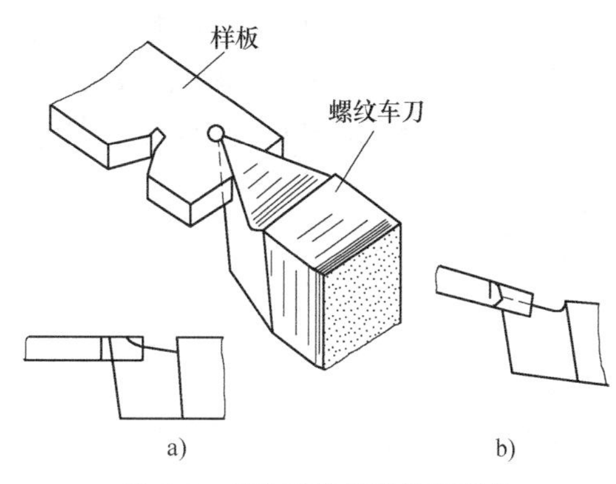

图 6-6　用角度样板测量牙型角

a）正确　b）错误

2. 安装车刀

（1）对中心高　三角形螺纹的牙型相当于圆锥面，为了避免 双曲线误差 、保证牙型质量，需要严格对准刀尖的 中心高 （精车刀要求背前角接近 0°，以保持整个刀面的水平）。由于螺纹车刀的刀尖不能直接碰到工件端面中心，为了提高对刀质量，最好与 顶尖 对齐。

（2）对刀柄　为了保证车出的牙型角正确，还要求装夹车刀时，刀柄与工件回转中心 垂直 ，刀尖不歪斜，否则会影响牙型角的 对称性 ，如图 6-7 所示。

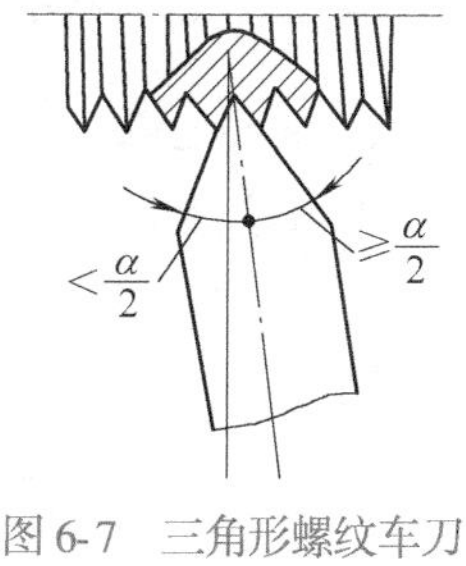

图 6-7　三角形螺纹车刀的装夹位置歪斜

对刀柄需要使用角度样板，如图 6-8 所示。车刀不能夹紧，把角度样板靠在工件 外圆表面 ，摇动中滑板，使刀尖 嵌入 相应的角度样板中，调整车刀，使刀尖两侧 紧贴 样板边缘。拧紧紧固螺钉时，不能 一次拧紧某个螺钉 ，因为这样会使车刀 轻微移动位置 ，失去对刀柄操作步骤的作用。要先 稍拧紧 一个螺钉，再 稍拧紧 另一个螺钉，使刀柄不会移动位置，之后依次拧紧第一、第二个螺钉。

（3）重新装刀　刀具损坏，重新刃磨后，再次安装车刀时，刀尖很难回到原先的位置，会造成 乱牙 。在按照以上两个步骤装夹好车刀后，在车刀 不切入工件 时按下开合螺母，待车刀移到 螺纹表面 处停车。摇动中、小滑板，注意消除床鞍间隙，并使刀尖对准 螺旋槽正中 。对准之后通过开车试切，保证重新装刀的准确性。

图 6-8　用角度样板对三角形螺纹车刀

四、注意事项

1）为了提高精加工表面质量，需要保证车刀的锋利性，精车刀通常采用增大前角的方式使前刀面倾斜。但为了避免产生双曲线误差，螺纹精车刀要保证背前角接近 0°，以使整个前刀面处于水平位置。

2）用角度样板对刀，如果紧固螺钉已拧紧，当刀装得歪斜时，刀尖靠近样板的过程中不能略微移动，否则硬质合金刀尖会崩裂。

任务二　倒顺车法车三角形外螺纹

学习目标

本任务主要学习车削三角形外螺纹的方法，以及车三角形外螺纹时的参数计算方法；能合理地选择切削参数，练习用倒顺车法车三角形外螺纹，并检测所车螺纹。通过本任务的学习和训练，能完成图 6-1 所示零件的加工。

相关知识

一、车削三角形外螺纹的方法

1. 低速车削

当螺纹精度要求较高，高速车削难以满足质量要求时，采用低速车削。使用高速工具钢螺纹车刀，运用粗车刀和精车刀，通过粗车和精车，得到较高的 尺寸精度 和较低的 表面粗糙度值 ，但效率低。在车削过程中，根据车床和工件的刚度、螺距的大小，选择不同的进给方法，见表 6-1。

表 6-1　低速车削三角形外螺纹的进给方法

进给方法	直进法	斜进法	左右切削法
图示	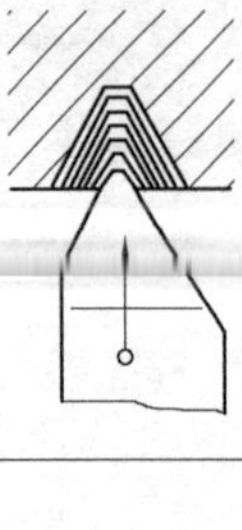	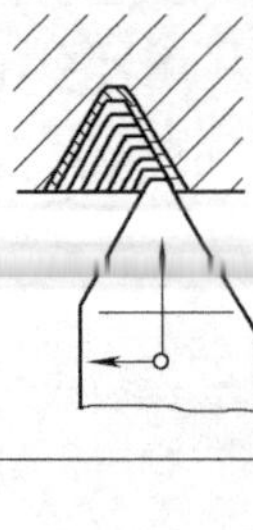	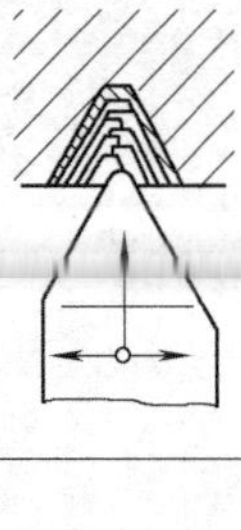

（续）

进给方法	直进法	斜进法	左右切削法
方法	车削时只用中滑板横向进给	在每次进给形成后，除中滑板横向进给外，小滑板只向一个方向做微量进给	除中滑板横向进给外，同时用小滑板将车刀向左或向右做微量进给
加工性质	双面切削	单面切削	

2. **高速车削**

高速车削三角形螺纹在大多数情况下能满足精度要求，由于其效率比低速车削提高了数十倍，因此在生产中被广泛应用。高速车削时，为了防止切屑使牙侧起毛刺，不采用斜进法和左右切削法，只采用 直进法 。

二、倒顺车法车螺纹

车削螺纹需要多次进给，每次进给都要保证车刀处于 原先的 螺旋槽中，否则会把螺旋槽车坏（这种情况称为 乱牙 ）。为了保证车削要求，每次车削行程结束时，在把车刀沿 径向 退出后，将主轴 反转 ，使车刀沿 纵向 退回，再进行第二次车削。在往复车削过程中，车床传动系统始终没有分离，车刀就能保证始终在原来的螺旋槽中，从而不会产生乱牙。

［知识链接］　对于某些导程的螺纹，即使在加工过程中提起开合螺母，断开传动系统后，再次按下开合螺母，也能保证不会乱牙。这些螺纹的导程具有以下特点：车床丝杠导程除以所加工螺纹导程为整数。

三、三角形螺纹尺寸计算

根据三角形螺纹的牙型（图 6-9），根据数学方法可以得到普通三角形螺纹的尺寸计算公式，具体见表 6-2。

表 6-2　普通三角形螺纹的尺寸计算

名称	代号	计算公式
牙型角	α	60°
原始三角形高度	H	$H=0.866P$
牙型高度	h	$h=\frac{5}{8}H=\frac{5}{8}\times0.866P=0.5413P$
大径	$d(D)$	$D=d=$公称直径
中径	$d_2(D_2)$	$d_2=D_2=d-2\times\frac{3}{8}H=d-0.6495P$
小径	$d_1(D_1)$	$d_1=D_1=d-2h=d-1.0825P$

公式中 P 的具体尺寸可以查相关标准得到，本任务中 M30 螺纹的螺距 $P=3.5$mm。

四、检测三角形外螺纹的量具

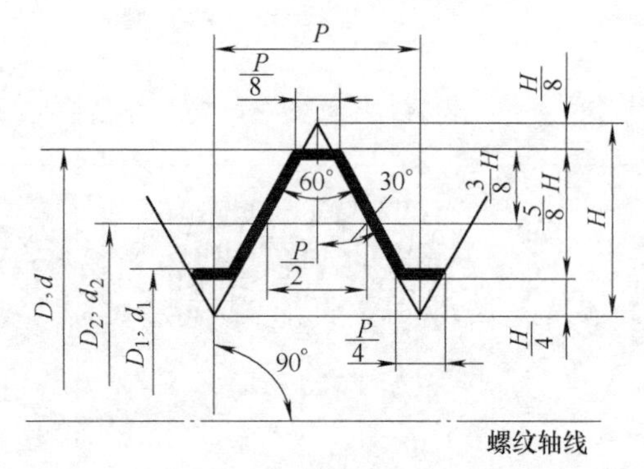

图 6-9　三角螺纹的牙型

1. 测量大径的量具

一般可用游标卡尺或千分尺测量螺纹大径。

2. 测量螺距的量具

一般可用钢直尺测量螺距，如图 6-10 所示。普通螺纹的螺距一般较小，测量时，最好量 10 个螺距的长度，然后把测得的长度除以 10，即可得出__一个螺距__的尺寸；如果螺距较大，则可以量 2~4 个螺距的长度，从而得到螺距的尺寸。

如果螺距较小，也可以用螺距规（图 6-11）来测量。测量时，把__预估螺距__对应的钢片沿平行于螺纹轴线的方向__嵌入__牙型中。如果完全符合，则说明预估的螺距是正确的；否则，应调换其他螺距的钢片再次嵌入牙型进行测量，直至测出正确的螺距为止。

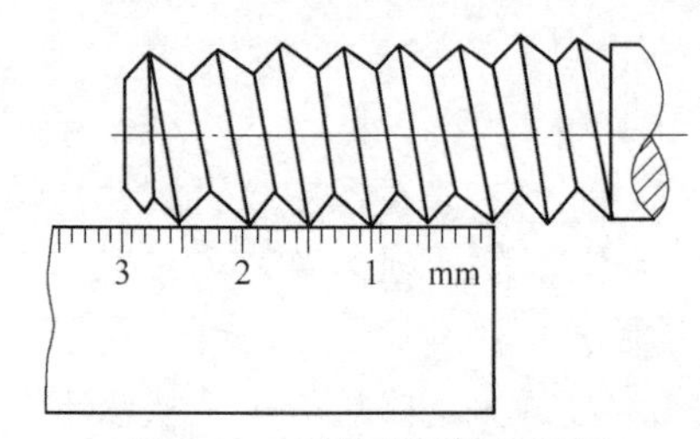

图 6-10　用钢直尺测量螺距

图 6-11　螺距规

[注意]　一般情况下，螺距规只用于测量标准螺纹，非标准螺纹的螺距规需要定做。

3. 测量中径的量具

测量三角形螺纹的中径时，一般使用__螺纹千分尺__（图 6-12）。螺纹千分尺由一套__测量头__和__尺身__组成，适用于__低精度__螺纹工件的测量。

螺纹千分尺属于专用的螺旋测微量具，只能用于测量__螺纹中径__。它具有特殊的__测

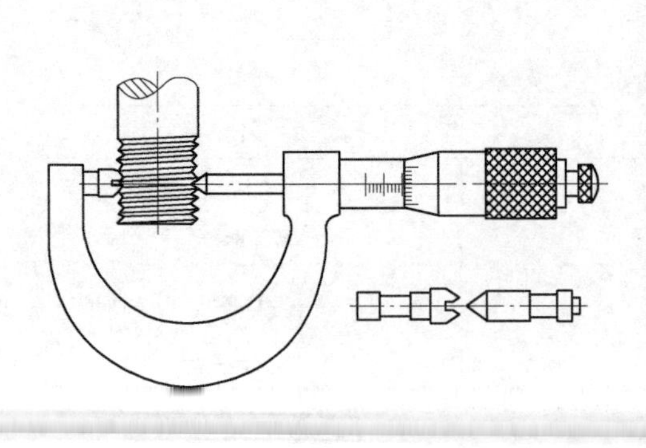

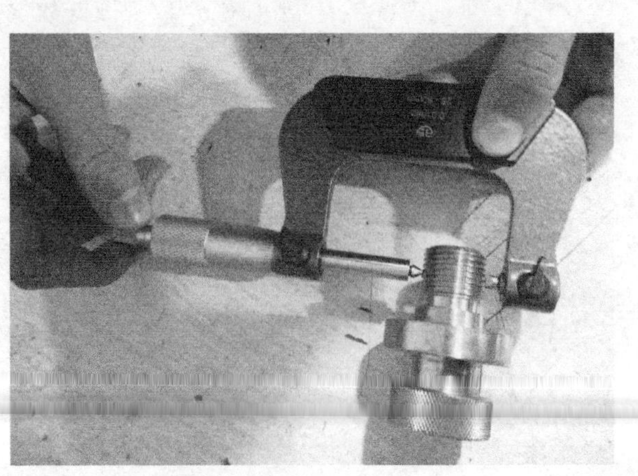

图 6-12　螺纹千分尺

量头，测量头做成与螺纹牙型相吻合的形状（60°比较常见），即一个是V形测量头，与牙型凸起部分相吻合；另一个为圆锥形测量头，与牙型沟槽相吻合。在一套可换的测量头中，每一对测量头只能用来测量一定螺距范围的螺纹。

技能训练

一、毛坯、刀具、工具、量具准备

1. 毛坯

毛坯尺寸为 ϕ40mm×80mm，材料为45钢。

2. 刀具

外圆车刀、端面车刀、切槽刀、三角形外螺纹车刀。

3. 工具、量具

工具：对刀样板。

量具：钢直尺、游标卡尺、千分尺、螺距规、螺纹千分尺。

二、工艺步骤

1）车外圆 ϕ36mm×40mm。

2）调头，车外圆 ϕ29.4mm×40mm。

3）车槽 10mm×3mm。

4）车螺纹 M30。

5）检测所车螺纹。

三、操作要求

1. 调整机床手柄

车螺纹时需要调整的手柄如图6-13所示。其中，手柄1、2、3与调整进给量时的作用类似，用于调整螺距；手柄4的开合螺母按下，用于保证丝杠传动。

图6-13　车螺纹时需要调整的手柄

2. 倒角

为了使螺纹车刀切入时的起始切削量小一些，减少刀具磨损与工件的加工变形，也为了

让螺纹加工完成后能够顺利地 配合旋入 ，需要在车螺纹前倒角。倒角的深度要比牙型高度 略大 一些，可以用45°端面车刀倒角，也可以用 螺纹车刀 倒角（图6-14）。螺纹的两端都要倒角。

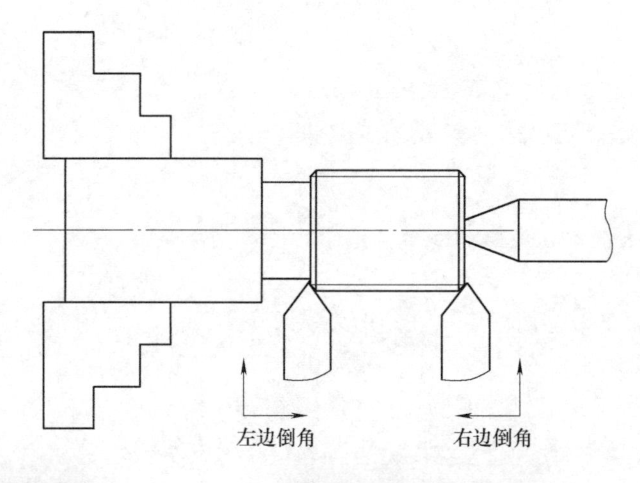

a)

b)

图6-14　螺纹倒角

a）左边倒角　b）右边倒角

3. 空车练习

由于倒顺车法车螺纹时，要求在车到螺纹尽头时 快速退刀 ，且在退刀的同时完成 主轴反转 ，故对双手的协调性要求较高。初学者很容易由于紧张等原因造成操作错误，使车刀损坏或将工件车坏，严重的甚至会使车刀撞到卡盘上，造成机床损坏。通过空车练习，可以熟悉动作和加工环境，减少实际车削时的错误操作。当空车练习达到一定熟练程度时，再实际加工工件。

［注意］ 实际上，应该是在 车刀退出螺纹位置 后，主轴才能反转，否则由于 丝杠间隙 的影响，会使刀尖撞到 螺纹牙型 上而使刀尖损坏。但因为纵向速度 较快 ，退刀槽宽度有限，所以必须在很短的时间内完成 主轴反转 ，否则车刀将撞在工件的台阶上，甚至可能撞到卡盘上。而操纵杆按下和主轴克服惯性反转也是需要时间的，这一时间就是退刀的时间。因此，退刀和打反转的两个动作要 同时操作 ，且都要 迅速 。

进行空车练习时，不装夹工件，车刀与卡盘的距离__较远__，练习如下动作：中滑板__进给__，__提__操纵杆，主轴正转。刀架移动至某一位置时（可在导轨的相应位置做记号），一手转动中滑板__退刀__，一手__按下__操纵杆，使主轴立刻反转。反转到某一位置时，主轴__停止__。一次进给完成，再次进刀，开始下次进给。连续操作若干次，直到熟练为止。

退刀时，中滑板会退出不止一圈，再次进刀时，只看__分度盘__，可能会多进或少进一圈。之前对刀时可以在中滑板的导轨旁__做一记号__，大致标出刀架的位置，这样能有效避免进错整圈。

4. 车螺纹前的外圆尺寸要求

高速车削时，螺纹大径处的材料受车刀挤压变形，会使大径尺寸__变大__，在车外螺纹M30时，挤压变形值约为0.4mm。考虑到公差，取$d=29.4$mm。

[知识链接] M30h6螺纹大径的公差是-0.425mm，基本偏差为0。取公差带中间值，得到$d=29.4$mm。

5. 切削用量的选择

（1）切削速度 选择主轴转速__180__r/min。

[知识链接] 高速切削螺纹时，切削速度可达50~100m/min，对应转速为500~1000r/min（8.3~16.6r/s），M30的螺距是3.5mm，车刀进给速度为30~60mm/s，而退刀槽的宽度只有5mm。要在0.1~0.2s的时间内完成倒顺车法的退刀和改变主轴转向，对初学者来说是不现实的。

（2）进给量 车螺纹时，进给量就是__螺纹导程__。

（3）背吃刀量

1）总背吃刀量。理论上，各次进给的总背吃刀量就是__牙型高度__。根据表6-1中的公式可得到

$$h=0.5413P=0.5413\times3.5\text{mm}\approx1.89\text{mm}$$

但实际上，由于刀尖形状并不符合__螺纹牙底的尺寸要求__，工件材料在高速车削时会产生变形，部分材料将被挤到__牙顶__处，而且加工过程中刀具磨损和系统刚性不足造成的__“让刀”__也会影响尺寸大小。因此，按照理论计算出的背吃刀量进给，往往不能达到车削要求。单件生产时，需要在车削__快要完成__时，通过__检测__确定余量；批量生产时，则可通过__试车样件__获得较为准确的参数。

2）各次进给的背吃刀量。因为随着螺纹深度的加大，参与加工的切削刃长度也在不断增加，为了保证切削力不致增加过快，需要不断__减小__背吃刀量。而且随着接近加工完成，为保证表面质量，也要求减小背吃刀量。下面以之前计算出的1.89mm为例进行分析。

一般高速车削中等大小的三角形螺纹时，可以__五刀__完成。最后一刀是“光刀”，其背吃刀量为零，由于有“让刀”，仍会有少量切屑，其目的是去除毛刺，保证螺纹车刀的表面质量。剩下的四刀，背吃刀量可分别为1mm、0.5mm、0.3mm和0.1mm。

[注意] 本任务的加工精度要求较低，四次背吃刀量划分得比较粗略，还与计算数值有0.01mm的误差。当单件加工精度要求较高时，在倒数第二刀加工前，最好通过检测获得实际的剩余背吃刀量，再决定倒数第二刀的进给量，或者增加一次进给。

[知识链接] 本任务中背吃刀量在各次进给中的划分是比较粗略的。在批量生产中，为了提高效率、保证质量，可以通过《机械手册》查到相应数据。

6. 车削三角形外螺纹

本项目所加工工件的导程是3.5mm，会乱牙，在加工过程中用提起开合螺母的方法停止进给，不能满足加工要求。作为训练要求，本项目加工要求使用倒顺车法。

如图6-15所示，车削三角形外螺纹的操作步骤如下：

1）使刀尖靠在工件外圆表面上，记下中滑板刻度，退刀。

2）将床鞍移至距工件端面8~10个牙处，不进中滑板，空车一刀；按下开合螺母，机床自动进给，在工件上车出一条螺旋线。到刀尖车到退刀槽时，快速退刀和打反转。

3）当床鞍退至工件端面外8~10个牙处时，主轴停止转动，检测螺距是否正确。

4）当螺距正确时，中滑板进给，并开始第一次进给，车出螺旋槽。

5）退刀后中滑板再次进给，开始第二次进给。

6）按计划完成各次进给后，完成车削三角形外螺纹加工过程。

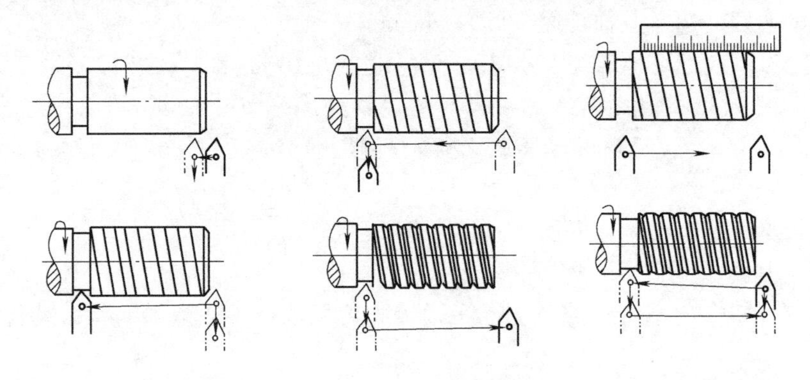

图6-15 车削三角形外螺纹的操作步骤

7. 检测所车螺纹

（1）测量大径 使用游标卡尺测出大径。

（2）测量螺距 分别选择3mm、3.5mm、4mm的钢片嵌入牙型中，观察间隙情况。其中形状吻合、接触良好的钢片对应的数值，就是所测螺距。

（3）测量中径

1）根据被测螺纹的螺距选取一对测量头。

2）装上测量头并校准千分尺的零位。

3）将被测螺纹放入两测量头之间，找正中径部位。

4）分别在同一截面相互垂直的两个方向上测量中径，取它们的平均值作为螺纹的实际中径。

四、注意事项

1）螺距越大，退刀的难度越大，为了减少撞刀，本项目所选切削速度比较低，会影响螺纹牙型的表面粗糙度值。实际生产中一般按加工要求选择转速。

2）退刀时，中滑板会退出不止一圈，再次进给时，若只看分度盘，可能会多进或少进一圈。之前对刀时可以在中滑板的导轨旁做一记号，大致标出刀架的位置，这样能有效避免进错整圈。

3）提起开合螺母方法车螺纹的难度较低，本项目不做练习。各学校可以根据学生训练能力的高低，自我调整螺距和车削方法。

4）开倒顺车法车螺纹前，需要检查卡盘与主轴连接处的保险装置，以防反转时卡盘脱落。

5）加工过程中，不能用棉纱擦工件，否则会使棉纱卷入工件，把手指也一起卷入而造成事故。

6）常用螺纹千分尺的测量头为60°，适用于三角形螺纹，测量其他类型的螺纹时，要使用合适的螺纹千分尺，否则将无法保证测量质量。

检测与评价（表6-3）

表6-3　三角形外螺纹工件检测与评价表

序号	检测内容	配分	量具	检测结果	学生评分	教师评分
1	$(\phi 36\pm 0.1)$mm	10				
2	(80 ± 0.1)mm	10				
3	(30 ± 0.1)mm	10				
4	10mm	10				
5	3mm	10				
6	M30	30				
7	倒角	5				
8	无明显缺陷	5				
9	文明生产	违纪一项扣20				
合计		100				

思考与练习

1. 计算M30外螺纹的螺距、大径、中径、小径和牙型高度。

2. 比较高速工具钢和硬质合金螺纹车刀刀头形状的异同。

3. 简述安装外螺纹车刀的步骤。

4. 在目前所学过的车削类型中，哪些需要刀尖严格对准回转中心？哪些只是一般性地对中心？哪些因素需要刀尖严格对准回转中心？

5. 开倒顺车法和提开合螺母法车螺纹各有何利弊？

6. 根据你所用的刀具和操作过程，估计理论总背吃刀量 $h=0.5413P$ 中的“0.5413”调整成多少比较合适。

7. 本任务所选转速对应的切削速度是多少？对表面粗糙度有什么影响？

8. 车三角形外螺纹时，中滑板各次进给量，除了本项目安排的方法外，还有其他方法吗？试着车削一次，看看效果如何。

9. 用钢直尺测量螺距和用螺距规测量螺距，哪种方法的精度高一些？哪种方法的适用范围广？

10. 螺纹千分尺的一对测量头对应一定范围内的螺距，是否有误差？为什么？

项目七 加工内圆锥面

本项目主要学习加工圆锥的常用方法，在学习用转动小滑板法车削内圆锥的基础上，掌握圆锥配合的车削方法，并学会用圆锥量规检测内、外圆锥的方法；练习用转动小滑板法车削内圆锥，并能够使用圆锥塞规检测内圆锥。通过本项目的学习和训练，能完成图 7-1 所示零件的加工。

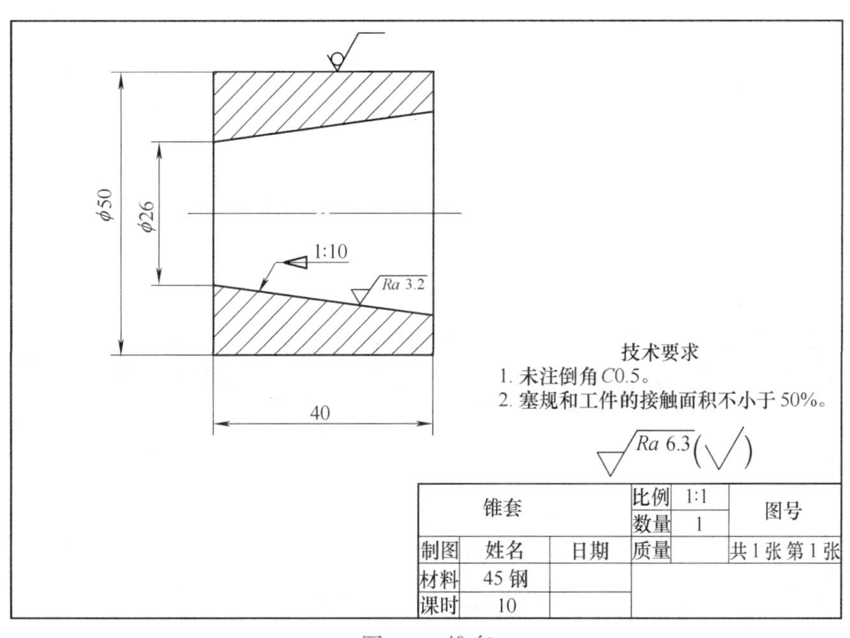

图 7-1　锥套

任务一　转动小滑板法车内圆锥面

学习目标

本任务主要学习车削圆锥的常用方法，熟悉转动小滑板法车内圆锥和圆锥配合的操作方

法，练习转动小滑板法车内圆锥。通过本任务的学习和训练，能够完成图 7-1 所示零件的加工。

相关知识

一、加工内、外圆锥的方法

根据生产批量、质量要求、圆锥尺寸、内外圆锥配合情况和加工时的设备条件等因素，有多种加工圆锥的方法可供选择。

1. 转动小滑板法

转动小滑板法的特点在项目五中已学习。转动小滑板法除了可以加工外圆锥，也可以加工内圆锥和圆锥配合。

2. 偏移尾座法

（1）工作原理　工件用两顶尖装夹，把尾座 横向 移动一段距离 S 后，工件回转轴线与车床主轴轴线相交，并使夹角等于 圆锥半角 $\alpha/2$ 。床鞍沿平行于主轴轴线的方向移动，工件就被车成圆锥体，如图 7-2 所示。

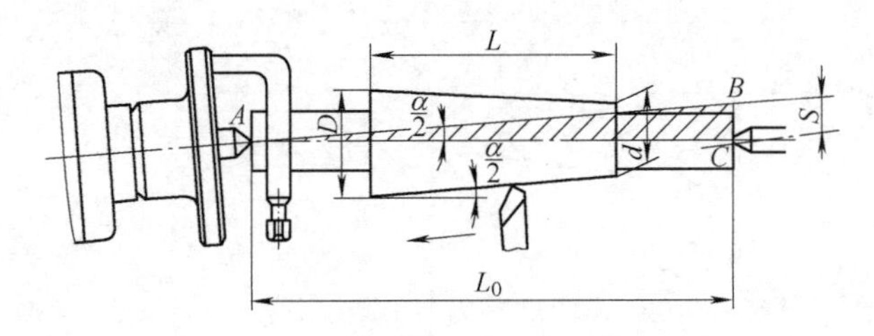

图 7-2　偏移尾座法

（2）尾座偏移量 S 的计算和调节　尾座偏移量不仅和圆锥长度 L 有关，还与两顶尖间的距离有关。两顶尖间的距离近似看作 工件全长 L_0 ，尾座偏移量 S 可根据以下近似公式计算

$$S \approx L_0 \tan\frac{\alpha}{2} = L_0\frac{D-d}{2L} = \frac{C}{2}L_0$$

计算出偏移量后，调节尾座。松开尾座紧固螺母，用 六角扳手 转动尾座上层两侧的 螺钉 ，如图 7-3 所示。根据 刻度值 移动一个距离 S，然后拧紧尾座紧固螺母。当精度要求较高时，也可以反复试切、测量、调整尾座偏移量，直到精度合格为止。

（3）偏移尾座法的特点

1）优点。可以 机动 进给，劳动强度 小 ，圆锥表面质量 好 。

2）缺点。顶尖在中心孔中接触不良，同一批工件中两中心孔的间距不易保证一致性，都会影响到 锥度 的准确性；受尾座偏移量的限制，不能加工 锥度大 的圆锥；不能加工 内 圆锥。

3）适用场合。锥度小、精度不高、锥件较长的外圆锥。

3. 仿形法

（1）工作原理　仿形法又称靠模法，刀具按照仿形装置进给进行加工。如图 7-4 所示，

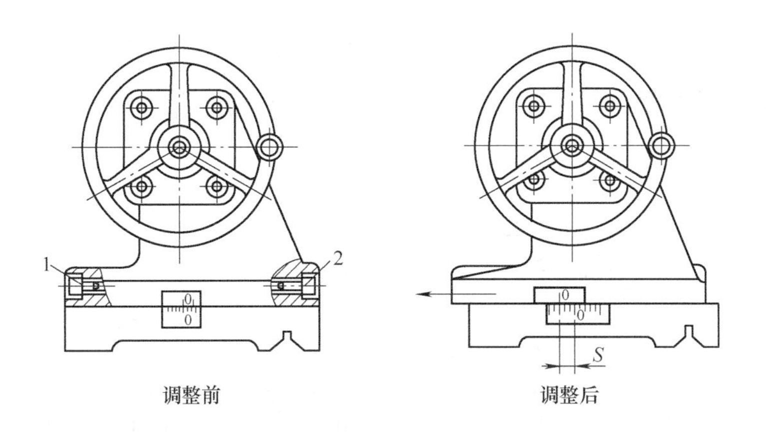

图 7-3　通过刻度调整尾座偏移量

1、2—调整螺钉

将仿形装置调整成圆锥半角 $\alpha/2$，取出中滑板丝杠，刀架与<u>　滑块　</u>刚性连接。床鞍纵向进给时，滑块沿<u>　斜槽　</u>滑动，带动车刀做倾斜运动，车出外圆锥面。

（2）仿形法的特点

1）优点。在批量生产中，调节锥度方便、准确，生产率高；中心孔接触<u>　良好　</u>，能机动进给，圆锥表面质量<u>　好　</u>。

2）缺点。仿形装置的调节范围有限，圆锥半角 $\alpha/2$ 一般<u>　小于 12°　</u>，仿形装置的<u>　长度　</u>也有限制，使所加工圆锥长度不能过大。

3）适用场合。批量生产圆锥角度<u>　较小　</u>的<u>　外　</u>圆锥。

4. 宽刃刀车削法

（1）工作原理 宽刃刀车削法是指用 成形 刀具对工件进行加工。装夹车刀时，把 主切削刃 与主轴轴线的夹角调整到圆锥半角 $\alpha/2$，通过 横向 进给车出外圆锥，如图7-5所示。

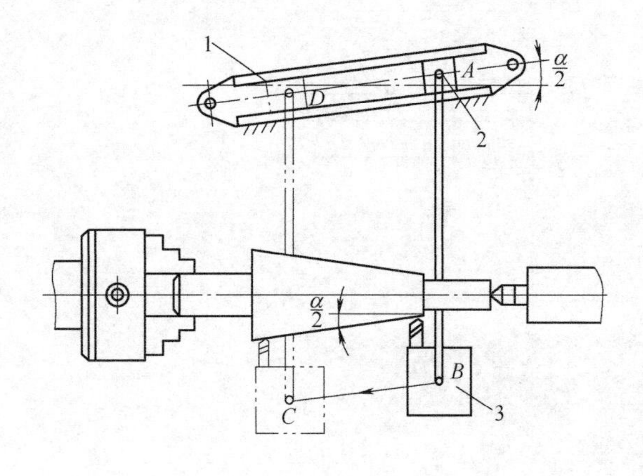

图7-4 仿形法车圆锥
1—靠模板 2—滑块 3—刀架

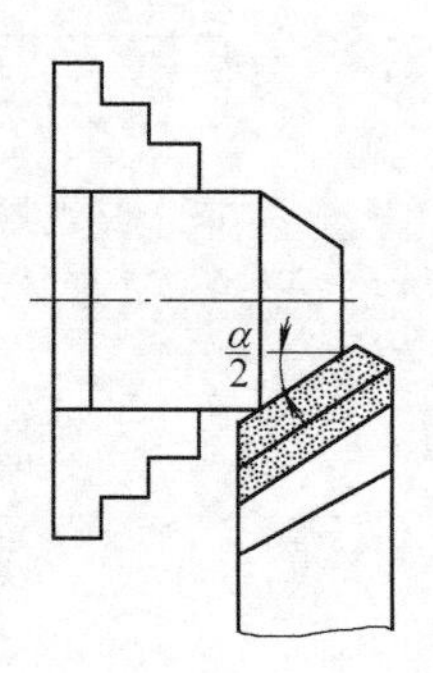

图7-5 宽刃刀车削法车圆锥

（2）宽刃刀车削法的特点

1）优点。操作方便，生产率高。

2）缺点。切削刃长，受力较大，对 工艺系统刚性 要求高，所能车削的圆锥长度有限，也不能车内圆锥。

3）适用场合。较短的外圆锥。

［注意］ 当工件的圆锥长度大于切削刃的长度时，可以采用多次接刀的方法加工，但应保证接刀处的质量。

5. 铰内圆锥法

（1）工作原理 用圆锥形铰刀（图7-6）铰削内圆锥，常用的工艺方法有：钻→粗铰→精铰；钻→扩→粗铰→精铰；钻→车→精铰。

（2）铰内圆锥法的特点

1）优点。操作方便，效率高，质量 好 。在加工小孔时，铰刀的刚性好，有利于保证内锥面的 精度 和 表面粗糙度 。

2）缺点。需要准备专用铰刀，只能加工内圆锥。

3）适用场合。加工标准圆锥的内锥面，或者加工批量较大的内圆锥。

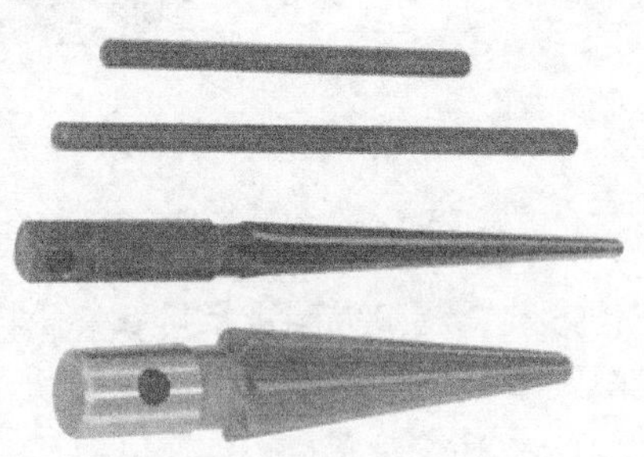

图7-6 圆锥铰刀

6. 数控法

（1）工作原理 在数控机床上加工圆锥面，可以轻松地完成 各种形状的内、外圆锥 。

（2）数控法的特点

1）优点。操作方便，效率 高 ，加工精度 高 ，能加工任意角度、长度的内、外圆锥。

2）缺点。数控车床的价格较高。

3）适用场合。适合加工各种圆锥，随着数控机床的推广，其应用将越来越普遍。

二、转动小滑板法车内圆锥

如图 7-7 所示，转动小滑板法车内圆锥时使用内孔车刀，转动小滑板和进给的方法与转动小滑板法车外圆锥相同。

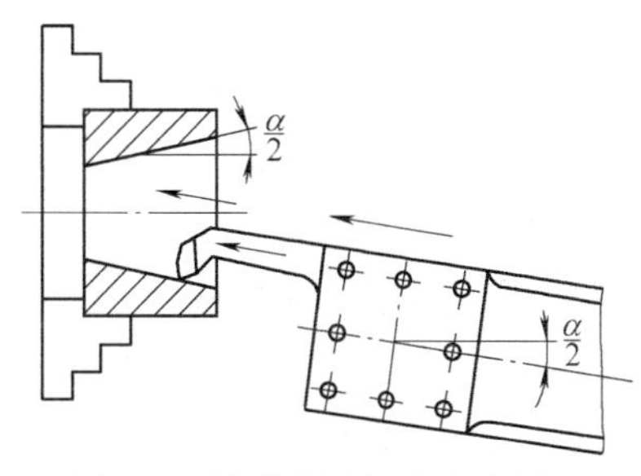

图 7-7　转动小滑板法车内圆锥

三、配套锥面的车削方法

尺寸相同的内圆锥和外圆锥可以形成 圆锥配合 ，生产中也经常需要车削圆锥配合。为了保证车削内、外圆锥时小滑板转动的角度一致，可以采用如下方法：如图 7-8 所示，先车 外 圆锥，完成并检查合格后，装夹配合工件，不改变小滑板角度，把内孔车刀 反装 ，使切削刃向 下 ，并通过调整垫刀片，保证 刀尖 对准工件回转中心，然后车削内圆锥面。由于加工内、外圆锥时的小滑板 角度不变 ，故可以获得较好的配套圆锥面。

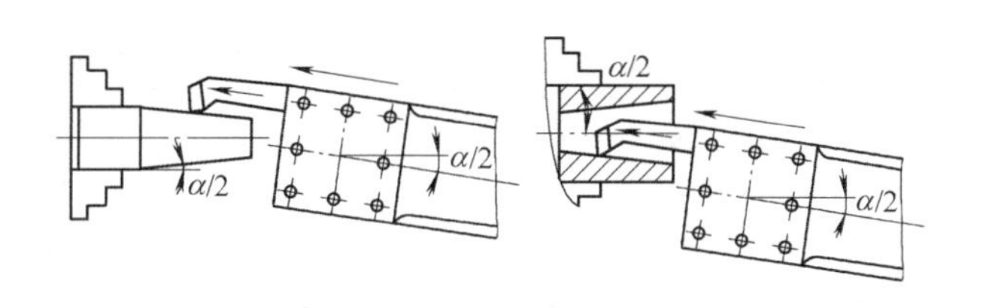

图 7-8　车配套圆锥面

技能训练

一、毛坯、刀具、工具、量具准备

1. 毛坯

毛坯尺寸为 ϕ50mm×40mm，材料为 45 钢。

2. 刀具

常用车刀。

3. 工量具

工具：扳手、ϕ24mm 麻花钻。

量具：游标卡尺、千分尺。

二、工艺步骤

1）钻通孔 ϕ24mm。

2）车内孔 ϕ26mm。

3）车内圆锥。

4）倒角。

三、操作要求

1. 内圆锥面大、小端的装夹位置

为了便于观察和测量，一般情况下，应尽量使内圆锥的 大端 靠近车刀，即远离卡盘的方向，如图 7-9 所示。

2. 小滑板转动角度的调整

如果采用试切、测量、调整的操作方法，由于内圆锥孔径较小，测量角度的难度 大 ，不易保证调整质量。可以先用一毛坯车 外圆锥 ，锥度和大小端位置与本任务相同，通过测量外圆锥的 角度 ，调整好小滑板的 转动角度 。再装夹本任务的毛坯，钻孔后车内孔（由于车内孔时采用机动进给，故小滑板转动的角度对车内孔没有影响），最后车内圆锥。此时的小滑板转动角度就是车内圆锥所要求的转动角度。

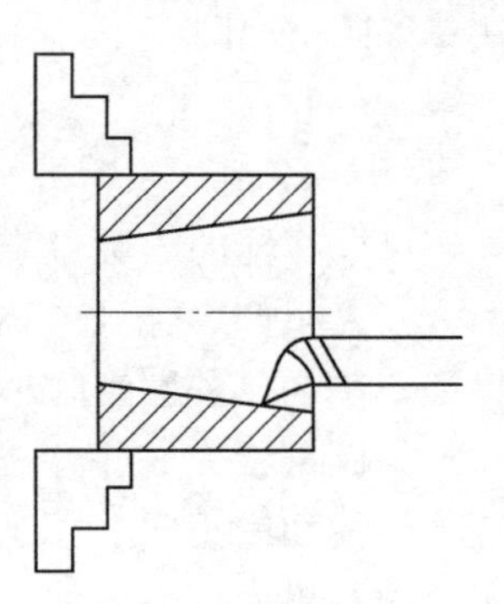

图 7-9　内圆锥面大、小端的装夹位置

3. 中滑板进给格数

与车外圆锥类似，内孔直径就是圆锥 小端直径 ，需要车至 大端直径 。中滑板进给格数就是根据大、小端直径之 差 计算出来的，也要考虑到对刀时刀尖不在端面的影响。具体计算方法与项目五中外圆锥的计算方法相同。

四、注意事项

1）由于对刀时，观察刀尖接触内孔情况的难度较大，故操作时要特别小心，为了便于计算中滑板进给格数，可以取距离端面较小的整数值位置。

2）车内圆锥时，有可能无法直接测量出圆锥长度 L，需要通过测量其他参数，如图 7-10 中的 L_1 和 L_0，间接得到圆锥长度 L 的数值。

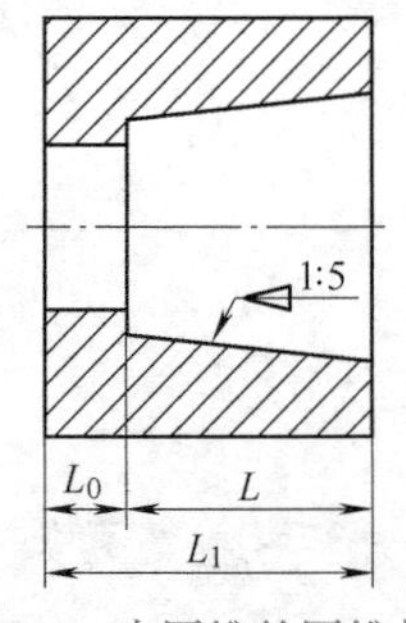

图 7-10　内圆锥的圆锥长度

3）内圆锥的圆锥角很难用游标万能角度尺直接测量，当精度要求较高时，必须以配合的外圆锥作间接测量。

任务二　测量内圆锥面

学习目标

本任务主要学习圆锥量规的使用方法和圆锥配合质量的判断方法，了解常用工具圆锥的种类；练习用圆锥塞规测量内圆锥面的锥度和圆锥大端直径。通过本任务的学习和训练，能够检测图 7-1 所示的零件。

相关知识

一、圆锥量规

对于标准圆锥或精度要求较高的圆锥工件，为了测量方便和保证测量精度，常用圆锥量规进行检测。如图 7-11 所示，圆锥量规分为圆锥＿套规＿和圆锥＿塞规＿，圆锥套规用于检测外圆锥，圆锥塞规用于检测内圆锥。

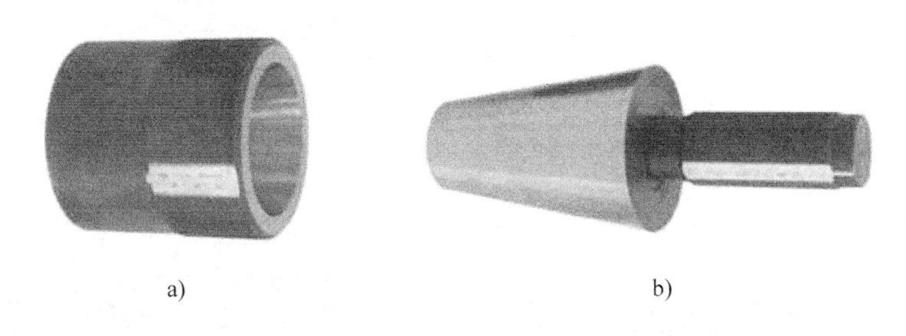

a) b)

图 7-11 圆锥量规

a）圆锥套规 b）圆锥塞规

二、涂色法

以用圆锥套规检测外圆锥为例，检测前先清洁工件和套规表面，使之无＿灰尘和毛刺＿，并保证工件的表面粗糙度值<*Ra*3.2μm。涂色法检测的具体步骤如下：

1）在工件表面（外圆锥面）上，沿着素线均匀地涂上＿三条＿显示剂（印油、红丹粉和机械油等的混合物），相互间隔＿120°＿，如图 7-12 所示。

2）手握套规，轻轻地将其套在工件上，稍用力使套规转动＿半圈＿，如图 7-13 所示。

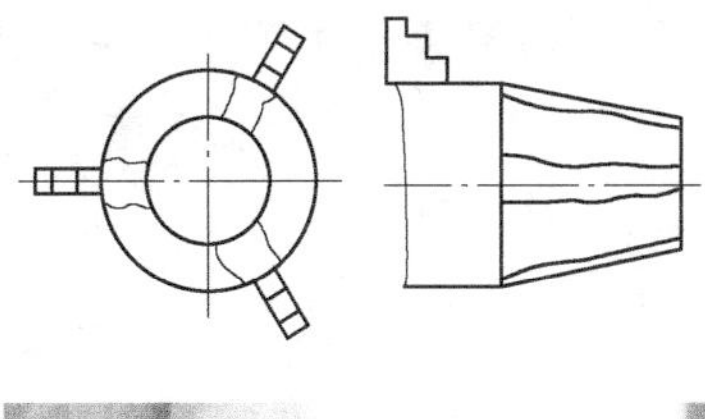

图 7-12 涂显示剂

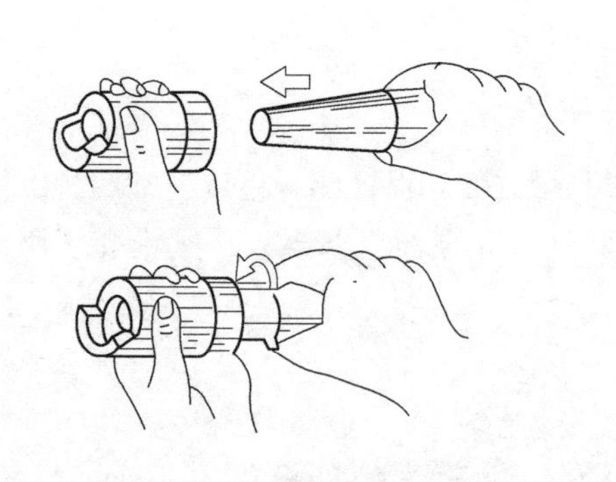

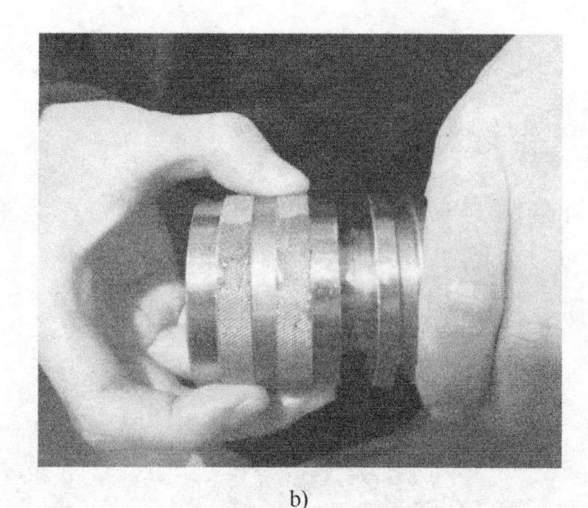

b)

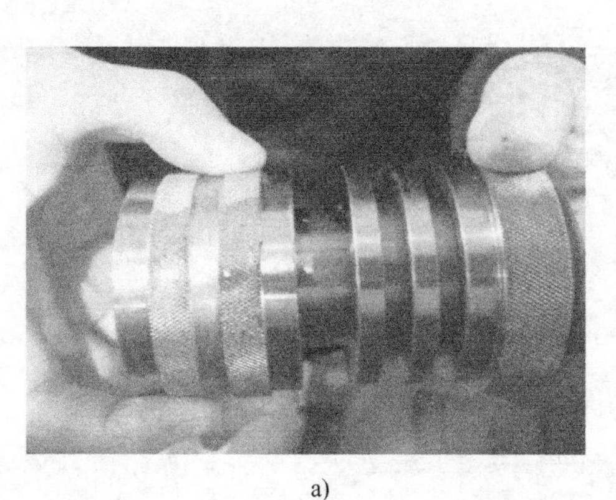

a)

c)

图 7-13 用圆锥套规检测外圆锥

3）取下套规，观察工件表面显示剂被擦去的情况。若三条显示剂全长擦痕均匀，说明圆锥表面接触良好，锥度<u>　正确　</u>；若小端擦去、大端未擦去，说明工件圆锥角<u>　小　</u>了；若大端擦去、小端未擦去，则说明工件圆锥角<u>　大　</u>了。

［**注意**］ 如果是用圆锥塞规检测内圆锥，则显示剂应涂在塞规上。显示剂擦去情况的判断也有变化：均匀擦去，仍为锥度正确；若小端擦去、大端未擦去，说明工件圆锥角大了；若大端擦去、小端未擦去，说明工件圆锥角小了。

［**知识链接**］ 显示剂擦去的情况除了以上三种，还有以下可能：用套规检测外圆锥时，两端被擦去、中间未擦去；用塞规检测内圆锥时，中间被擦去、两端未擦去。这两种情况都属于双曲线误差（图 7-14），双曲线误差不是圆锥角度不正确，而是由于车刀刀尖没有严格对准工件回转轴线造成的。

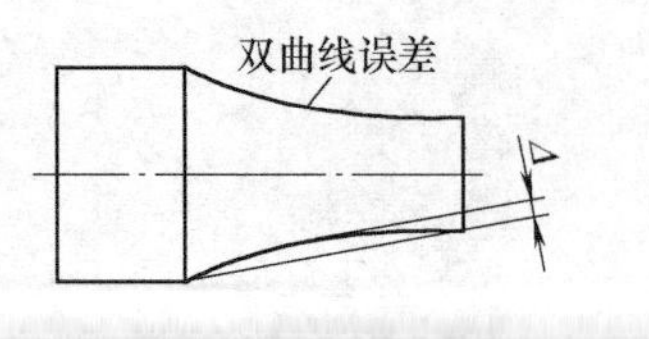

a)

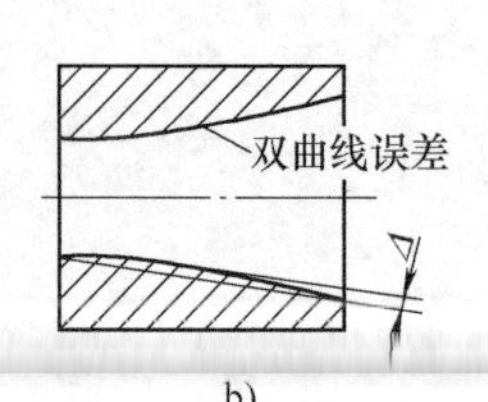

b)

图 7-14 双曲线误差
a）外圆锥 b）内圆锥

三、标准工具圆锥

为了制造和使用方便，并降低生产成本，机床、工具和刀具上的圆锥多已标准化，圆锥的基本参数都符合几个号码的规定，使用时只要号码相同，即能＿互换＿。标准工具圆锥在国际上通用，只要符合标准都具有互换性。最常用的标准工具圆锥有＿莫式＿圆锥和＿米制＿圆锥两种。

1. 莫氏圆锥

莫氏圆锥是机械制造业中应用最广泛的一种圆锥，前面所学尾座锥孔、顶尖锥柄、麻花钻锥柄、铰刀锥柄等都是莫氏圆锥。莫氏圆锥有＿0~6＿号，共＿7＿种，最小的是＿0＿号（Morse No. 0），最大的是＿6＿号（Morse No. 6）。莫氏圆锥的号码不同，其尺寸和圆锥半角均＿不相同＿。

2. 米制圆锥

米制圆锥有＿7＿个号码，即＿4号、6号、80号、100号、120号、160号和200号＿。它们的号码是指＿大端直径＿，而7个号码的锥度都是＿1：20＿。米制＿4号和6号＿圆锥比莫氏0号圆锥小，米制＿80号等5个圆锥＿比莫氏6号圆锥大。

一、毛坯、工具、量具准备

1. 毛坯

任务一完成后的工件。

2. 工具、量具

游标卡尺、圆锥塞规、显示剂。

二、工艺步骤

1）测量圆锥长度。

2）测量圆锥最小直径。

3）测量锥度。

三、操作要求

1. 内圆锥长度和最小直径的测量方法

本任务可以直接用游标卡尺测量内圆锥长度和最小直径。

2. 内圆锥锥度的检测方法

首先选择与内圆锥相配合的圆锥＿塞规＿，并在＿塞规＿上涂抹＿显示剂＿。将塞规塞入工件中转动＿半圈＿，观察塞规上显示剂的＿擦去＿情况，判断锥度是否合格。

3. 内圆锥大端直径的检测方法

如图7-11所示，圆锥塞规上有一个＿台阶（或标线）＿，台阶长度（或标线之间的距离）m就是大端直径的公差范围。

检测内圆锥的大端直径时，若工件的端面位于圆锥塞规的台阶（或两标线）之间（图7-15a），则说明内圆锥的大端直径合格；否则为不合格（图7-15b、c）。

［知识链接］　外圆锥大端直径的测量方法与内圆锥小端直径的测量方法类似，可以直接用游标卡尺测量；外圆锥小端直径和内圆锥大端直径的测量方法类似，需要使用圆锥套规

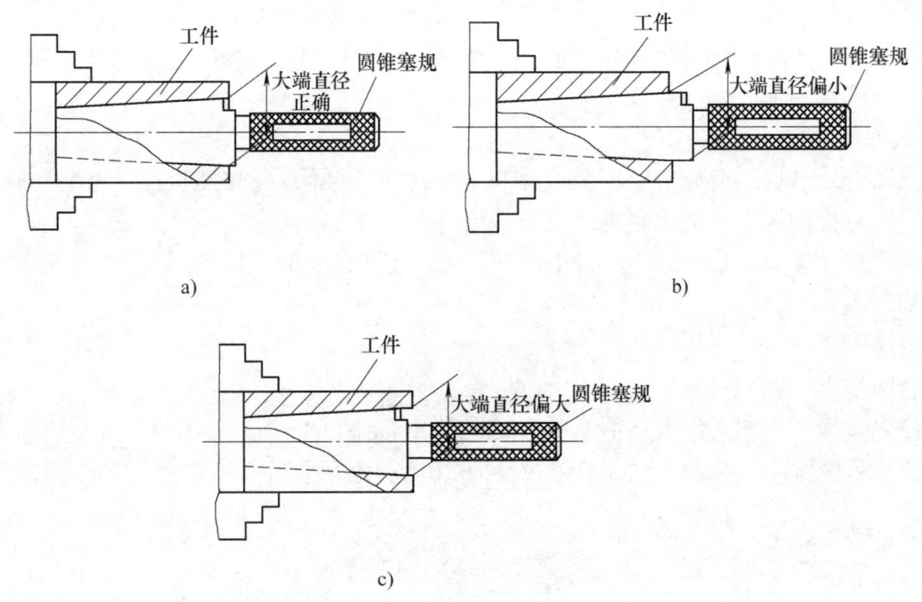

图 7-15　用圆锥塞规检测内圆锥大端直径

a）合格　b）偏小　c）偏大

检测。圆锥套规也有一个台阶，用于测量外圆锥的小端直径，台阶长度就是小端直径的公差范围。

四、注意事项

1）车圆锥时，由于双曲线误差的影响，车刀刀尖必须严格对准工件回转中心；当车刀重新刃磨后再装刀时，必须重新对中心高。

2）用涂色法检测时，若转动角度太小，则会使显示剂未顺利擦去，不能正确反映锥度情况；若转动角度过大，则会使显示剂擦去过多，也会影响判断。

3）当圆锥配合的精度要求较高时，显示剂应涂在整个外圆锥面上，以擦去面积的百分比作为配合质量的要求。

检测与评价（表 7-1）

表 7-1　内圆锥工件检测与评价表

序号	检测内容	配分	量具	检测结果	学生评分	教师评分
1	ϕ26mm	20				
2	40mm	10				
3	C=1∶10	30				
4	Ra3.2μm	20				
5	倒角	10				
6	无明显缺陷	10				
7	文明生产	违纪一项扣 20				
合计		100				

思考与练习

1. 加工内、外圆锥的多种方法各有何优缺点？在未来的加工中，哪种方法会应用最广？
2. 为什么偏移尾座法计算公式中取工件长度 L_0，而不是取圆锥长度 L？
3. 用偏移尾座法加工圆锥后，是否需要将尾座调整回原位置？
4. 用 45°端面车刀倒角和用宽刃刀车圆锥有何差异？
5. 本项目车内圆锥前，先车外圆锥保证小滑板转动角度。如需要直接车内圆锥，应采用何种量具进行检测，以保证小滑板转动角度的准确性？
6. 为什么米制圆锥从 6 号到 80 号之间没有号码？
7. 显示剂擦去面积大，说明圆锥质量好还是差？
8. 用转动小滑板法车内、外圆锥，哪一种更容易保证表面粗糙度？为什么？

项目八

车三角形内螺纹

本项目主要学习三角形内螺纹车刀的形状，车内沟槽、三角形内螺纹的方法；练习刃磨三角形内螺纹车刀，用开倒顺车法车削三角形内螺纹；会用螺纹量规等量具检测三角形内、外螺纹。通过本项目的学习和训练，能够完成图 8-1 所示零件的加工。

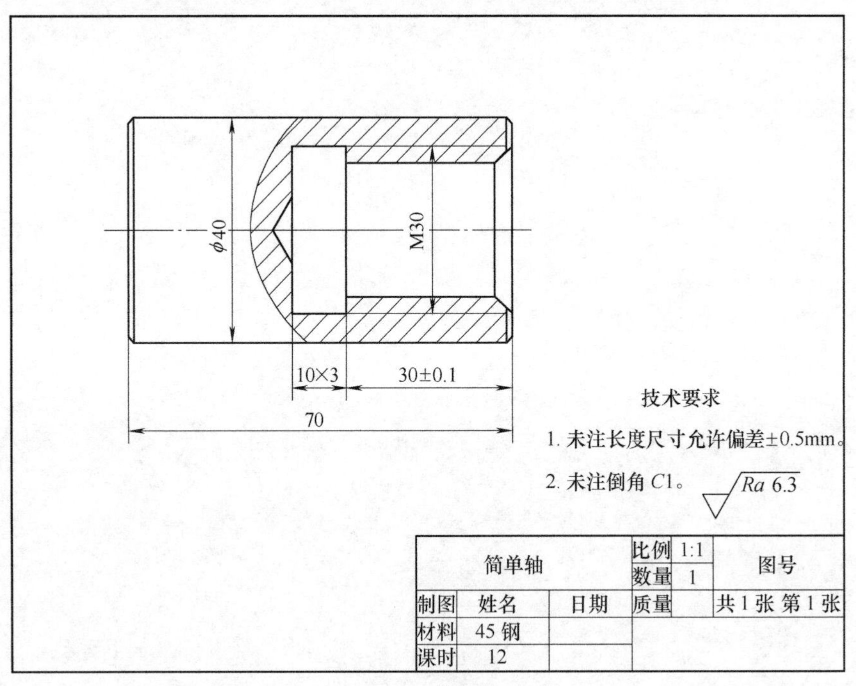

图 8-1　简单轴

任务一　刃磨三角形内螺纹车刀

学习目标

本任务主要学习内沟槽车刀、三角形内螺纹车刀的形状，练习刃磨内沟槽车刀、三角形

内螺纹车刀。通过本任务的学习和训练，能够刃磨三角形内螺纹车刀。

相关知识

一、内沟槽车刀的形状

内沟槽车刀（图 8-2）刀头的形状与＿切断刀＿相似，刀柄与＿内孔车刀＿相同，按照内孔车刀的方式装夹（图 8-3），在内孔中车槽。一般加工＿较小＿孔的内沟槽车刀做成整体式，加工＿较大＿孔的内沟槽车刀做成装夹式。

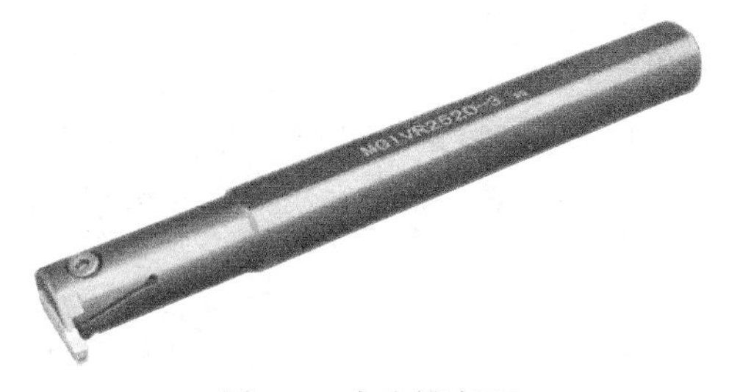

图 8-2　内沟槽车刀

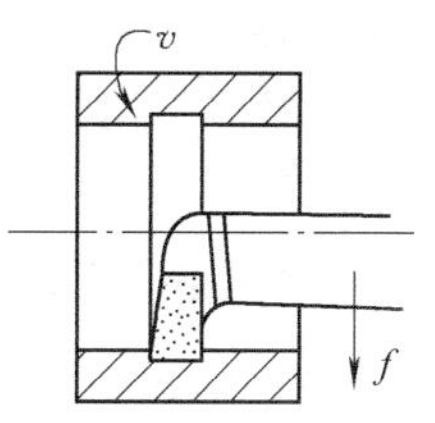

图 8-3　车内沟槽

二、三角形内螺纹车刀的形状

三角形内螺纹车刀（图 8-4）刀头的形状与＿三角形外螺纹＿车刀相似，刀柄与＿内孔车刀＿相同，按照＿内孔车刀＿的方式装夹，在内孔中车三角形内螺纹（图 8-5）。

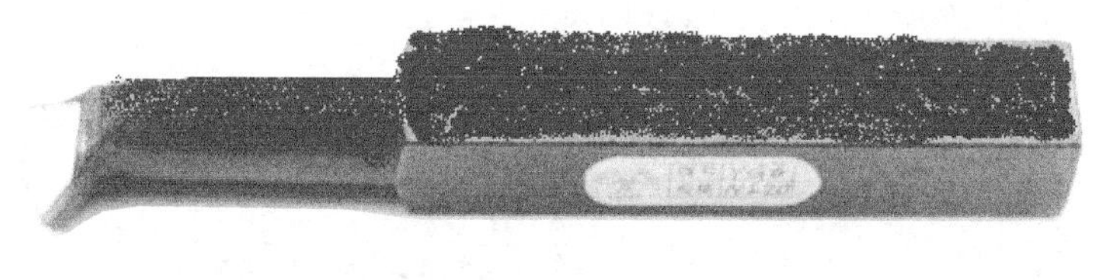

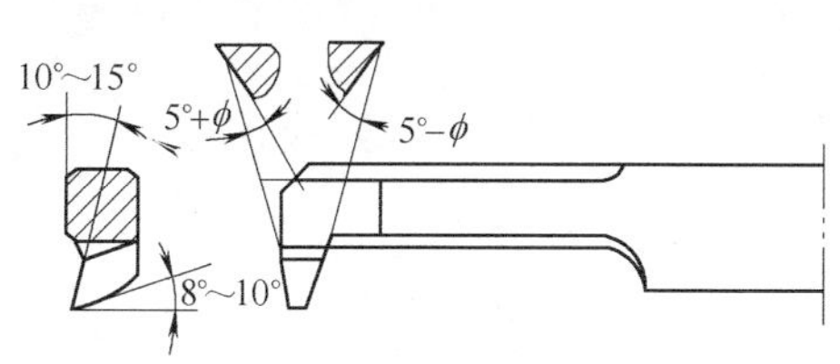

图 8-4　三角形内螺纹车刀

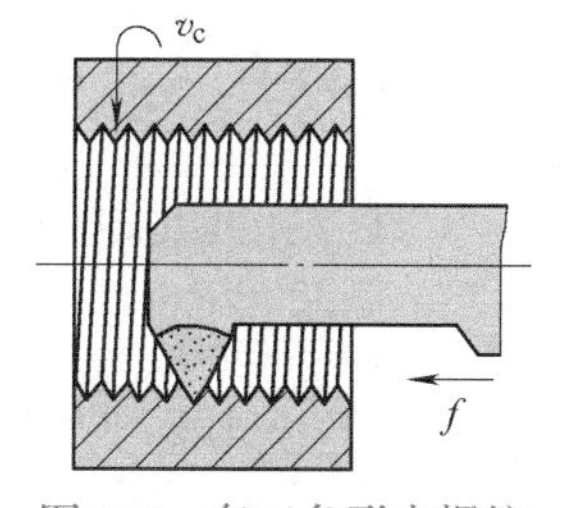

图 8-5　车三角形内螺纹

技能训练

一、毛坯、刀具、工具、量具准备

1. 刀具

高速工具钢条，规格为 20mm×20mm×200mm。

2. 工具、量具

工具：对刀样板。

二、工艺步骤

1）刃磨出三角形内螺纹车刀的刀头。

2）刃磨三角形内螺纹车刀的刀头形状。

三、操作要求

1. 刀头径向长度的要求

内螺纹车刀的尺寸受螺纹孔径尺寸的限制，刀头径向长度比孔径 小 3~5mm ，否则退刀时会碰伤 牙顶 。在此前提下，刀柄应尽可能 粗 一些。

2. 刃磨要求

内螺纹车刀刃磨出刀头的方法与内孔车刀类似，刃磨刀头形状的方法与外螺纹车刀类似。但在刃磨刀尖角时，要特别注意其平分线必须与刀柄 垂直 ，否则车内螺纹时会出现刀柄碰到工件内孔的现象，如图 8-6 所示。

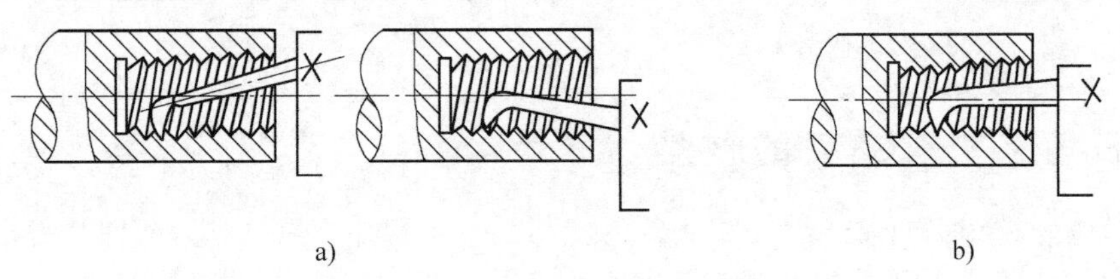

图 8-6　内螺纹车刀刀尖角与刀柄的位置关系

a）刀尖角歪斜　b）刀尖角正确

为了在进刀时减少通过测量确定加工余量的操作次数，可以磨出约 0.3mm 的刀尖宽度。

［**知识链接**］　三角形螺纹的理论形状是牙底少$\frac{1}{8}$个三角形，牙顶少$\frac{1}{4}$个三角形，车刀刀尖对应牙底位置。三角形螺纹车刀作为成形车刀，刀尖应该磨去$\frac{1}{8}$个三角形，但三角形螺纹的精度一般不高，通常用一把螺纹车刀加工多种螺距的螺纹，通过调整中滑板的进给量和利用小滑板的“赶刀”来达到加工要求。刀尖磨出一定宽度，可以增加刀尖的强度，也能减少中滑板进给量的调整次数。刀尖的理论宽度为 3.5mm/8 = 0.4375mm，考虑到采用左右切削法时小滑板的左右“赶刀量”，刀尖宽度磨成 0.3mm，留有一定余量。

四、注意事项

1）为了获得较好的刚性，应使刃磨后的刀柄截面积尽量大，对于整体式车刀，刃磨时应尽量使刀尖位于刀柄中心处。

2）由于是用高速工具钢条刃磨三角形内螺纹车刀，因此刀头伸出长度越短，刀柄越粗，刚性越好。

3）可用油石研磨高速工具钢三角形内螺纹车刀的两切削刃，这样能有效降低螺纹表面

的表面粗糙度值。

4）两切削刃要求平直，否则会使车出的螺纹牙型侧面不直，而影响螺纹精度。

任务二　低速车三角形内螺纹

学习目标

本任务主要学习车内沟槽和三角形内螺纹的方法，以及螺纹量规的使用方法；练习车削内沟槽、低速车削三角形内螺纹，并能使用螺纹量规检测所车螺纹。通过本任务的学习和训练，能够完成图 8-1 所示零件的加工。

相关知识

一、车内沟槽的方法

车内沟槽的方法一般与车外沟槽相同：宽度较小或要求不高的窄沟槽，用刀宽＿等于＿槽宽的内沟槽车刀，采用＿直进法＿一次车出；精度要求较高的内沟槽，一般采用＿二次直进法＿车出，即第一次车槽时，槽壁与槽底留少许余量，第二次用＿等宽刀＿修整；很宽的沟槽可用＿尖头内孔＿车刀先车出＿凹槽＿，再用＿内沟槽＿车刀对沟槽两端进行修整。沟槽的位置和深度用分度盘控制。

二、低速车三角形内螺纹的方法

本项目的任务是车削不通孔内螺纹，观察困难，为避免撞刀，应采用＿低速＿车削。

进给方式与车外螺纹时相同，主要有直进法、斜进法和左右切削法。由于刀柄刚性较差，因此，当螺距大于 2mm 时，一般需采用＿斜进法＿或＿左右切削法＿。

三、螺纹量规

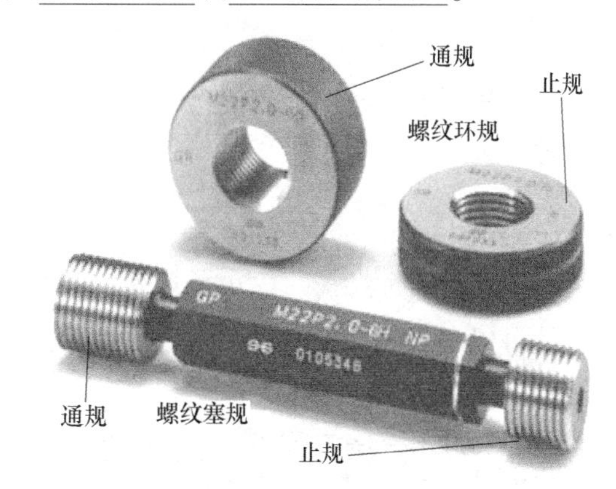

图 8-7　螺纹量规

内螺纹的检测难度较大，可以用＿螺纹量规＿（图 8-7）对螺纹各主要尺寸进行＿综合＿测量。螺纹量规适合检测＿标准＿螺纹或＿大批量＿生产的螺纹工件。

螺纹量规分为螺纹＿塞规＿和螺纹＿套规＿，分别用于测量内螺纹和外螺纹。每套量规又分为＿通规＿和＿止规＿，测量时，如通规能顺利旋入而止规不能旋入，则螺纹的综合精度＿合格＿。

测量时应注意不要用力＿过大＿，更不能用＿扳手＿强行拧紧，否则不仅测量不准确，还会引起量规的严重磨损，降低量规的精度。

技能训练

一、毛坯、刀具、工具、量具准备

1. 毛坯

毛坯尺寸为 ϕ40mm×70m，材料为 45 钢。

2. 刀具

外圆车刀、端面车刀、内沟槽车刀、高速工具钢三角形内螺纹车刀。

3. 工具、量具

工具：对刀样板、麻花钻、变径套等。

量具：游标卡尺、千分尺、螺纹塞规（M30）等。

二、工艺步骤

1）钻孔 ϕ16mm×40mm。

2）扩孔 ϕ22mm×40mm。

3）车内孔 ϕ26.7mm×40mm 和底平面。

4）车内沟槽 10mm×3mm。

5）车三角形内螺纹 M30。

6）检测三角形内螺纹。

三、操作要求

1. 车内螺纹前的孔径要求

低速车削螺纹时，牙顶的挤压变形__较小__，孔径的公称尺寸可根据以下公式计算

$$D_{孔} \approx d-1.05P$$

根据本项目的要求，$D_{孔}=d-1.05P=30\text{mm}-1.05\times3.5\text{mm}=26.325\text{mm}$

考虑到公差，取 $D_{孔}\approx26.68\text{mm}$

[**知识链接**] M30H7 的公差值是 0.71mm，基本偏差为 0，取公差带中间值，得到 $D_{孔}\approx26.68\text{mm}$。

2. 车内沟槽操作

由于内沟槽的宽度较大，而内沟槽车刀的刚性较差，需要__多次直进__车出，且精度要求不高，故可以不用等宽刀修整，但各次进刀过程中，应注意__进刀深度__的一致性。

3. 车内螺纹的切削用量

（1）切削速度　选择主轴转速__45__r/min。车内螺纹时观察困难，为了保证有足够的时间完成__退刀__和__打反转__操作，需要选择较低的主轴转速。

[**注意**] 选择低速切削的主要目的是减少操作错误，可以根据操作者的熟练程度适当提高或降低转速。

（2）背吃刀量　根据工艺要求，低速车削 $P=3.5$mm 的螺纹时，为了保证质量，进给次数为__14~18__次。本项目中，为了提高加工效率，调整为 10 次，同时使加工质量有所

降低。当加工精度要求高时，需要采用更多进给次数，可查资料获得具体参数。

总背吃刀量就是＿牙型高度＿。根据公式计算，得到 $h=0.5413P=0.5413\times3.5\text{mm}\approx1.89\text{mm}$，取整为 1.90mm，中滑板每格为 0.05mm，1.90÷0.05=38 格。

螺纹槽底宽度为 0.435mm，刀头宽度为 0.3mm，相差 0.135mm，通过赶刀完成，赶刀格数为 0.135÷0.05=2.7 格。

低速车削三角形内螺纹 M30 的各次进给情况见表 8-1。

表 8-1　低速车削三角形内螺纹 M30 的各次进给情况

进给数	中滑板进给格数	小滑板赶刀(借刀)格数	
		左	右
1	12	0	0
2	8	3	
3	5		3
4	5	3	
5	4		3
6	2	3	
7	1		3
8	0.5	3	
9	0.5		3
10	0	2.7	
总计	38	左向 2.7	

[注意]　刃磨的刀尖宽度值难以保证，本项目所加工螺纹的精度要求不高，根据上表进给，可以不采用检测、调整进给量的方法。但当精度要求高时，仍需要通过检测、调整进给量来保证加工精度。

4. 安装内螺纹车刀

车削时，刀尖要对准工件＿回转中心＿；装夹刀具时，刀尖应＿略高于＿工件回转中心（根据刀柄的刚性、背吃刀量等综合考虑高出数值）。

如图 8-8a 所示，刀尖用角度样板严格找正＿刀尖角＿。摇动床鞍，使刀柄深入孔内至＿螺纹终点＿处，检查是否发生碰撞和留有退刀位置（图 8-8b）。

5. 左右切削法操作方法

采用左右切削法加工时，每次进给时除了＿中滑板＿进给，还通过小滑板的＿左右交替“赶刀”＿，使车刀处于＿单刃切削＿（三角形螺纹车刀的刀尖宽度较小，可忽略不计）状态，能有效减小车削时的切削刃长度，从而降低＿切削力＿，提高切削效率，降低表面粗糙度值，本项目采用左右切削法。

为了便于记忆，在车削前先把小滑板分度盘调整至＿“0”＿位。第一次左向赶刀时，小滑板手柄顺时针进 3 格，第二次右向赶刀时，回到＿“0”＿位，即完成右向赶刀。

[注意]　操作时要消除小滑板丝杠间隙。

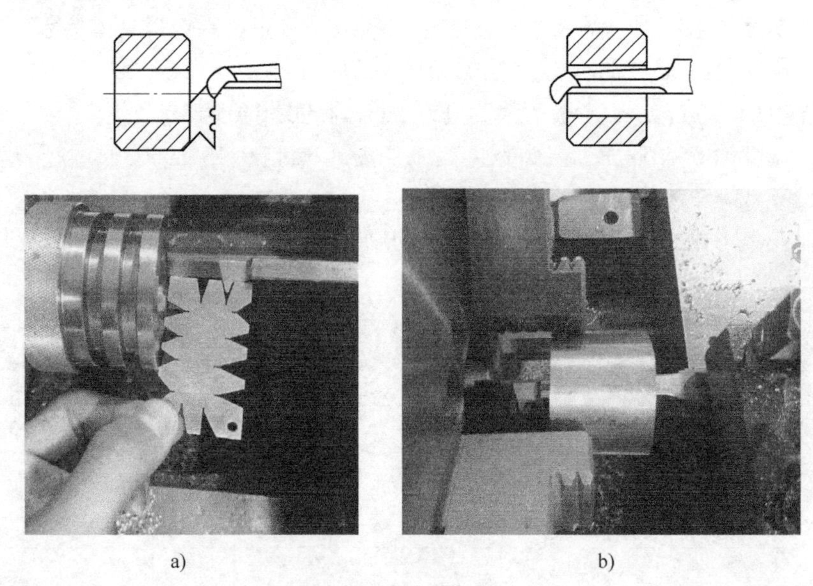

a)　　　　b)

图 8-8　装夹三角形内螺纹车刀

6. 车内螺纹操作

车内螺纹前，应先车好内孔、底平面，再车出退刀槽，要求与底平面切平；调紧 小滑板 ，避免车削时车刀移动产生 乱牙 ；安装好内螺纹车刀后，先完成 倒角 （图 8-9），再开始车削内螺纹。

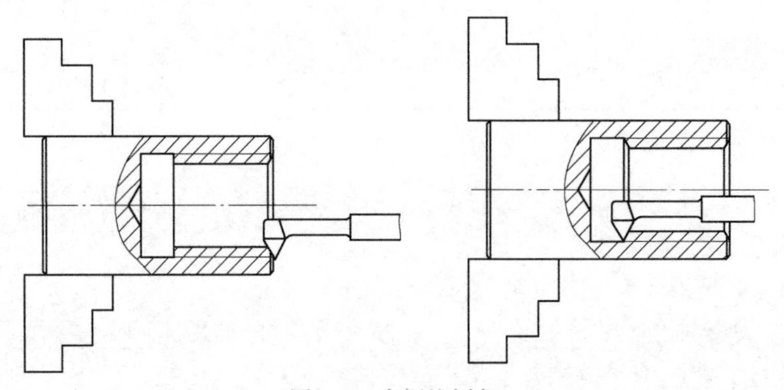

图 8-9　内螺纹倒角

根据 螺纹长度加 1/2 槽宽 在刀柄上做好记号，作为退刀、开倒车 标记 ，或者利用大滑板 分度盘 确定退刀位置（本项目要求用分度盘确定位置），并在中滑板导轨旁做好中滑板 进、退刀位置记号 。

本项目使用高速工具钢车刀，为了降低螺纹的表面粗糙度值，需要加注切削液。

按照表 8-1 的进给量完成 10 次进给后，用塞规进行检测。

[注意]　在未检测合格前，不能拆卸工件，否则将很难重新装夹至正确位置再次车削。

7. 用塞规检测内螺纹

如螺纹精度合格，则卸下工件；如不能旋入，则需 分析原因 ，确定 余量 ，再继续车削；如果能拧进前几牙，但不能继续拧入，这是由于 刀柄刚性不足 造成的“让刀”

现象，此时无需调整中、小滑板，在原来的__进给__位置反复车削，就能全部拧进。

[注意]　塞规要拧到位，要能通过退刀槽与台阶底平面靠平，才算顺利拧入。

四、注意事项

1）车削内螺纹的过程中，工件旋转时，不可用手摸螺纹，更不能用棉纱去擦，以免造成事故。

2）车削过程中产生不正常的切削声时，说明刀柄的刚性不足产生了振动，或者是切削刃不够锋利而使切削力增大。

检测与评价（表 8-2）

表 8-2　三角形内螺纹工件检测与评价表

序号	检测内容	配分	量具	检测结果	学生评分	教师评分
1	30mm	15				
2	10mm	15				
3	3mm	10				
4	M30	40				
5	螺纹倒角	10				
6	倒角	5				
7	无明显缺陷	5				
8	文明生产	违纪一项扣 20				
合计		100				

思考与练习

1. 从刃磨过程考虑，内沟槽车刀和三角形内螺纹车刀用高速工具钢条刃磨是否经济？
2. 内、外螺纹的加工方法除了车削外还有哪些？车削法有何优势？
3. 三角形螺纹车刀的刀尖宽度对加工效率和加工质量有什么影响？如果磨成正好等于理论宽度，则最后一道精加工时，有几条切削刃同时受力？
4. 三角形内螺纹车刀的刀柄伸出长度以多长为好？刀头径向长度以多长为好？
5. 用螺纹量规综合检测与用螺距规、螺纹千分尺等单向测量相比，哪种方法的效率高？哪种方法的测量质量好？
6. 斜进法和左右切削法都能实现单刃切削，降低切削力，其在操作方法上有什么不同？哪种方法操作简单一些？哪种方法的加工质量好一些？
7. 刀尖宽度和总赶刀量之间有什么关系？
8. 低速车削螺纹和高速车削螺纹时的进给方法有什么差异？
9. 采用左右切削法时，应如何消除小滑板丝杠间隙？
10. 低速车三角形内螺纹时，选用何种切削液较好？为什么？

项目九

车梯形螺纹

本项目主要学习梯形螺纹基本要素知识、梯形螺纹车刀的形状、低速车梯形螺纹的方法，练习刃磨梯形螺纹车刀和车削梯形螺纹，要求会用三针法测量螺纹中径。通过本项目的学习和训练，能够完成图9-1所示零件的加工。

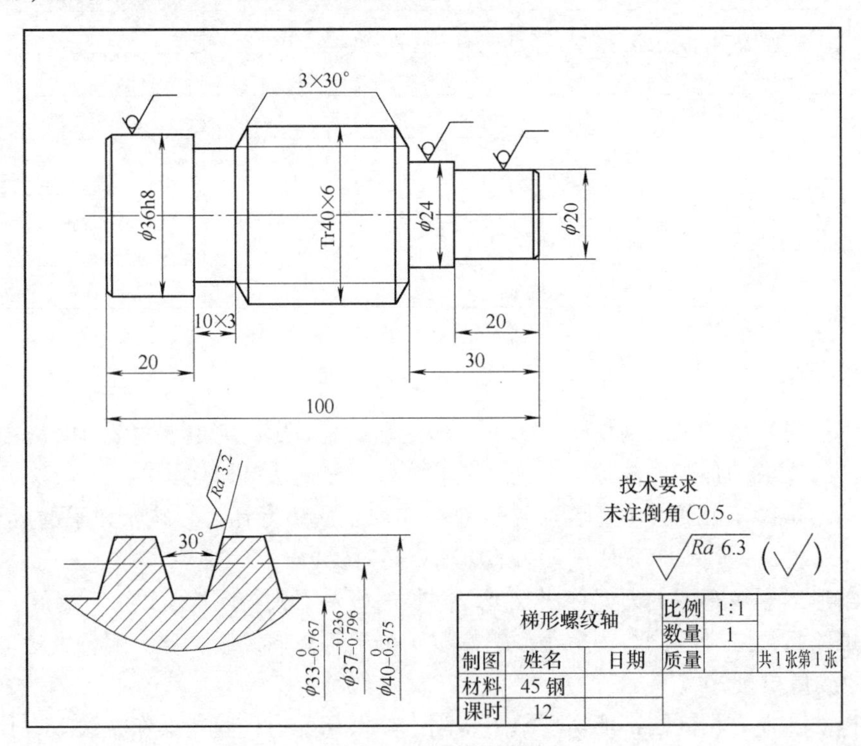

图9-1 梯形螺纹轴

任务一 梯形螺纹基本知识和刃磨刀具

学习目标

本任务主要学习梯形螺纹的基本知识、梯形螺纹车刀的形状要求，练习刃磨梯形螺纹车刀和安装刀具。通过本任务的学习和训练，能够刃磨梯形螺纹车刀。

相关知识

一、梯形螺纹的基本知识

1. 梯形螺纹的几何参数

梯形螺纹的牙型（图 9-2）为<u>等腰梯形</u>，牙型角为<u>30°</u>。由于具有工艺性好、牙根强度高、对中性好等特点，梯形螺纹是最常用的<u>传动</u>螺纹。

梯形螺纹各几何参数的名称和符号见表 9-1。

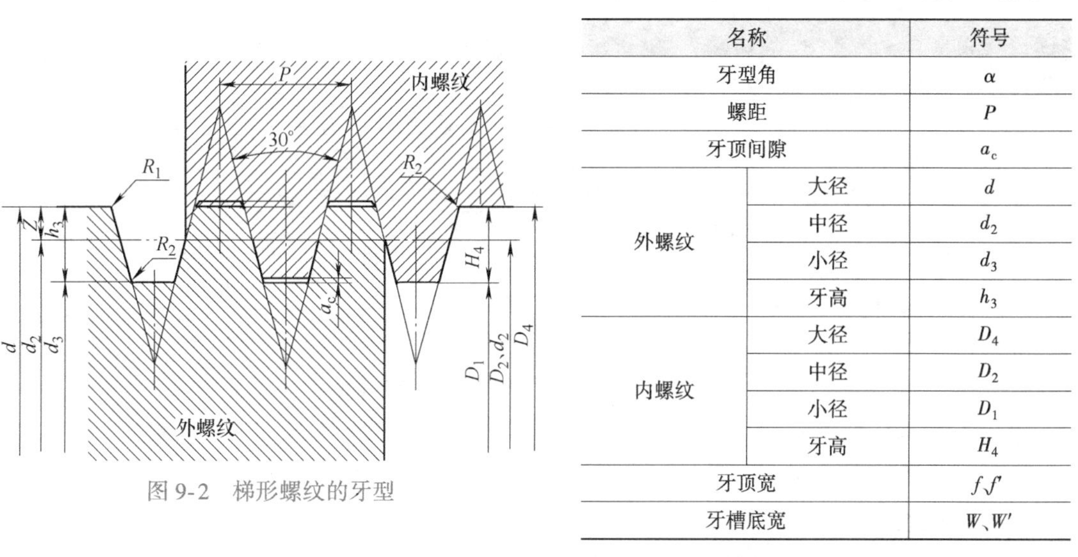

图 9-2　梯形螺纹的牙型

表 9-1　梯形螺纹各几何参数的名称和符号

名称		符号
牙型角		α
螺距		P
牙顶间隙		a_c
外螺纹	大径	d
	中径	d_2
	小径	d_3
	牙高	h_3
内螺纹	大径	D_4
	中径	D_2
	小径	D_1
	牙高	H_4
牙顶宽		f、f'
牙槽底宽		W、W'

2. 梯形螺纹的标记

梯形螺纹的完整标记由<u>螺纹</u>代号、<u>公差带</u>代号及<u>旋合长度</u>代号组成，三者用“—”分开。若外螺纹<u>小径</u>和<u>中径</u>的公差等级相同，则在公差带代号中只标注中径公差带代号；旋合长度分<u>中等</u>旋合长度（N）和<u>长</u>旋合长度（L）两组，当旋合长度为 N 时可以不标注，如 Tr40×7LH—7e。

一组相互配合的内、外梯形螺纹的标注方法：把内、外螺纹的公差带代号全部写出，前面表示<u>内螺纹</u>公差带代号，后面表示<u>外螺纹</u>公差带代号，中间用斜线隔开，如 Tr36×12（P6）—8H/7e。

二、梯形螺纹的基本尺寸和公差

1. 梯形螺纹的基本尺寸

梯形螺纹基本尺寸的计算公式见表 9-2。

也可以采用查表法（表 9-3）获得相应尺寸，如本任务中的 Tr40×6，其公称直径 $d=40\text{mm}$，中径 $d_2=d-3\text{mm}=37\text{mm}$，外螺纹小径 $d_3=d-7\text{mm}=33\text{mm}$。

表 9-2　梯形螺纹基本尺寸的计算公式

代号	计算公式	代号	计算公式
α	30°	D_1	$D_1=d-P$
d	公称直径	H_4	$H_4=h_3=0.5P+a_c$
d_2	$d_2=d-0.5P$	f、f'	$f=f'=0.366P$
d_3	$d_3=d-2h_3$	W、W'	$W=W'=0.366P-0.536a_c$
h_3	$h_3=0.5P+a_c$	牙顶间隙 a_c	$P=1.5\sim5$mm 时，$a_c=0.25$mm； $P=6\sim12$mm 时，$a_c=0.5$mm； $P=13\sim44$mm 时，$a_c=1$mm
D_4	$D_4=d+2a_c$		
D_2	$D_2=d_2=d-0.5P$		

表 9-3　梯形螺纹的基本尺寸（摘自 GB/T 5796.3—2005）　（单位：mm）

螺距 P	外螺纹小径 d_3	内、外螺纹中径 D_2、d_2	内螺纹大径 D_4	内螺纹小径 D_1	螺距 P	外螺纹小径 d_3	内、外螺纹中径 D_2、d_2	内螺纹大径 D_4	内螺纹小径 D_1
1.5	$d-1.8$	$d-0.75$	$d+0.3$	$d-1.5$	8	$d-9$	$d-4$	$d+1$	$d-8$
2	$d-2.5$	$d-1$	$d+0.5$	$d-2$	9	$d-10$	$d-4.5$	$d+1$	$d-9$
3	$d-3.5$	$d-1.5$	$d+0.5$	$d-3$	10	$d-11$	$d-5$	$d+1$	$d-10$
4	$d-4.5$	$d-2$	$d+0.5$	$d-4$	12	$d-13$	$d-6$	$d+1$	$d-12$
5	$d-5.5$	$d-2.5$	$d+0.5$	$d-5$	14	$d-16$	$d-7$	$d+2$	$d-14$
6	$d-7$	$d-3$	$d+1$	$d-6$	16	$d-18$	$d-8$	$d+2$	$d-16$
7	$d-8$	$d-3.5$	$d+1$	$d-7$	18	$d-20$	$d-9$	$d+2$	$d-18$

注：1. d—公称直径（即外螺纹大径）。
2. 表中所列数值是按下式计算的：$d_3=d-2h_3$；D_2、$d_2=d-0.5P$；$D_4=d+2a_c$；$D_1=d-P$。

2. 梯形螺纹的公差

（1）大径　外螺纹大径公差带的基本偏差为__0__，4 级公差为 0.375mm，大径尺寸为 $\phi40_{-0.375}^{\ 0}$mm。

（2）中径　外螺纹中径公差带位置取 c，基本偏差为−0.236mm，公差等级取 8 级，公差为 0.560mm，中径尺寸为 $\phi37_{-0.796}^{-0.236}$mm。

（3）小径　外螺纹小径公差带基本偏差为__0__，公差等级取 8 级，公差为 0.767mm，小径尺寸为 $\phi33_{-0.767}^{\ 0}$mm。

梯形螺纹的尺寸一般不用计算，图样上通常会标注出公称尺寸及公差。

三、梯形螺纹车刀

作为传动螺纹，梯形螺纹对其两侧的表面粗糙度要求较高，一般需要用__高速工具钢__车刀__低速__车削，为了提高效率，可以用硬质合金刀先粗车（高速）。如图 9-3 所示，梯形螺纹车刀的刃磨要求如下：

1. 两刃夹角

因为高速车削时会引起材料变形，所以硬质合金粗车刀的两刃夹角应__略小__于螺纹牙型角（取 29°30′），高速工具钢精车刀的两刃夹角应等于螺纹牙型角（30°）。

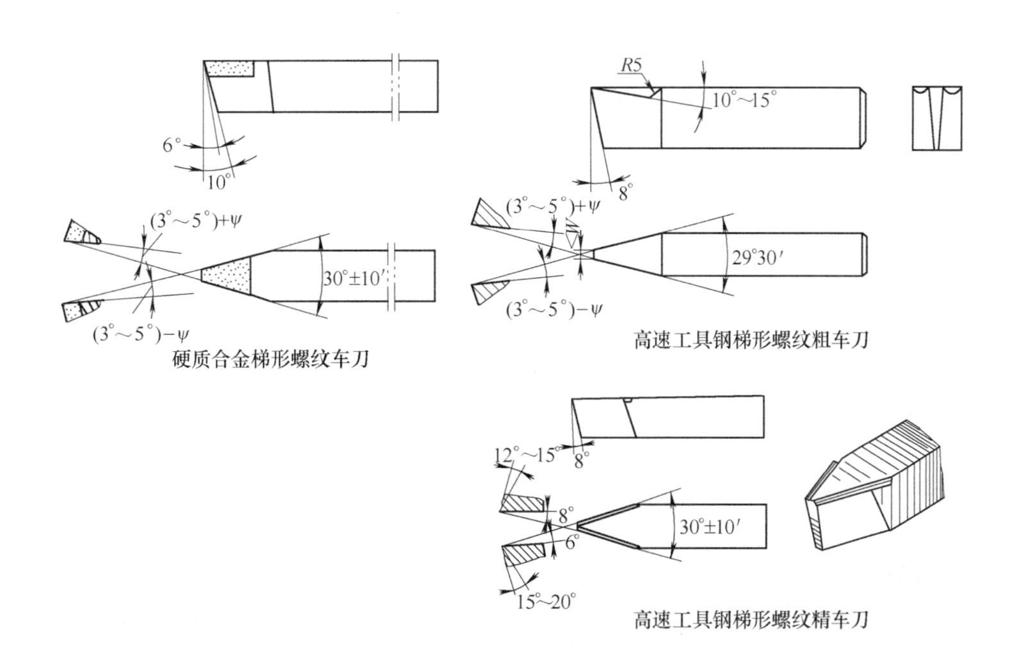

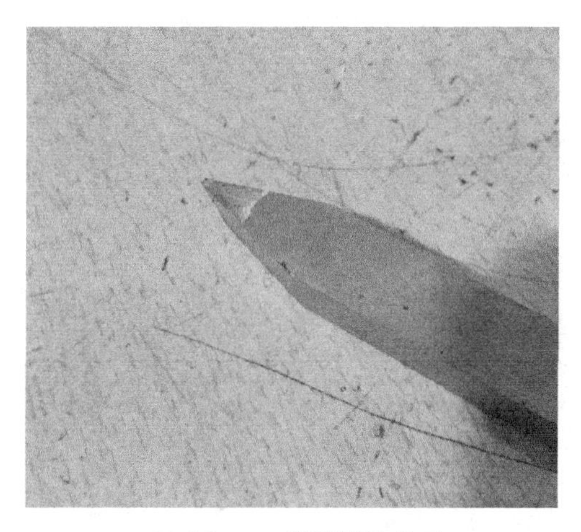

图 9-3　梯形螺纹车刀

2. 刀头宽度

为了便于左右切削并留有精车余量，硬质合金粗车刀的刀头宽度取__螺距的 1/3__，高速工具钢精车刀的刀头宽度应等于__牙槽底宽-0.05mm__，车刀前端切削刃不用于切削，车刀主要用于精车牙型的两侧面。

3. 纵向前角

硬质合金粗车刀的纵向前角取__15°__左右，高速工具钢精车刀的纵向前角取__0°__。

4. 纵向后角

纵向后角一般为__6°~8°__。

5. 前角

车梯形螺纹时，由于__螺纹升角__的影响，切削平面和基面位置会发生变化，从而使车

刀工作时的前角与刃磨的前角数值不同。

如图 9-4a 所示，车削右旋螺纹时，如果两侧切削刃的刃磨前角均为 0°，即 $\gamma_{oL}=\gamma_{oR}=0°$，则车刀水平装夹时，左切削刃在工作时是__正__值，右切削刃是__负__值。左侧锋利，但强度减弱；右侧切削不顺，排屑困难。

[知识链接]

对于右旋螺纹

$$\gamma_{oeL}=\gamma_{oL}+\psi$$

$$\gamma_{oeR}=\gamma_{oR}-\psi$$

对于左旋螺纹

$$\gamma_{oeL}=\gamma_{oL}-\psi$$

$$\gamma_{oeR}=\gamma_{oR}+\psi$$

式中 γ_{oeL}——左侧工作前角；

γ_{oL}——左侧刃磨前角；

γ_{oeR}——右侧工作前角；

γ_{oR}——右侧刃磨前角。

解决措施如下：

1）将由车刀左右两侧切削刃组成的平面__垂直于螺旋线__方向装夹（法向装刀），如图 9-4b 所示。车刀倾斜装夹需要使用一定的设备，本任务不采用。

2）水平装夹车刀，在两侧切削刃处刃磨出__有较大前角的卷屑槽__（图 9-4c），前角的大小要考虑到螺纹升角的影响。本任务要求按此方法磨刀。

3）法向装刀的同时，磨出有较大前角的卷屑槽（图 9-4d）。

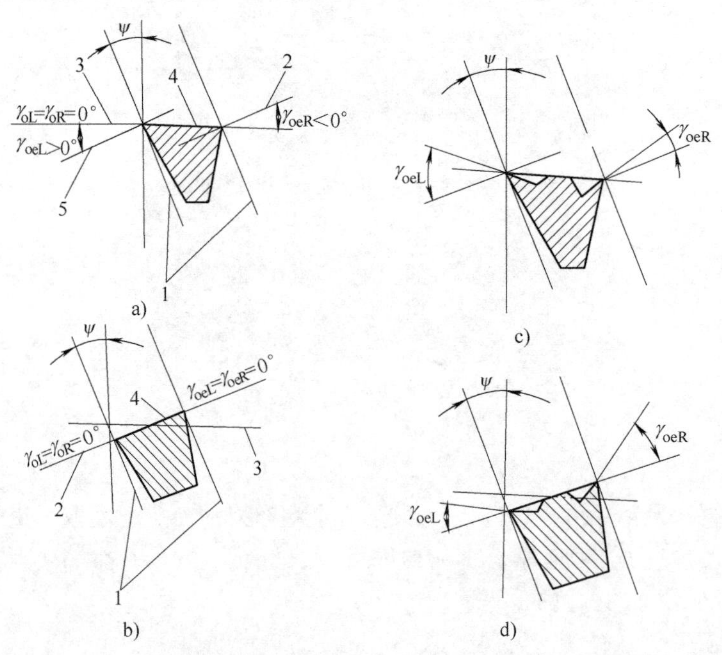

图 9-4 螺纹升角对车刀前角的影响

a）水平装刀 b）法向装刀 c）水平装刀且磨有较大前角的卷屑槽 d）法向装刀且磨有较大前角的卷屑槽

1—螺旋线（工作时的切削平面） 2、5—工作时的基面 3—基面 4—前刀面

6. 后角

螺纹车刀的工作后角应为 3°~5°，如图 9-5 所示。同样，受到螺纹升角的影响，工作后角与

刃磨后角不同。

如果采用法向装刀法，则两侧后角磨成 3°~5° 即可。本任务中采用水平装刀，刃磨后角时要考虑 螺纹升角 的影响。

[知识链接]

对于右旋螺纹

$$\alpha_{oL}=(3°\sim5°)+\psi$$

$$\alpha_{oR}=(3°\sim5°)-\psi$$

对于左旋螺纹

$$\alpha_{oL}=(3°\sim5°)-\psi$$

$$\alpha_{oR}=(3°\sim5°)+\psi$$

式中　α_{oL}——左侧刃磨后角；

α_{oR}——右侧刃磨后角。

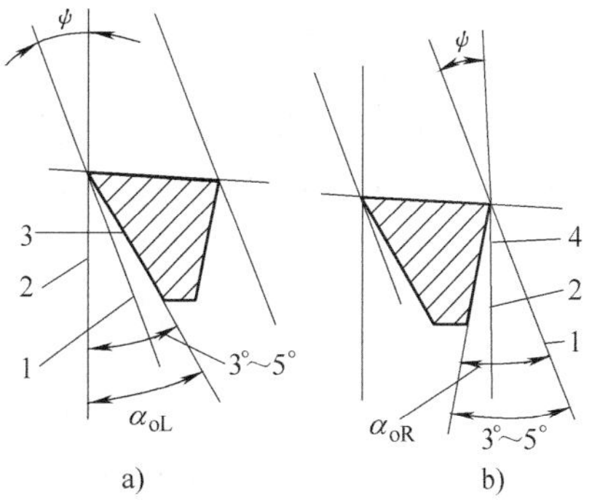

图 9-5　螺纹升角对车刀后角的影响

a）左侧切削刃　b）右侧切削刃

1—螺旋线（工作时的切削平面）　2—切削平面

3—左侧后刀面　4—右侧后刀面

[注意]　螺纹升角越大，对工作前角、工作后角的影响越大，三角形螺纹的前角、后角也会变化，但由于影响较小，因此在磨刀时可以不作调整。

技能训练

一、毛坯、刀具、工具、量具准备

高速工具钢条，规格为 20mm×20mm×200mm；对刀样板。

二、工艺步骤

1）刃磨高速工具钢梯形螺纹精车刀。

2）进行对刀练习。

三、操作要求

1. 刀头宽度

牙槽底宽 $W=0.366P-0.563a_c=(0.366\times6-0.563\times0.5)\text{mm}=1.9145\text{mm}$

刀头宽度要略小于牙槽底宽，可取 1.80mm。

2. 刃磨步骤

1）粗磨主、副后刀面，初步形成 刀尖角 。

2）粗、精磨前刀面，保证前角的精度，并使纵向前角 为 0° 。

3）粗、精磨刀头，形成 刀头宽度 。

4）精磨主、副后刀面，保证 刀尖角 和 后角 的精度。

5）用磨石研磨两侧切削刃，使之 光滑、平直 。

[注意]　刃磨时，要注意螺纹升角的影响，两侧前角和两侧后角要分别磨成刃磨前角和刃磨后角。

3. 检测刀头参数

用对刀样板检测 刀尖角 和 纵向前角 ，用游标卡尺测量 刀头宽度 ，目测 刃

磨前角 和 刃磨后角 。

4. 装夹梯形螺纹车刀

装夹梯形螺纹车刀的方法与装夹三角形外螺纹车刀类似，即先对中心高，再用对刀样板保证刀尖角的对称中心线与轴线垂直（图 9-6）。

图 9-6　用对刀样板对刀

四、注意事项

1）刃磨高速工具钢梯形螺纹车刀时，应随时将其放入水中冷却，以避免刀尖因退火而降低硬度。每次冷却后，刀头再次接触砂轮时，要注意刃磨位置和刀柄倾斜角度的准确性。

2）为避免刃磨时将刀头宽度磨窄，刃磨过程中要不断用游标卡尺测量。

3）用磨石研磨切削刃时，要避免因磨石位置不当而磨钝刃口的情况。

任务二　梯形螺纹的车削

学习目标

本任务主要学习梯形螺纹的车削方法和三针法测量螺纹中径的方法，练习车削梯形螺纹，并用三针法测量所车梯形螺纹的中径。通过本任务的学习和训练，能够完成图 9-1 所示零件的加工检测。

相关知识

一、梯形螺纹的车削方法

1. 低速车削

如图 9-7 所示，低速车削梯形螺纹的方法有 左右切削法 、 车直槽法 、 车阶梯槽法 、 分层切削法 等。

（1）左右切削法（图 9-7a）　车削螺距 较小 （4mm<P<8mm）的梯形螺纹时使用。

（2）车直槽法（图 9-7b）　车削螺距<u>　较小　</u>（4mm<P<8mm）的梯形螺纹时，因左右切削法的进给次数多，操作较复杂，可在粗车时用车槽刀采用<u>　直进　</u>法在工件上车出<u>　螺旋直槽　</u>，然后用梯形螺纹车刀车削两侧面。

（3）车阶梯槽法（图 9-7c）　车削螺距<u>　较大　</u>（P>8mm）的梯形螺纹时，可采用车阶梯槽法。先用刀头宽度<u>　小于 $P/2$　</u>的车槽刀，用车直槽法车至近<u>　中径　</u>处，再用刀头宽度<u>　略小于牙槽底宽　</u>的车刀车至近<u>　小径　</u>处，在工件表面车出螺旋状的阶梯槽，再用梯形螺纹车刀车削<u>　两侧面　</u>。该方法能减少螺纹成形时的余量，提高车削效率。

（4）分层切削法（图 9-7d）　车削螺距<u>　P>18mm　</u>的梯形螺纹时，由于螺距大、牙槽深、背吃刀量大，操作比较困难，可采用分层切削法。用梯形螺纹车刀采用<u>　斜进　</u>法车至第一层，在保持深度不变的情况下，车刀向左或向右移动，车好第一层，然后用同样的方法车削第二层、第三层，直至车削成形。

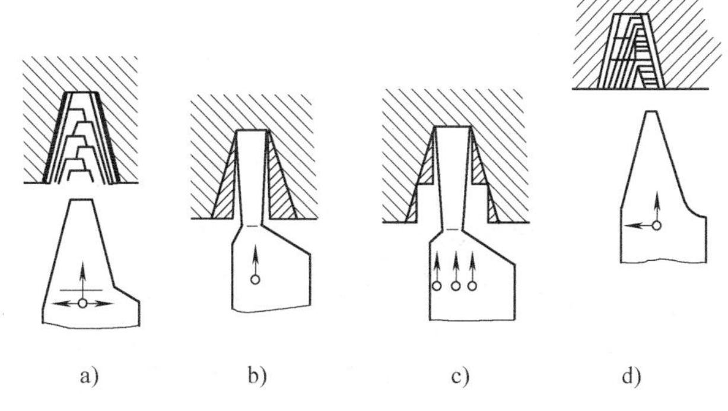

图 9-7　低速车削梯形螺纹的方法

a）左右切削法　b）车直槽法　c）车阶梯槽法　d）分层切削法

2. 高速车削

高速车削时，为防止切屑拉毛牙型侧面，不能用左右切削法，只能用<u>　直进　</u>法。高速车削一般用于粗车梯形螺纹。

车削螺距较大（P>8mm）的梯形螺纹时，为防止切削力过大和齿部变形，最好用 3 把刀依次车削。先用梯形<u>　螺纹粗车刀　</u>粗车成形，然后用<u>　车槽刀　</u>车牙底至尺寸，最后用<u>　精车刀　</u>精车牙侧至尺寸（图9-8）。

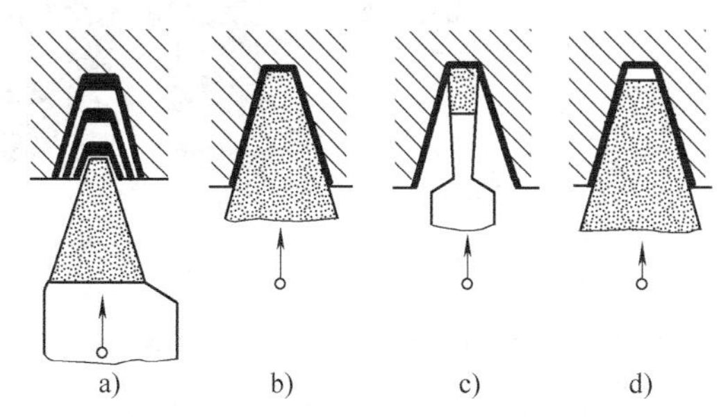

图 9-8　高速车削梯形螺纹的方法

a）直进法　b）粗车成形　c）车牙底至尺寸　d）精车成形

二、三针法测量中径

由于中径处无法直接测量，因此需要采用<u>　间接　</u>测量的方法。三针法测量螺纹中径是一种比较精密的测量方法，适用于精度要求<u>　较高　</u>的三角形螺纹、梯形螺纹和蜗杆中径的测量。测量方法是把三根直径符合要求的<u>　量针　</u>放在螺纹相应的<u>　螺旋槽　</u>内，量出<u>　两</u>

边量针顶点之间的距离 M，根据 M 可换算出螺纹中径的实际尺寸。

当相邻量针的间距大于千分尺测量头的尺寸时，可以用量块垫入测量，得到数值后减去量块厚度尺寸即可；或者使用公法线千分尺直接测量，如图 9-9 所示。

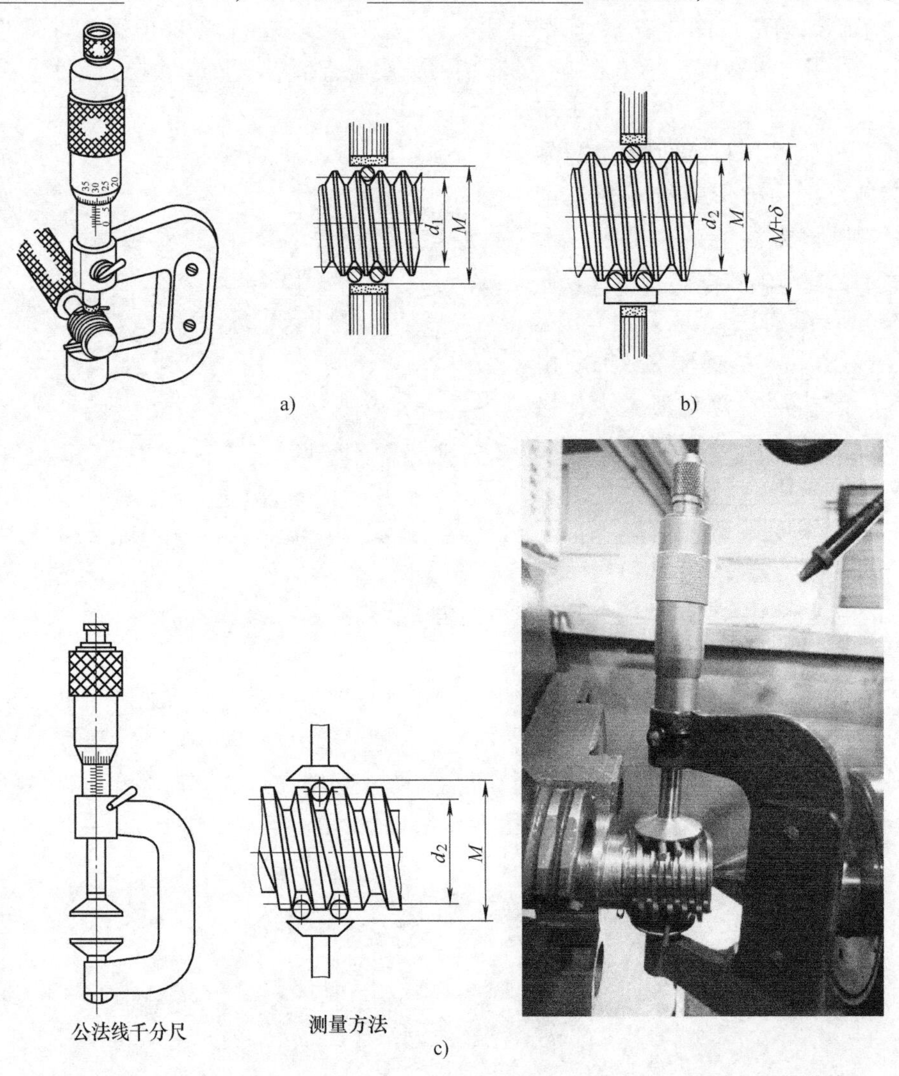

图 9-9　测量 M 值的方法

a）用千分尺直接测量　b）垫量块间接测量　c）用公法线千分尺直接测量

对于不同螺纹，量针的尺寸要求、M 值与中径的关系见表 9-4。

表 9-4　M 值及量针直径的简化计算公式　（单位：mm）

螺纹牙型角	M 的计算公式	钢针直径		
		最大值	最佳值	最小值
29°（寸制蜗杆）	$M=d_2+4.994d_D-1.933P$		$0.516P$	
30°（梯形螺纹）	$M=d_2+4.864d_D-1.866P$	$0.656P$	$0.518P$	$0.486P$
40°（蜗杆）	$M=d_2+3.924d_D-4.316m_s$	$2.446m_s$	$1.675m_s$	$1.61m_s$
55°（寸制螺纹）	$M=d_2+3.166d_D-0.961P$	$0.894P-0.029$	$0.564P$	$0.481P-0.016$
60°（普通螺纹）	$M=d_2+3d_D-0.866P$	$1.01P$	$0.577P$	$0.505P$

注：M—三针测量法中千分尺读数值；d_2—中径；d_D—量针直径；P—螺距；m_s—蜗杆模数。

[注意] 量针的直径不能太大，也不能太小：若太大，则量针外圆不能和螺纹牙型侧面相切；若太小，则量针会掉在螺纹的螺旋槽内，其顶点将低于螺纹牙顶而不起作用（图9-10a、c）。量针的最佳直径就是量针与螺纹中径处的牙侧相切（图9-10b）。

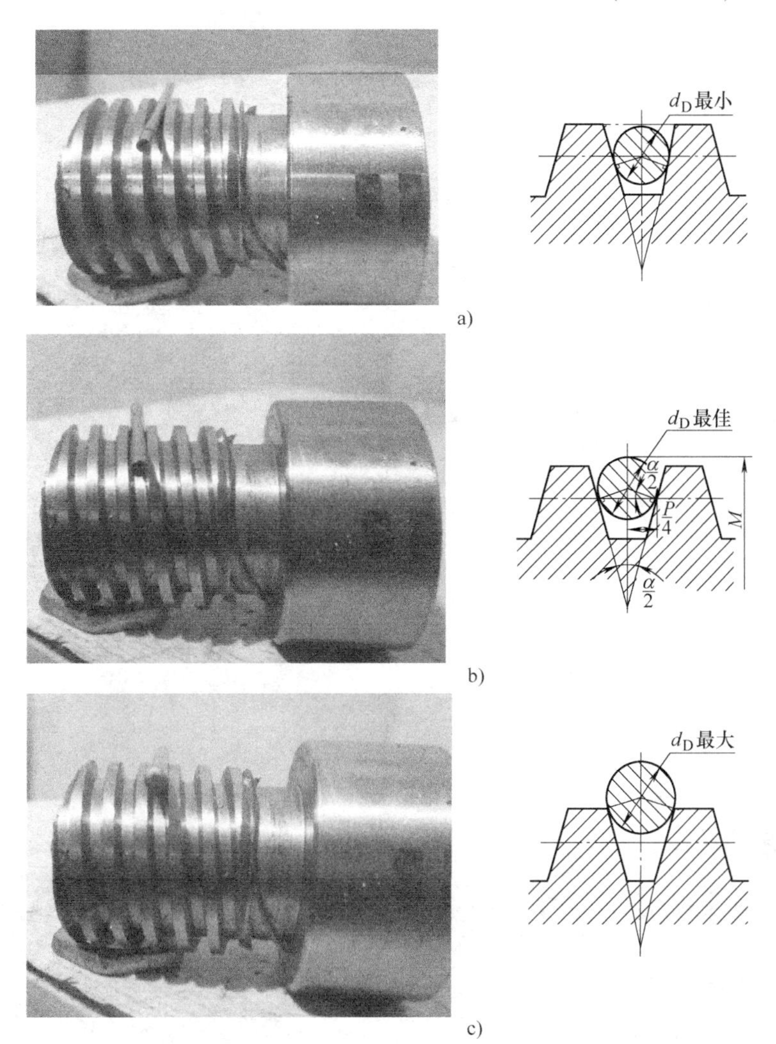

图9-10 量针直径的选择范围

[知识链接] 三针测量法测量 M 值稍复杂，可以用单针测量法（图9-11）测量，但其精度稍低。将一根量针放在螺旋槽中，测出螺纹大径与量针顶点之间的距离 A，通过计算可得中径值。A 与 M 的关系如下

$$A=\frac{d_0+M}{2}$$

也可以用表9-5中的公式直接计算出中径值。

表9-5 单针测量 A 值的简化计算公式

螺纹牙型角	A 值简化计算公式
29°（寸制蜗杆）	$\frac{d_0+d_2+4.994d_D-1.933P}{2}$

（续）

螺纹牙型角	A 值简化计算公式
30°（梯形螺纹）	$\frac{d_0+d_2+4.864d_D-1.866P}{2}$
40°（蜗杆）	$\frac{d_0+d_2+3.924d_D-1.374P}{2}$
55°（寸制螺纹）	$\frac{d_0+d_2+3.166d_D-0.9605P}{2}$
60°（普通螺纹）	$\frac{d_0+d_2+3d_D-0.866P}{2}$

注：d_0—螺纹大径的测量值；d_2—中径；d_D—量针直径；P—螺距。

技能训练

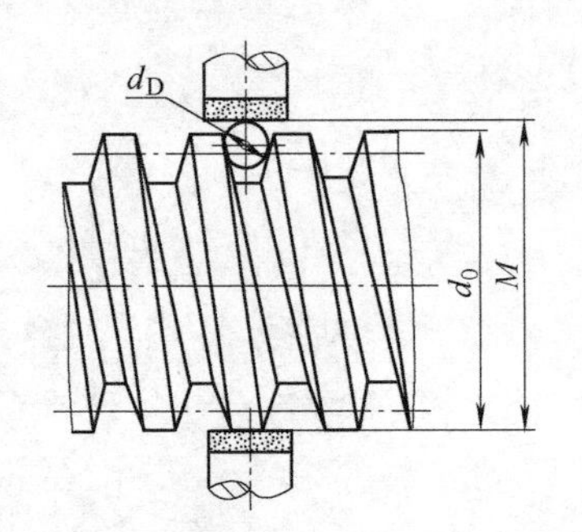

图 9-11　单针测量法

一、毛坯、刀具、工具、量具准备

1. 毛坯

项目一加工出的工件。

2. 刀具

直槽刀（刀头宽度为 1.7mm）、上一项目刃磨出的梯形螺纹精车刀。

3. 工具、量具

ϕ3mm 量针或 ϕ3mm 麻花钻 3 根、公法线千分尺一把。

二、工艺步骤

1）一夹一顶装夹，夹持端为 ϕ36h8，夹持长度为 5mm。

2）粗、精车圆柱面 $\phi44_{-0.1}^{\ 0}$mm 至 ϕ39.8mm。

3）粗车出直槽 3mm×10mm。

4）精车梯形螺纹 Tr40×6。

三、操作要求

1. 倒角

用梯形螺纹车刀在螺纹的两端面倒角，倒角深度＿略大于牙型高度＿。

2. 用车槽刀粗车螺旋槽

选主轴转速＿110＿r/min，调整好螺距，安装车槽刀，开始车螺旋槽。

理论牙型高度为＿3.5mm＿，但大径（$\phi40_{-0.375}^{\ 0}$mm）公差中值和小径（$\phi33_{-0.767}^{\ 0}$mm）公差中值之差约为 7.2mm，即总切削余量为＿7.2mm＿。留 0.2mm 精车余量，分 3 刀车削完毕，背吃刀量分别为 1.5mm、1.2mm 和 0.8mm。

3. 用梯形螺纹刀车削成形

选主轴转速__45__r/min，安装__梯形螺纹精车刀__，采用__左右切削法__精车螺纹。每次横向进给量取小一些，先把牙型两侧车出来。为了保证牙型两侧的表面粗糙度值，最后几刀精车前，最好用__磨石__再次研磨切削刃。

由于梯形螺纹车刀的刀头尺寸不易准确测量，因此无法用成形法保证梯形螺纹的尺寸。径向尺寸可由__中滑板__保证，两侧进给量需要通过__测量中径来间接__保证。所以在中滑板进给达到要求值，即将车削成形时测量中径，当测得的 M 值偏大时，需要继续__左右赶刀__车削两侧；当 M 值合适时，完成梯形螺纹的车削过程。

4. 三针法测量梯形螺纹中径

（1）选择量针直径　最佳值为 $d_D=0.518P=0.518\times6\text{mm}=3.108\text{mm}$，可选用 $\phi3$mm 的量针或 $\phi3$mm 的麻花钻代替。

（2）测量 M 值，并判断中径是否合格　中径尺寸为 $\phi37_{-0.796}^{-0.236}$mm，当 d_2 取最大值 36.764mm 时

$$\begin{aligned} M &= d_2+4.864d_D-1.866P \\ &= 36.764\text{mm}+4.864\times3\text{mm}-1.866\times6\text{mm} \\ &= 36.764\text{mm}+14.592\text{mm}-11.196\text{mm} \\ &= 40.16\text{mm} \end{aligned}$$

当 d_2 取最小值 36.204mm 时

$$\begin{aligned} M &= d_2+4.864d_D-1.866P \\ &= 36.204\text{mm}+4.864\times3\text{mm}-1.866\times6\text{mm} \\ &= 36.204\text{mm}+14.592\text{mm}-11.196\text{mm} \\ &= 39.60\text{mm} \end{aligned}$$

即当所测 M 值在__39.60~40.16mm__范围内时，中径合格。

四、注意事项

1）三针测量法的测量精度较高，但用普通千分尺常常无法直接测出 M 值，需要使用量块或公法线千分尺；单针测量法的精度稍低，但可用千分尺直接测出 A 值。本任务中如受条件限制，也可采用单针测量法完成检测。

2）车削梯形螺纹时，由于螺距较大，且牙侧的表面粗糙度要求较高，故一般采用低速车削。

3）梯形螺纹是传动螺纹，牙型两侧的表面粗糙度要求高，中径精度要求较高，而牙槽底部的精度和表面粗糙度要求较低，最后精车时应避免刀头三刃同时切削，导致受力过大而影响加工质量。左右切削法的最后几刀中，中滑板不用进给，只通过小滑板进给来车削牙型两侧。

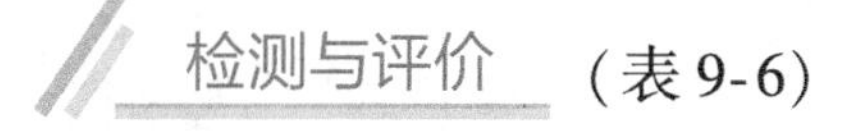

（表 9-6）

表 9-6　梯形螺纹检测与评价表

序号	检测内容	配分	量具	检测结果	学生评分	教师评分
1	6(螺距)	5				
2	$\phi40_{-0.375}^{0}$mm	15				

（续）

序号	检测内容	配分	量具	检测结果	学生评分	教师评分
3	$\phi37_{-0.796}^{-0.236}$mm	35				
4	$\phi33_{-0.767}^{0}$mm	15				
5	$Ra3.2\mu m$	20				
6	螺纹倒角 3×30°	5×2				
7	文明生产	违纪一项扣 20				
合计		100				

思考与练习

1. 解释以下梯形螺纹标记的含义

（1）外螺纹 Tr40×7LH—7e；

（2）Tr36×12（P6）—8H/7e

2. 为什么精车刀的纵向前角为 0°？

3. 计算图 9-1 所示零件中梯形螺纹的螺纹升角 ψ，并分别计算出 γ_{oL}、γ_{oR}、α_{oL} 和 α_{oR}（假设 $\gamma_{oeL}=\gamma_{oeR}=10°$）。

4. 三针测量法的量针为最大值、最佳值和最小值时，量针分别处于何种状态？

5. 为什么梯形螺纹要特别强调测量中径？而三角形螺纹则较少测量中径？

6. 梯形螺纹的中径和所测 M 值之间有什么关系？

项目十

车削较复杂零件

本项目主要学习用花盘装夹工件的方法，偏心零件的装夹方法，中心架、跟刀架的使用方法以及成形面的加工方法；练习用花盘装夹车削简单双孔件，用自定心卡盘装夹车偏心距较小的偏心零件，用中心架车细长轴，以及用成形刀车圆弧槽。

任务一　车削简单双孔件

零件图（图 10-1）

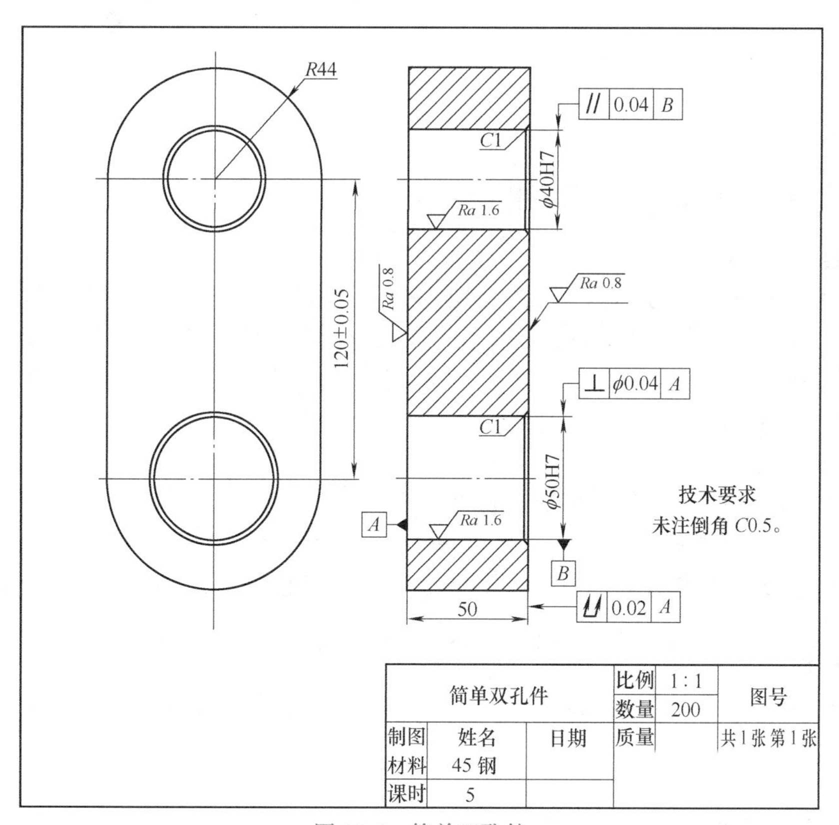

图 10-1　简单双孔件

学习目标

本任务主要学习用花盘、角铁装夹工件的场合和方法；练习使用花盘装夹不规则零件的操作，并完成其车削加工。通过本任务的学习和训练，能够完成图 10-1 所示工件的加工。

相关知识

一、不规则零件

如图 10-2 所示，一些外形复杂且 不规则 的零件无法直接用自定心卡盘或单动卡盘装夹，需要借助 机床附件 或 专用夹具 才能进行加工。

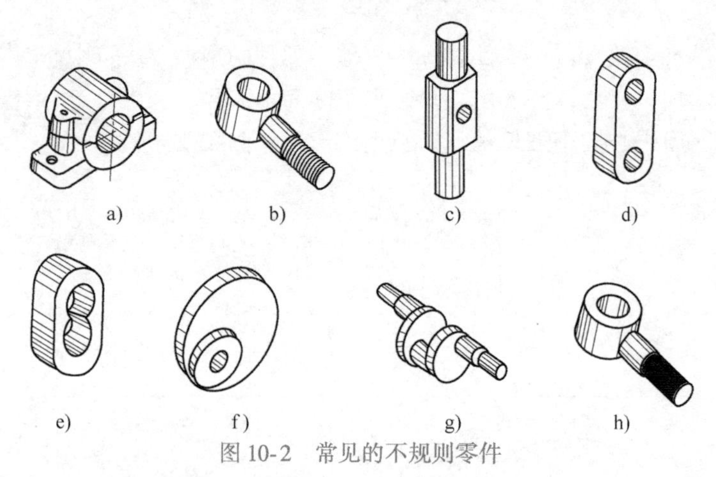

图 10-2 常见的不规则零件

a）对开轴承座 b）、c）十字孔工件 d）双孔连杆 e）齿轮泵泵体 f）偏心凸轮 g）曲轴 h）环首螺钉

二、花盘、角铁及其配套附件

1. 花盘

如图 10-3a 所示，花盘是一个铸铁 大圆盘 ，盘面上有很多长短不等、呈辐射状分布的 T 形槽 ，用于安装方头螺柱，把工件紧固在花盘盘面上。花盘可以直接安装在车床主轴上，其盘面必须与车床主轴轴线 垂直 ，且盘面须平整，表面粗糙度值≤$Ra1.6\mu m$。花盘适用于加工部分回转轴线与主轴轴线 平行 的工件。

2. 角铁

如图 10-3b 所示，角铁是用铸铁制成的车床附件，有两个 互相垂直 的表面。角铁上有长短不同的通孔，用来安装连接螺钉。角铁的工作表面和定位基面需经过磨削或精刮，以确保角度准确且接触性能良好。角铁通常安装在花盘上配合使用，适用于加工部分轴线与主轴轴线 垂直 的场合。

3. V 形块

V 形块（图 10-3c）的工作表面是 V 形槽 ，可根据需要在 V 形块上加工出几个螺孔或圆柱孔，以便用螺钉把 V 形块固定在 花盘 上或把 工件 固定在 V 形块上。

4. 方头螺栓

方头螺栓（图 10-3d）的头部做成方形，以防止其在 安装到花盘背面的 T 形槽中时

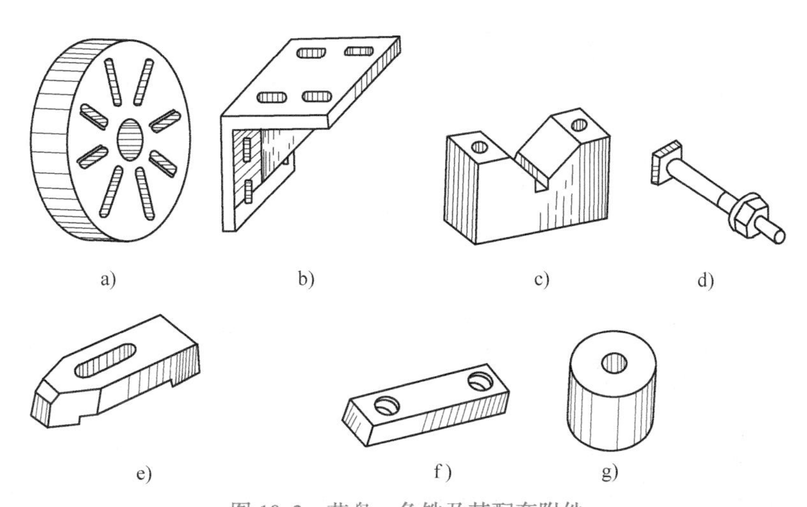

图 10-3　花盘、角铁及其配套附件

a）花盘　b）角铁　c）V 形块　d）方头螺栓　e）压板　f）平垫铁　g）平衡铁

转动，长度可根据装夹要求做成长短不同的尺寸。

5. 压板

压板（图 10-3e）可根据需要做成　不同规格　，它的上面铣有腰形长槽，用来安插螺栓，并使螺栓在长槽中移动，以调整　夹紧力　的位置。

6. 平垫铁

平垫铁（图 10-3f）安装在花盘或角铁上，可作为工件的　定位基准　平面或　导向　平面。

7. 平衡铁

在花盘或角铁上装夹的工件大部分是质量　偏于一侧　的零件，加工时会引起　振动　，影响　加工精度　，甚至会损坏车床的　主轴和轴承　，需要在花盘　偏重的对面　装上适当的平衡铁（图 10-3g）。平衡铁多用铸铁或钢制成，为了减小体积，也有用铅做成的。

技能训练

一、毛坯、刀具、工具、量具准备

1. 毛坯

已经过初步加工的双孔件，两侧平面经过平面磨床的精加工。两个孔已粗加工，现需精加工孔 ϕ40H7 和 ϕ50H7。

2. 刀具

内孔车刀等。

3. 工具、量具

工具：花盘及其附件。

量具：千分尺（150~175mm），也可用游标卡尺代替。

二、工艺步骤

1. 加工要求分析

（1）精加工孔要求

1）孔的__尺寸精度__须合格。

2）两孔__中心距__合格。

3）两孔轴线__平行__，并与__基准面__垂直。

（2）加工关键

1）保证花盘的__精度__，即花盘的形状公差比工件要求高一倍（<0. 02mm）。

2）能准确测量孔的__中心距__。

2. 生产方式

产量为200件，属于__小批量__生产，根据生产要求，要简化__安装、找正__的过程，节约加工时间，先集中加工每件的__第一孔__，再集中加工每件的__第二孔__。

三、操作要求

孔的尺寸精度由__车削内孔__过程保证，两孔轴线平行并与基准面垂直由__花盘表面的精度__保证，两孔中心距的精度需要通过以下操作实现。

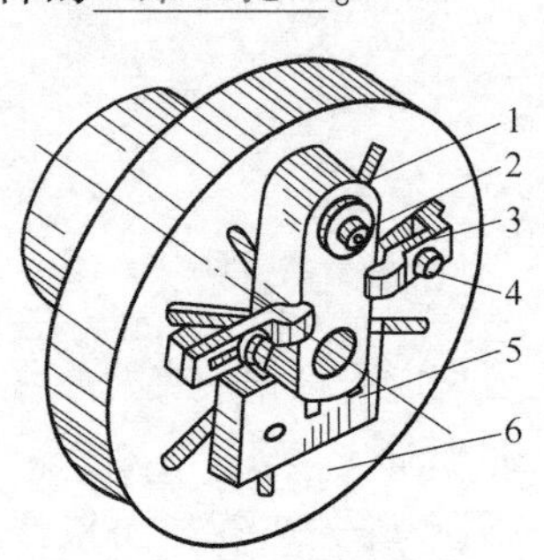

图10-4　在花盘上装夹双孔件

1—双孔连杆　2、4—方头螺柱

3—压板　5—V形块　6—花盘

1. 加工第一孔

首先卸下__自定心卡盘__，把花盘安装在__主轴__上，再把工件按图10-4所示装夹在花盘上，利用V形块作为定位基准。

找正第一孔（ϕ40H7），使孔的中心线与主轴轴线__重合__，双孔件的__两端圆弧__表面贴在__V形块__的工作表面上。用两块压板及方头螺柱压紧工件，并用方头螺柱穿过双孔件的__另一孔__压紧。

用手转动花盘，如果平衡恰当，即可精车第一孔。第一件需要__仔细找正__，第二件起主要靠__V形块和花盘平面__定位，稍加找正即可。

［注意］　如果转动花盘后，花盘不能在任意位置停下，则说明不平衡，需要安装平衡块。平衡块的大小和位置都对平衡有影响，需要仔细调试。

2. 加工第二孔

安装工件前，要先找正工件的__中心距__。按图10-5所示方式装夹，先在花盘上安装一个定位圆柱，其直径 d_1 与第一孔 ϕ40H7采用__小间隙__配合。再在车床主轴孔中安装一根心轴，用千分尺测量它与定位圆柱之间的尺寸 M，再根据下式计算中心距 L

$$L=M-\frac{d_1+d_2}{2}$$

式中　L——两孔中心距（mm）；

M——千分尺读数值（mm）；

d_1——定位圆柱直径（mm）；

d_2——主轴锥孔中的心轴直径（mm）。

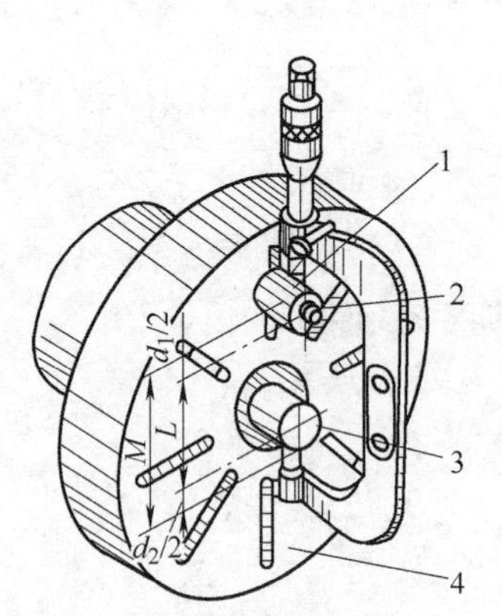

图10-5　用定位圆柱找正中心距的方法

[illegible]

3—主轴锥孔中的定位心轴

4—花盘

如果测量出的 L 与计算要求不同，可稍微__旋松定位圆柱上__的紧固螺母，用铜棒轻轻敲击，直至把中心距（120±

0.05)mm 调整正确为止。

中心距找正后，把＿主轴锥孔的心轴＿取下，并使双孔件已加工好的第一孔与＿定位圆柱＿配合，结合＿V 形块＿找正，使第二孔的中心线与车床主轴轴线＿重合＿，仍按加工第一孔时的方法夹紧。

第二件起用定位圆柱、花盘平面和 V 形块定位，无需找正。

四、注意事项

1）由于两孔中心线的平行度及垂直度要求较高，因此毛坯平面必须经过精加工，否则在装夹时需要仔细找正，耗时较多。如果不找正，则难以保证质量。

2）平衡块的安装质量对主轴受力有很大影响，即使用手转动主轴后能在任意位置停下，仍应小心，车削时不能采用高转速。

3）车削前认真检查所有压板、螺钉的紧固情况，还要把中滑板移动到车削终点位置，转动花盘 1~2 圈，观察是否有碰撞现象。

4）如果毛坯两端圆弧面的质量不够好，则在加工第二孔时，定位圆柱和 V 形块的重复定位会影响装夹效果，这时应调整 V 形块的位置，并找正第二孔的中心线，而不能调整定位圆柱。

任务二　车削偏心轴

零件图（图 10-6）

学习目标

本任务主要学习偏心工件的装夹方法；练习用自定心卡盘装夹偏心工件，并车削偏心距较小的工件。通过本任务的学习和训练，能够完成图 10-6 所示零件的加工。

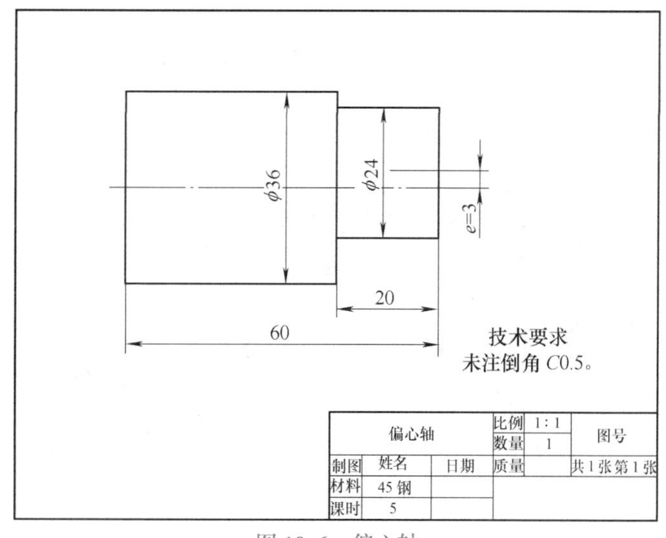

图 10-6　偏心轴

相关知识

一、偏心零件

机械传动中，＿直线＿运动与＿回转＿运动之间的变换，常用偏心轴或曲轴来实现（曲轴实质上是偏心距较大、形状比较复杂的偏心轴）。外圆与外圆、内孔与外圆的轴线＿平行但不重合＿的零件称为偏心零件。其中，外圆与外圆偏心的零件称为＿偏心轴＿（图 10-7a）；内孔与外圆偏心的零件称为＿偏心套＿（图 10-7b）。两轴线之间的距离称为偏心距 e。

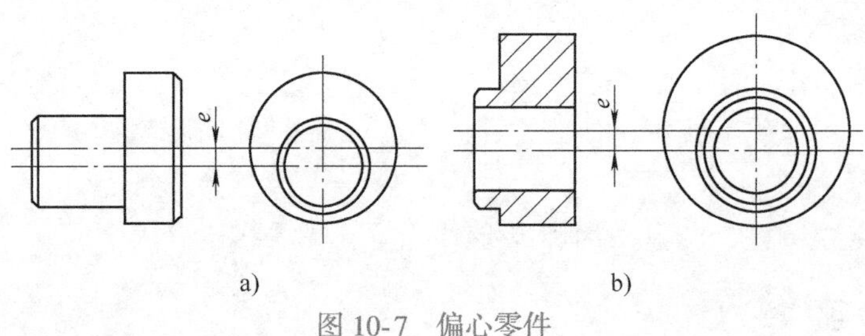

a)　　　　b)

图 10-7　偏心零件

a）偏心轴　b）偏心套

二、车削偏心零件的方法

偏心零件的车削难点在于＿装夹＿，要求把＿所要加工偏心＿部分的轴线找正到与车床主轴轴线重合，偏心零件的车削过程与车外圆和车内孔相同。

1. 在两顶尖间车偏心轴

一般偏心轴只要两端面都能钻＿中心孔＿，有＿鸡心夹头＿的装夹位置，就可以采用在两顶尖间车削的方法，如图 10-8 所示。在两顶尖间车偏心轴与车一般外圆没有区别，仅仅是两顶尖顶在偏心中心孔中而已。

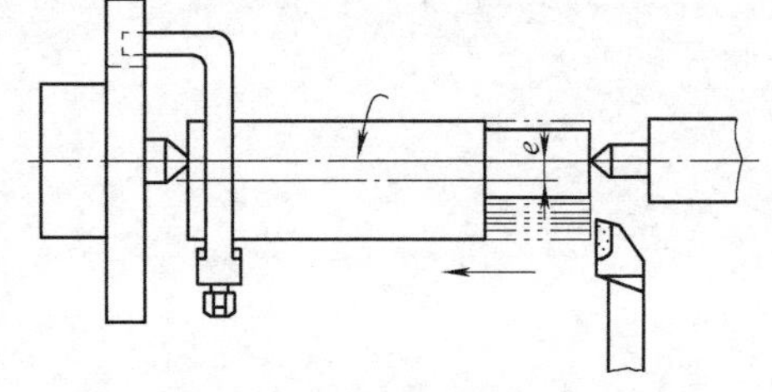

图 10-8　在两顶尖间车偏心轴

该方法的优点是偏心件的中心孔已钻好，不需要花费时间去＿找正＿，定位精度＿较高＿。

2. 在单动卡盘上车偏心零件

如图 10-9 所示，在单动卡盘上车偏心轴时，需先划好＿偏心轴线＿和＿侧素线＿，装夹毛坯时通过找正，使＿要加工偏心＿部分的偏心轴线与车床主轴轴线重合，并找正＿侧素线＿，即可车削。

该方法适合加工批量＿较小＿、长度＿较短＿、外形复杂，不便于在两顶尖间装夹的偏心零件。

3. 在自定心卡盘上车偏心零件

如图 10-10 所示，通过在自定心卡盘的＿一个卡爪＿上增加一块＿垫片＿，使零件产生偏心。垫片厚度可以用以下公式计算

$$x = 1.5e + k$$

$$k \approx 1.5\Delta e$$

$$\Delta e = e - e_{测}$$

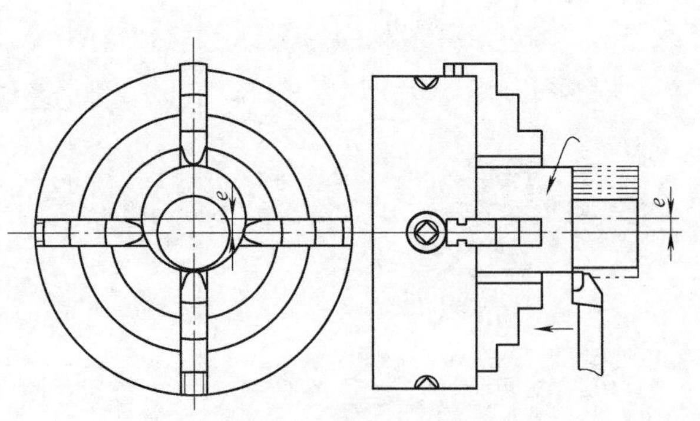

图 10-9　在单动卡盘上车偏心零件

式中　x——垫片厚度（mm）；

e——偏心距（mm）；

k——偏心距修正值，其正负值按实测结果确定（mm）；

Δe——试切后的实测偏心距误差（mm）；

$e_{测}$——试切后的实测偏心距（mm）。

该方法适合加工批量 较小 ，偏心距 较小（e≤6mm），且偏心距精度 要求不高 、工件长度 较短 的工件。

4. 在双重卡盘上车偏心零件

如图10-11所示，把 自定心 卡盘装夹在 单动 卡盘上，利用 单动 卡盘调整出中心距，将零件装夹在 自定心 卡盘上。只需第一次在单动卡盘上 找正偏心距 ，其余工件加工时只要用 自定心 卡盘装夹，无需找正。由于装夹了两只卡盘，系统刚性 较差 且离心力 较大 ，故需要安装 平衡块 ，并选择 较低 转速。

该方法适合小批加工偏心距较小（e≤5mm）、精度要求不高的偏心零件。

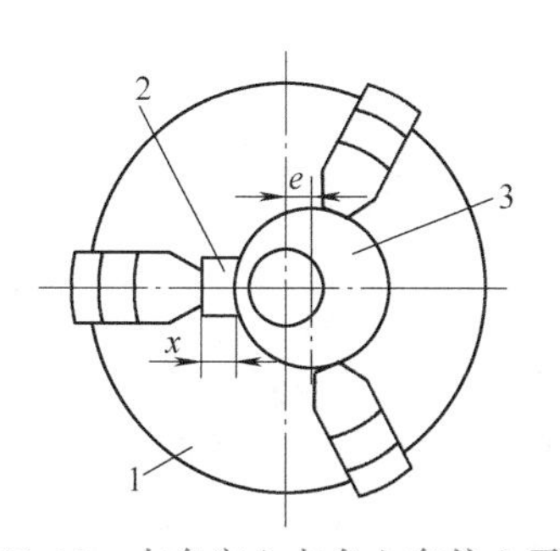

图10-10　在自定心卡盘上车偏心零件

1—自定心卡盘　2—垫片　3—偏心零件

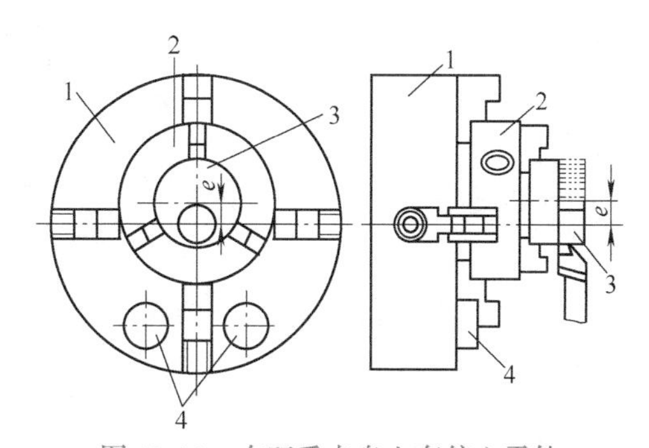

图10-11　在双重卡盘上车偏心零件

1—单动卡盘　2—自定心卡盘　3—偏心零件　4—平衡块

5. 在花盘上车偏心零件

如图10-12所示，利用花盘装夹偏心套时，需要先加工好零件 外圆 和 两端面 ，再在一个端面上划好 偏心孔 的位置，然后用压板把零件装夹在花盘上，并在花盘靠近零件外圆处，装上两块成90°位置分布的定位块，以保证后续加工的偏心套的定位要求，最后安装平衡块。

该方法适合小批加工长度 较短 的偏心套，对偏心距大小 没有限制 。

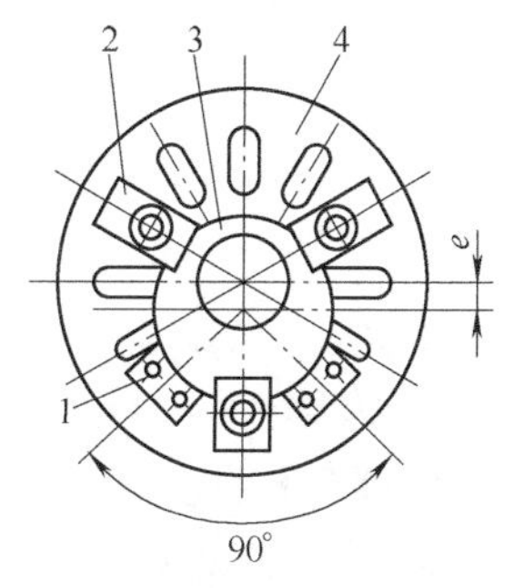

图10-12　在花盘上车偏心零件

1—定位块　2—压板　3—偏心套　4—花盘

6. 在偏心卡盘上车偏心零件

用偏心卡盘（图10-13）装夹，加工偏心零件是一种较理想的方法。偏心卡盘分两层，底盘用螺钉固定在车床主轴的 连接盘 上，偏心体与底盘 燕尾槽 互相配合，偏心体上装有自定心卡盘。利用 丝杠 调整卡盘位置，偏心距e的大小可在 两个测量头 之间测得。当偏心距为零时，两测量头正好相碰。转动丝杠，测量头逐渐离开，离开的尺寸即为偏心距。两测量头之间的距离可用百分表或量块测量，当偏心距调整好后，用4只方头螺柱紧固。把零件装夹在自定心卡盘上，即可进行车削。偏心卡盘的偏心距可用量块或百分表测得，可以获得 很高 的精度。

由于偏心卡盘调整 方便 、通用性 强 ，因此适合车削精度 较高 、批量 较大 的偏心零件。

7. 在专用偏心夹具上车偏心零件

加工数量 较多 、偏心距精度要求 较高 、长度 较短 的工件时，可在专用偏心

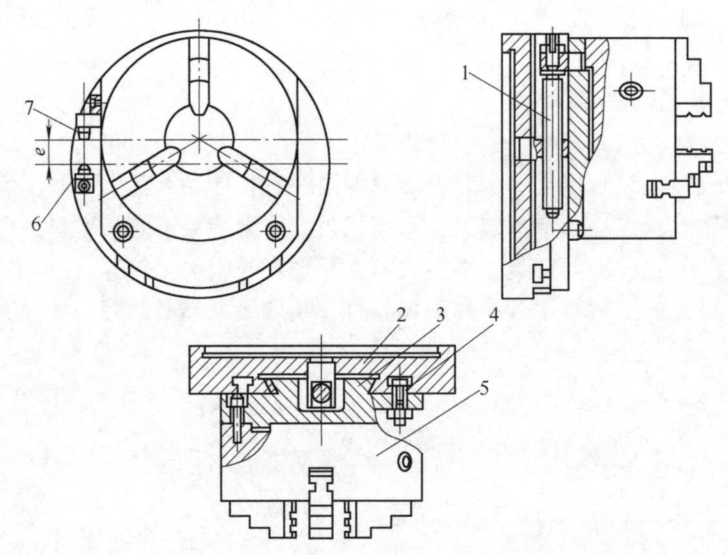

图 10-13　在偏心卡盘上车偏心零件

1—丝杠　2—底盘　3—偏心体　4—方头螺柱　5—自定心卡盘　6、7—测量头

夹具上车削。车削偏心轴时，偏心夹具常做成＿偏心套＿；车削偏心套时，偏心夹具常做成＿偏心轴＿。

技能训练

一、毛坯、刀具、工具、量具准备

1. 毛坯

毛坯尺寸为 ϕ40mm×60mm，材料为 45 钢。

2. 刀具

外圆车刀等。

3. 工具、量具

厚度不同的垫片、百分表、游标卡尺、千分尺。

二、工艺步骤

1）车削外圆 ϕ36mm×40mm。

2）调头装夹，按 $x=1.5e$ 垫入垫片，试切削。

3）测出所车部分的实际偏心距。

4）重新计算，调整垫片厚度，再次试切削。

5）重复步骤 3）、4），直至 $e_{测}$ 符合精度要求。

6）车削 ϕ24mm×20mm。

三、操作要求

1. 垫片厚度的调整

（1）先不考虑修正值

$$x = 1.5e = 1.5 \times 2\text{mm} = 3\text{mm}$$

即先垫入 3mm 厚的垫片进行试车。

（2）测量实际偏心距

用百分表测量所车偏心部分的圆跳动值，其数值的 一半 为偏心距，假设实测偏心距为 2.06mm。

（3）调整垫片厚度

$$\Delta e = e - e_{测} = 2\text{mm} - 2.06\text{mm} = -0.06\text{mm}$$

$$k \approx 1.5\Delta e = 1.5 \times (-0.06)\text{mm} = -0.09\text{mm}$$

$$x = 1.5e + k = 1.5 \times 2\text{mm} - 0.09\text{mm} = 2.91\text{mm}$$

即选取厚度为 2.91mm 的垫片，再次试车。如果再次实测偏心距符合公差要求，即可正式车削偏心部分，直至尺寸符合要求，否则还要 再次调整 垫片厚度。

［注意］ 无论垫片的形状是板状还是圆弧状，垫片和卡爪之间都不能完全配合（除非做成软卡爪的形式），接触状态会影响实际偏心距和理论值间的误差。

2. 车削偏心部分

开始车削偏心部分时，车刀处于 断续 切削状态，为避免刀尖受损，最好先在端面附近倒一个较大的角，再开始车外圆。

四、注意事项

1）选用垫片时不能用多片重叠的方法获得所需尺寸，否则在夹紧时，夹紧力的大小会影响到垫片的实际厚度。

2）由于工件偏心，会产生离心力，为减小振动，主轴转速不能过大，偏心距越大，主轴转速就要越小。

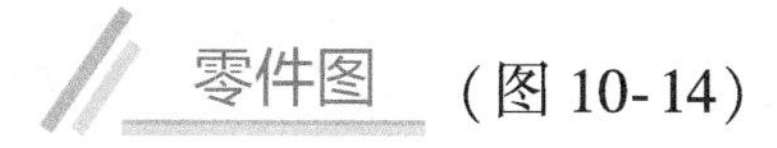

零件图（图 10-14）

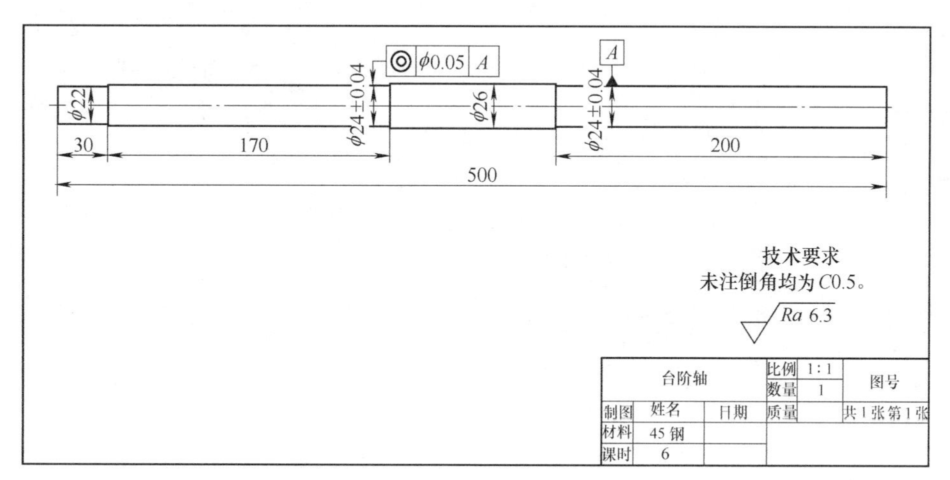

图 10-14　台阶轴

学习目标

本任务主要学习中心架、跟刀架的使用方法和细长轴的车削方法，练习安装中心架车削细长轴操作。通过本任务的学习和训练，能够完成图 10-14 所示零件的加工。

相关知识

一、细长轴的特点

当工件的 长度与直径 之比大于 25 时，该工件称为细长轴。细长轴的主要特点是 刚性差 ，在车削时，工件受 切削 力、 自身重力 及旋转产生的 离心 力的影响，易产生 弯曲 变形、 热 变形、 形状误差 和 表面粗糙度值大 等现象。

二、车细长轴的方法

车细长轴的主要问题是解决车削过程中的 刚性 问题和 变形 问题。具体措施体现在三个方面：合理使用 中心架 和 跟刀架 ；解决工件的 热变形 伸长；合理选择车刀的 几何形状 。

三、中心架和跟刀架的使用

1. 中心架及其使用

如图 10-15 所示，中心架安装在 床身导轨 上。当中心架支承在 工件中间 时，工件的受力长度 减少了一半 ，其刚性随之 提高 。

安装中心架的位置需事先车出一段用于 支承中心架支承爪 的沟槽，沟槽直径 略大于 工件的尺寸要求（以便于最后车至工件尺寸要求），宽度也 略大于 支承爪的直径。

对于工件中间部位不加工的细长轴，可采用 辅助套筒 （图 10-16）。把套筒套在细长轴相应位置的外圆上，调整并拧紧两端的四个螺钉，使套筒的轴线和工件的轴线重合。

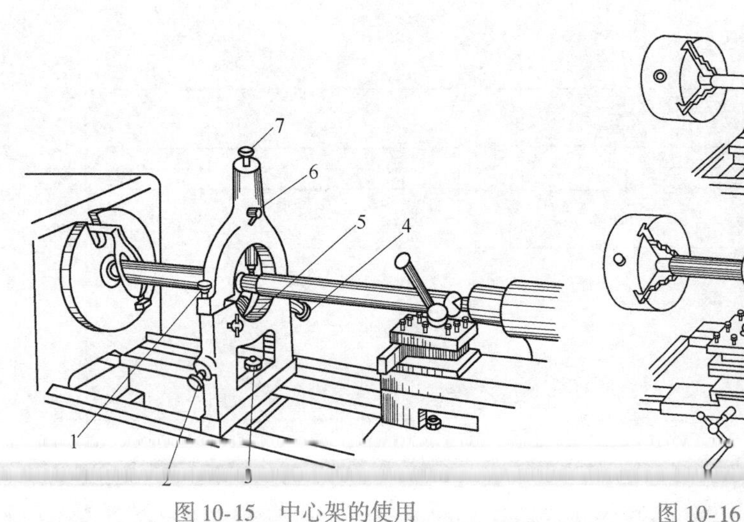

图 10-15　中心架的使用

1—螺钉　2、4、7—调整螺钉　3—螺母　5、6—紧定螺钉

图 10-16　辅助套筒的使用与调整

a）辅助套筒的使用　b）辅助套筒的调整

2. 跟刀架及其使用

使用中心架虽能提高工件刚性，但工件要__分两段车削__，导致中间有__接刀__痕迹。对于不允许接刀的工件，必须采取跟刀架提高其刚性。

如图 10-17 所示，跟刀架固定在__床鞍__上，和车刀一起做__纵向__运动。跟刀架有两爪和三爪之分，最好用__三爪__跟刀架，三个支承爪能使工件在__上下、前后__方向均不能移动，车削稳定，不易产生振动。

使用跟刀架时，要注意支承爪对工件的支承要__松紧适当__：支承得太松，将起不到提高__刚性__的作用；支承得太紧，则会影响工件的__形状__精度。

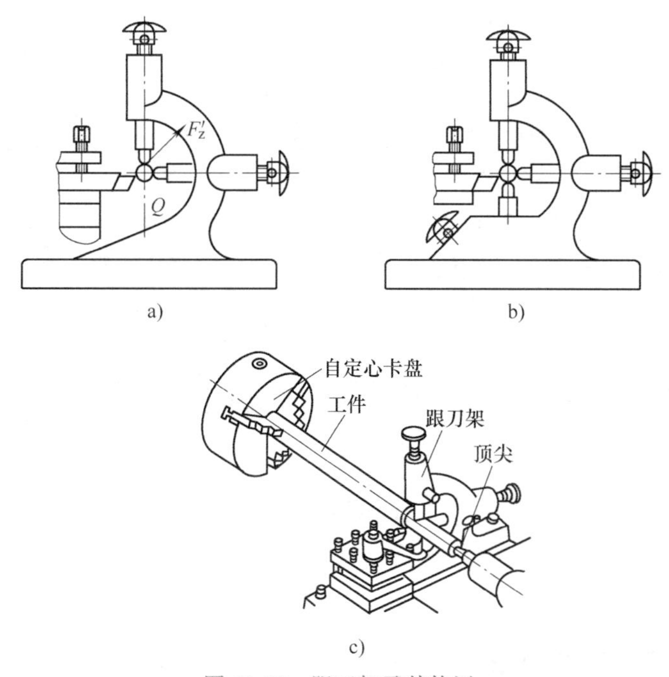

图 10-17　跟刀架及其使用
a）两爪跟刀架　b）三爪跟刀架　c）跟刀架的使用

四、控制热变形

1. 热变形

车削细长轴时，刀具和工件的__摩擦__产生热量，使工件__温度__升高，产生__热变形__，由于细长轴工件的长度较大，热变形的伸长量比较明显，故需要加以控制。

热变形伸长量可按下式计算

$$\Delta L = \alpha L \Delta t$$

式中　ΔL——工件伸长量（mm）；

α——材料的线胀系数（1/℃），见表 10-1；

L——工件的总长度（mm）；

Δt——工件升高的温度（℃）。

例　车削直径为 20mm、长度为 1200mm 的细长轴，材料为 45 钢。车削时工件受热，由原来的 25℃升温至 60℃，求该细长轴的热变形伸长量。

表 10-1 常用材料的线胀系数 α

材料名称	温度范围/℃	线胀系数 α/(10^{-6}/℃)
灰铸铁	0~100	10.4
45 钢	20~100	11.59
40Cr	25~100	11.0
黄铜	20~100	17.8
锡青铜	20~100	18.0
铝	0~100	23.8

解：$\Delta L=\alpha L\Delta t=11.59\times10^{-6}\times1200\times(60-25)\text{mm}\approx0.4867\text{mm}$

这根细长轴的热变形伸长量是 0.4867mm ，不能忽略。

2. 减少与补偿热变形伸长的措施

（1）加注充分的切削液减少热变形 切削液能带走大量的切削热，减少工件的 升温 ，起到 减小 热变形伸长的作用。

（2）使用弹性活顶尖补偿热变形 即使加注充分的切削液，也不能完全消除工件升温，仍会产生热变形伸长。细长轴热变形伸长时，除了会引起 长度 变化之外，还会由于卡盘和顶尖限制工件伸长，而使工件 弯曲变形 。一般情况下，轴类零件的 径向 精度要求更高，工件弯曲变形的后果更严重。

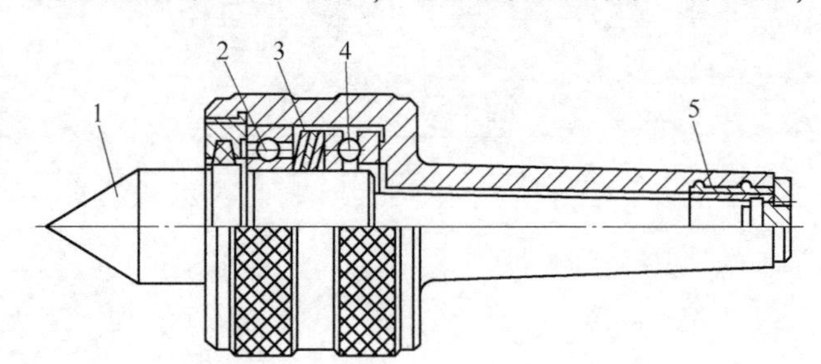

图 10-18 弹性活顶尖

1—顶尖 2—向心球轴承 3—弹簧 4—推力球轴承 5—滚针轴承

为了避免出现工件弯曲变形，可以采用 弹性活 顶尖（图10-18）。当工件伸长时（在一定范围内），顶尖受力自动 后退 ，补偿了热变形的伸长，可以有效避免工件因热变形而发生弯曲变形。

五、刀具几何形状的要求

细长轴的刚性差，要求所用车刀必须具有车削时 背向力 、 车刀锋利 和车出工件 表面粗糙度值小 的特点。

1）为了使背向力小，必须选用主偏角 较大 的车刀，粗车时可选 80°~93° ，精车时最好选 93° 左右。

2）为了保证车刀锋利，要求刀具前角 较大 ，一般可选 15°~30° 。

3）为了减小表面粗糙度值，选正 刃 倾角（3°~5°），使切屑流向 待加工 表面。

4）为保证排屑顺利，磨出 R1.5~R3mm 的断屑槽。

5）为减小振动，选择 较小 的刀尖圆弧半径（小于 0.3mm），并取较小的 倒棱宽度 （0.5f）。

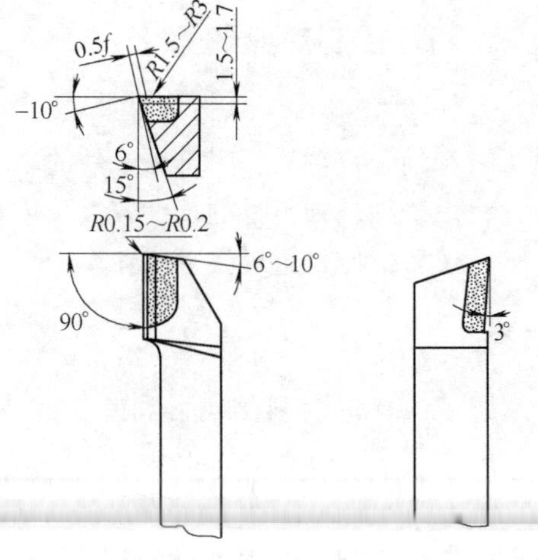

图 10-19 车细长轴所用车刀

图 10-19 所示的是一把几何参数比较合理的

车刀。

技能训练

一、毛坯、刀具、工具、量具准备

1. 毛坯

毛坯尺寸为 ϕ30mm×500mm，考虑到车削细长轴的难度和节约原材料，工件的实际长径比小于 25。

2. 刀具

车细长轴所用车刀。

3. 工具、量具

中心架等。

二、工艺步骤

1）车外圆 ϕ22mm×30mm。

2）调头装夹，钻中心孔。

3）在 ϕ26mm 位置切宽槽，使切槽处的直径为 ϕ27mm。

4）一夹一顶，在所切槽位置安装中心架。

5）粗、精车两处外圆 ϕ(24±0.04)mm。

6）铜皮装夹，车外圆 ϕ26mm。

三、操作要求

1. 使用中心架的原因

由于两处外圆 ϕ(24±0.04)mm 间有<u>　同轴度　</u>要求，且工件比较细长，用调头装夹、百分表调整的方法难度较大，应考虑<u>　在一次装夹中　</u>完成车削。一夹一顶装夹时，卡盘外伸长度超过 470mm，刚性不足，需要安装中心架来提高刚性。

2. 安装中心架

中心架起<u>　支承　</u>作用，要在<u>　一夹一顶　</u>后安装，否则支承爪会使<u>　工件轴线位置偏移　</u>。中心架的支承爪抵在宽槽的<u>　槽底　</u>，中心架架体也处于<u>　槽宽位置　</u>内，不会影响到外圆 ϕ(24±0.04)mm 的车削。

对照图 10-15，松开螺钉 1，打开中心架<u>　上盖　</u>，找准安装位置，拧紧螺母 3，使中心架<u>　固定在导轨的准确位置上　</u>。利用调整螺钉 2、4、7，使三个支承爪处于适当位置。调整时应先调整<u>　下面两个　</u>支承爪，并由紧定螺钉 5 紧固后，合上上盖，拧紧螺钉 1，套住细长轴。调整好<u>　上面的　</u>支承爪后，用紧定螺钉 6 紧固。

安装中心架时，要使三个支承爪<u>　松紧适当　</u>，支承爪与槽底接触的位置应加<u>　润滑油　</u>。车削过程中，随时检查支承爪的松紧程度，如发现松动，要及时调整。

3. 切削用量的选择

考虑到刚性问题，为减小切削力，背吃刀量应选得<u>　小　</u>一些，粗车时选择 a_p=0.8～1mm，精车时选择 a_p=0.3～0.5mm。粗车时，选择 f=0.3～0.4mm/r；精车时，f=0.08～

0.12mm/r。为了减少支承爪与槽底摩擦产生的热量，切削速度也应选得 小 一些，粗加工选 v_c = 20～30m/min，精加工选 v_c = 50～60m/min。

［注意］ 以上的切削用量是针对初学者，为了避免加工错误，数据偏小。实际生产中，为了提高效率，所选用的切削用量比以上数值要大一些。

四、注意事项

1）车刀的主偏角不仅和刃磨角度相关，也和刀具的装夹情况相关，通过改变刀柄的装夹位置，可稍微改变主偏角的大小。精车细长轴时的93°外圆车刀，可以由90°外圆车刀装夹而成。

2）使用弹性活顶尖补偿热变形时，只能消除工件因伸长而产生的弯曲变形，不能消除工件伸长。要保证长度尺寸的准确性，只能减少切削热（调整切削用量）、加强散热（浇注切削液）。

3）加工过程中，应随时注意支承爪与工件的松紧和润滑情况，否则会影响工件质量。

任务四 用成形刀车圆弧槽

零件图 （图10-20）

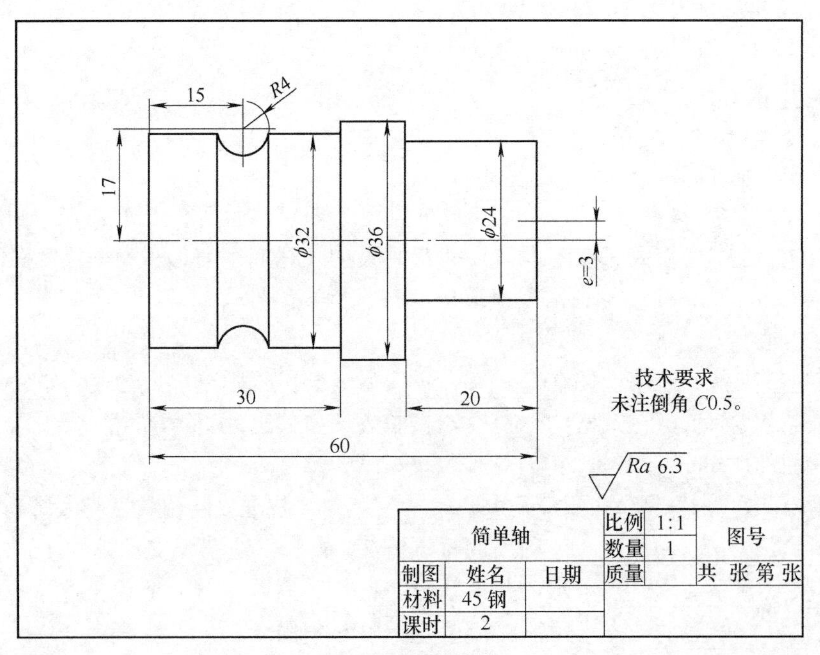

图10-20 简单轴

学习目标

本任务主要学习成形面的车削方法，练习用成形刀车削小成形面操作。通过本任务的学习和训练，能够完成图10-20所示零件的加工。

相关知识

一、成形面

在机械制造中，经常遇到零件的表面素线不是直线而是＿曲线＿的情况，如单球手柄、三球手柄、摇手柄（图 10-21）及内外圆弧槽等，这些带有曲面的零件表面称为＿成形面＿。

在车床上车削成形面时，根据零件的特点、数量及精度要求，可采用不同的方法。

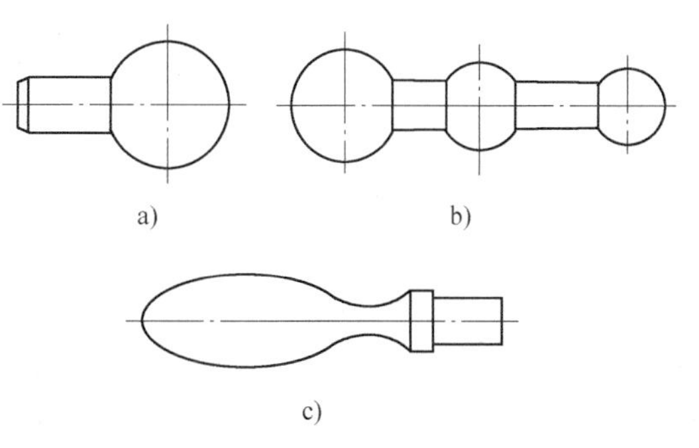

图 10-21　成形面
a）单球手柄　b）三球手柄　c）摇手柄

二、车削成形面的方法

1. 双手控制法

用左手控制＿中滑板＿手柄，右手控制＿小滑板＿手柄（或左手控制＿床鞍＿手柄，右手控制＿中滑板＿手柄），使车刀运动为纵、横向进给的＿合成＿运动，从而车出成形面。

该方法无需专用设备，靠操作者保证质量，对操作者的技术要求＿较高＿。因为加工难度较＿大＿、生产率＿低＿、表面质量＿差＿、精度＿低＿，所以只适用于精度要求＿不高＿、数量＿很少＿的生产，也常用于考核操作者＿双手控制手柄的能力＿。

2. 成形刀车削法

车削数量较多的成形面，特别是＿内、外圆弧槽＿时，常用成形刀车削法。

把车刀的切削刃部分刃磨成＿与需加工的成形面表面相同的曲线状＿，车削时通过＿横向＿进给，直接车出所需成形面。成形刀车削法对系统刚性要求＿较高＿，一般不用于车削＿尺寸较大＿的成形面。

如图 10-22 所示，成形车刀有整体式＿普通＿成形车刀、＿棱形＿成形车刀和＿圆形＿成形车刀三种。整体式普通成形车刀刀具＿简单＿，用＿常用＿车刀即可磨成，可以手工刃磨，也可以用工具磨床刃磨。但由于刀具可刃磨部位＿较小＿、刀具寿命＿较短＿，故只用于＿小批量＿生产中。棱形成形车刀和圆形成形车刀一般由＿工具磨床＿刃磨，其精度＿较高＿，切削刃磨钝后，只需手工刃磨＿前刀面＿，不影响＿成形面＿的形状，且刀具寿命＿长，适用于批量＿较大、精度要求＿较高＿的生产。

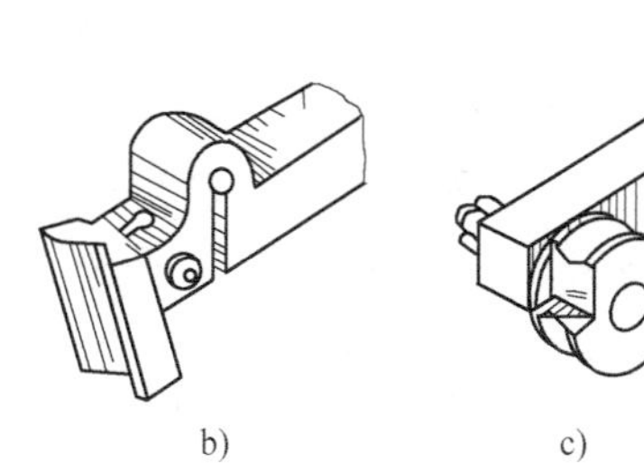

图 10-22　成形车刀
a）普通成形车刀　b）棱形成形车刀
c）圆形成形车刀

3. 仿形法

利用＿靠模＿控制车刀刀尖的运动轨迹，车削出成形面的方法称为仿形法。仿形法的劳动强度低、生

产率高、质量好，适用于批量 较大 、质量 较高 的批量生产。

4. 专用工具法

专用工具法是指用 专用工具 使车刀刀尖轨迹符合加工要求，车削出成形面。此方法效率高、质量好，但需要准备或制造专用工具，只适用于 大批量 生产。

5. 数控车削法

在数控车床上，通过 编写合适的程序 ，使车刀刀尖按要求运动，车削出成形面的方法称为数控车削法。数控车削法适合加工 各种类型 的成形面（内外表面、圆弧面、非圆曲面等），加工效率 高 ， 粗、精车 皆可，不依赖于成形车刀的 精度 保证加工质量，加工精度 高 ，易于合理安排 切削用量 等优点。随着数控机床的普及，数控车削法的应用越来越多，现已成为车削成形面的 最主要 方法。

技能训练

一、毛坯、刀具、工具、量具准备

1. 毛坯（任务二完成后的工件）

2. 刀具

圆头车刀（R4mm）。

3. 工具、量具

半径样板。

二、工艺步骤

1）车外圆 ϕ32mm×30mm；

2）车圆弧槽 R4mm；

三、操作要求

1. 圆头车刀的装夹

装夹圆头车刀的要求与装夹螺纹车刀类似：

1）由于车削圆弧会引起 双曲线误差 ，因此需要严格 对准中心高 。

2）为防止车圆弧槽时，圆弧槽歪斜，要保证刀柄与工件轴线 垂直 。

[注意] 对螺纹车刀时有对刀样板保证刀柄不歪斜，但没有与圆弧配合的样板，必须靠圆头刀刀柄与刀架侧边靠紧的方法保证刀柄不歪斜。

2. 车圆弧槽操作

（1）圆弧槽深度计算 根据图 10-20，计算出槽深为 3mm 。

（2）对刀 按照车槽的方法，先对端面。利用 床鞍 移到正确位置后，再对 外圆 。

（3）横向进给 通过 中滑板 分度盘，完成进给。

3. 检测圆弧槽

（1）圆弧半径 用 半径样板 检测圆弧半径，选用 R4mm 钢片插入槽中，观察无间隙或间隙均匀时，说明圆弧质量较好。

（2）槽深　底部是＿圆弧＿，很难直接测量。因为一般要求不高，可以通过测量车出的＿槽宽＿间接测量。

四、注意事项

1）使用成形刀法车成形面时，为了减小切削力，要保持切削刃的锋利性，并减小进给速度。

2）圆弧槽的圆弧质量主要由成形车刀的刃磨质量决定（也受双曲线误差的影响），要选用刃磨质量较好的刀具，也可以使用机夹刀具、使用圆形刀片。

思考与练习

1. 平衡块的安装位置对平衡性有什么影响？

2. 车简单双孔件，如果只生产一件，装夹调整的方法有没有变化？可以有哪些变化？

3. 在两顶尖间车偏心零件时，两端的中心孔可以用什么方法获得？

4. 用自定心卡盘垫垫片装夹偏心件，夹紧力的大小会不会对偏心距产生影响？为什么？夹紧力变大，$e_{测}$ 是变大还是变小？

5. 从提高刚性的角度看，中心架和跟刀架 哪个效果好？

6. 用中心架装夹时，辅助套筒起什么作用？

7. 用 90°外圆车刀装夹成 93°外圆车刀装夹，刀柄怎样调整？

8. 圆头刀需要严格对准中心高，如何操作？

9. 圆头刀车圆弧槽，在横向进给时，能不能用机动进给？为什么？

10. 图 10-20 中，槽深是如何计算的？间接测量圆弧槽深度时，槽宽为多少时，槽深是 3mm？

项目十一 综合训练

任务一 车削内孔螺纹轴

零件图（图 11-1）

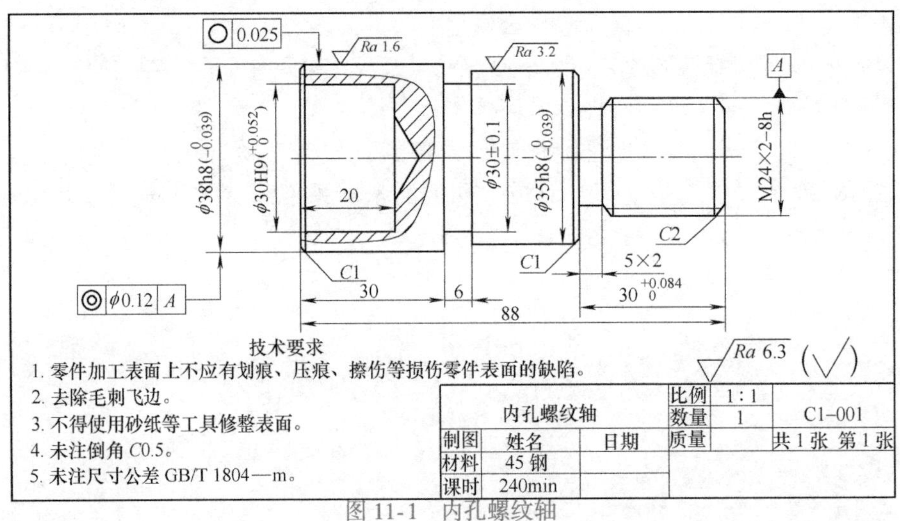

图 11-1 内孔螺纹轴

技能训练

一、毛坯

毛坯尺寸为 ϕ40mm×95mm。

二、评分标准（表 11-1）

表 11-1 内孔螺纹轴评分标准

图号	C1-001	检测编号		考试号		总得分	
序号	考核要求			配分及评分标准	量具	检测结果	得分
1	外圆	$\phi38_{-0.039}^{0}$mm　$Ra1.6\mu m$		8+5	外径千分尺		

（续）

图号	C1-001	检测编号	考试号		总得分	
序号		考核要求	配分及评分标准	量具	检测结果	得分
2	外圆	$\phi35_{-0.039}^{0}$mm　$Ra3.2\mu m$	8+3	外径千分尺		
3	槽	($\phi30\pm0.1$)mm　$Ra6.3\mu m$	5+1	游标卡尺		
4		6mm	4	游标卡尺		
5	长度	30mm	4	游标卡尺		
6		$30_{0}^{+0.084}$mm	4	游标卡尺		
7		88mm	3	游标卡尺		
8	螺纹	M24×2　$Ra6.3\mu m$	10+2	螺纹量规		
9	内孔	$\phi30_{0}^{+0.052}$mm	10	塞规		
10		20mm	3	游标卡尺		
11	倒角		4	目测		
12	几何公差	◎ φ0.12 A	8	百分表		
13		○ 0.025	8	百分表		
14	安全生产	违反操作规程酌情扣分，出现安全事故可以取消考试资格	10	考场记录		

任务二　车削圆锥螺纹轴

零件图（图 11-2）

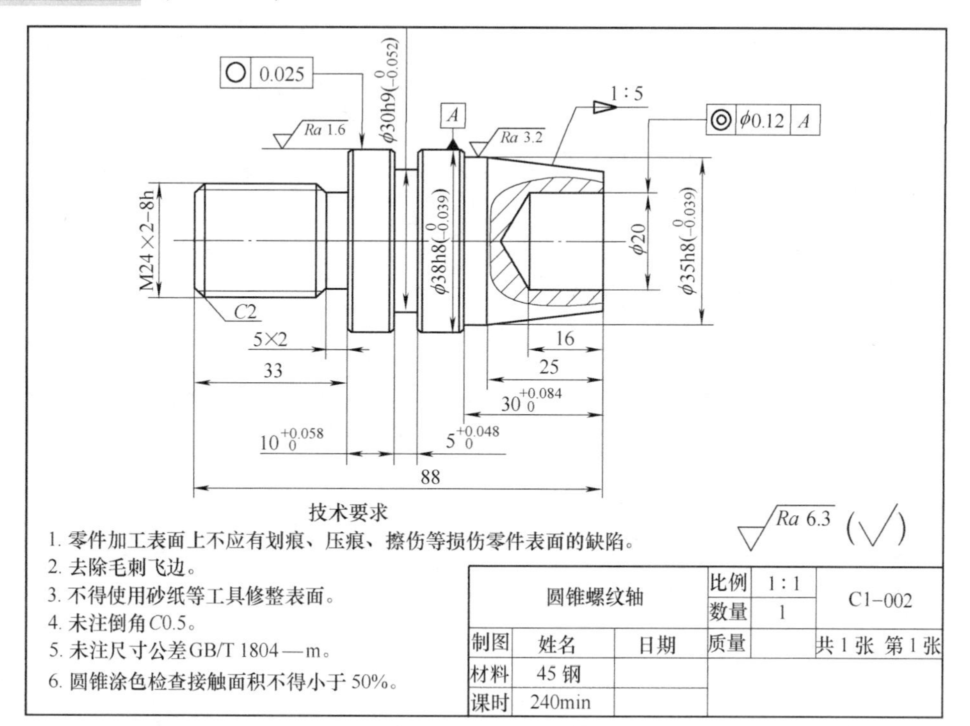

图 11-2　圆锥螺纹轴

技能训练

一、毛坯

毛坯尺寸为 $\phi40\text{mm}\times95\text{mm}$。

二、评分标准（表 11-2）

表 11-2　圆锥螺纹轴评分标准

<table>
<tr><td>图号</td><td>C1-002</td><td>检测编号</td><td></td><td>考试号</td><td></td><td colspan="2">总得分</td></tr>
<tr><td>序号</td><td colspan="3">考核要求</td><td>配分及评分标准</td><td>量具</td><td>检测结果</td><td>得分</td></tr>
<tr><td>1</td><td rowspan="2">外圆</td><td colspan="2">$\phi38_{-0.039}^{\ 0}$ mm　$Ra1.6\mu m$</td><td>6+4</td><td>外径千分尺</td><td></td><td></td></tr>
<tr><td>2</td><td colspan="2">$\phi35_{-0.039}^{\ 0}$ mm</td><td>6</td><td>外径千分尺</td><td></td><td></td></tr>
<tr><td>3</td><td rowspan="2">槽</td><td colspan="2">$\phi30_{-0.052}^{\ 0}$ mm　$Ra6.3\mu m$</td><td>5+1</td><td>游标卡尺</td><td></td><td></td></tr>
<tr><td>4</td><td colspan="2">$5_{\ 0}^{+0.048}$ mm</td><td>4</td><td>游标卡尺</td><td></td><td></td></tr>
<tr><td>5</td><td rowspan="4">长度</td><td colspan="2">$10_{\ 0}^{+0.058}$ mm</td><td>4</td><td>游标卡尺</td><td></td><td></td></tr>
<tr><td>6</td><td colspan="2">$30_{\ 0}^{+0.084}$ mm</td><td>3</td><td>游标卡尺</td><td></td><td></td></tr>
<tr><td>7</td><td colspan="2">33mm</td><td>3</td><td>游标卡尺</td><td></td><td></td></tr>
<tr><td>8</td><td colspan="2">88mm</td><td>3</td><td>游标卡尺</td><td></td><td></td></tr>
<tr><td>9</td><td>螺纹</td><td colspan="2">M24×2</td><td>10</td><td>螺纹量规</td><td></td><td></td></tr>
<tr><td>10</td><td rowspan="2">内孔</td><td colspan="2">$\phi20$mm</td><td>7</td><td>塞规</td><td></td><td></td></tr>
<tr><td>11</td><td colspan="2">16mm</td><td>3</td><td>游标卡尺</td><td></td><td></td></tr>
<tr><td>12</td><td rowspan="2">圆锥</td><td colspan="2">1 : 5</td><td>8</td><td>游标万能角度尺</td><td></td><td></td></tr>
<tr><td>13</td><td colspan="2">25mm</td><td>4</td><td>游标卡尺</td><td></td><td></td></tr>
<tr><td>14</td><td>倒角</td><td colspan="2"></td><td>3</td><td>目测</td><td></td><td></td></tr>
<tr><td>15</td><td rowspan="2">几何公差</td><td colspan="2">◎ | $\phi0.12$ | A</td><td>8</td><td>百分表</td><td></td><td></td></tr>
<tr><td>16</td><td colspan="2">○ | 0.025</td><td>8</td><td>百分表</td><td></td><td></td></tr>
<tr><td>17</td><td>安全生产</td><td colspan="2">违反操作规程酌情扣分，出现安全事故可以取消考试资格</td><td>10</td><td>考场记录</td><td></td><td></td></tr>
</table>

任务三　车削内锥螺纹轴

零件图（图 11-3）

技能训练

一、毛坯

毛坯尺寸为 $\phi45\text{mm}\times90\text{mm}$。

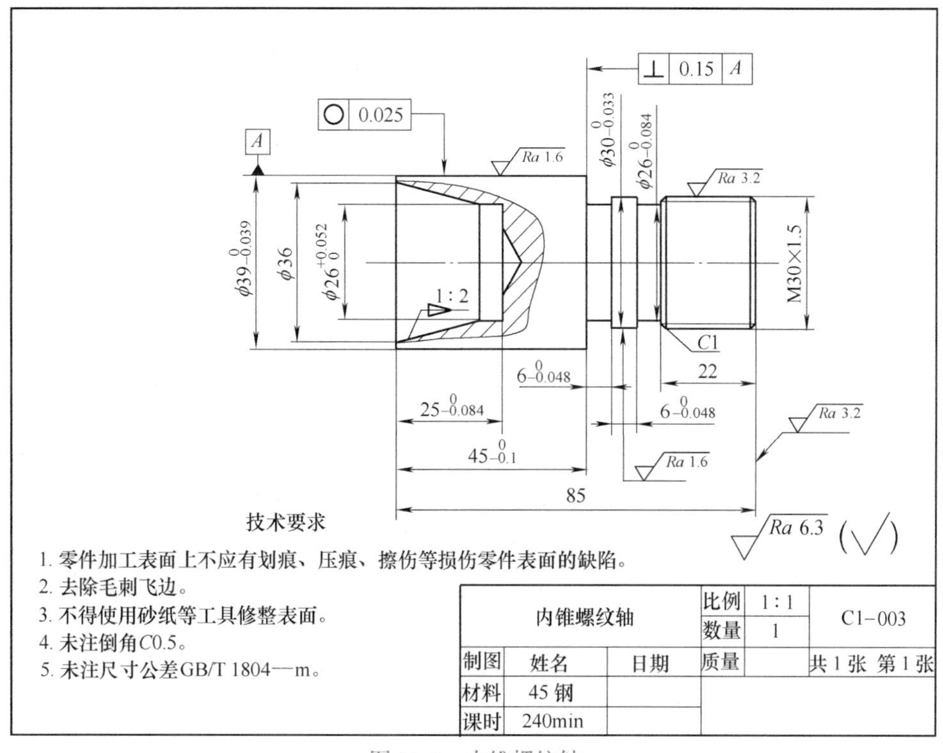

图 11-3　内锥螺纹轴

二、评分标准（表 11-3）

表 11-3　内锥螺纹轴评分标准

图号	C1-003	检测编号	考试号		总得分	
序号	考核要求		配分及评分标准	量具	检测结果	得分
1	外圆	$\phi39_{-0.039}^{0}$mm　Ra1.6μm	8+3	外径千分尺		
2		$\phi30_{-0.033}^{0}$mm　Ra1.6μm	8+3	外径千分尺		
3	槽	$\phi26_{-0.084}^{0}$mm　（2 处）	5+5	游标卡尺		
4		$6_{-0.048}^{0}$mm　（2 处）	3+3	游标卡尺		
5	长度	$45_{-0.1}^{0}$mm	2	游标卡尺		
6		22mm	2	游标卡尺		
7		85mm	2	游标卡尺		
8	螺纹	M30×1.5	10	螺纹量规		
9	内孔	$\phi26_{0}^{+0.052}$mm	7	塞规		
10		$25_{-0.084}^{0}$mm	3	游标卡尺		
11	倒角		3	目测		
12	圆锥	1 : 2	6	游标万能角度尺		
13		36mm	5	游标卡尺		
14	几何公差	○ 0.025	6	百分表		
15		⊥ 0.15 A	6	百分表		
16	安全生产	违反操作规程酌情扣分，出现安全事故可以取消考试资格	10	考场记录		

任务四　车削锥头螺纹轴

零件图（图 11-4）

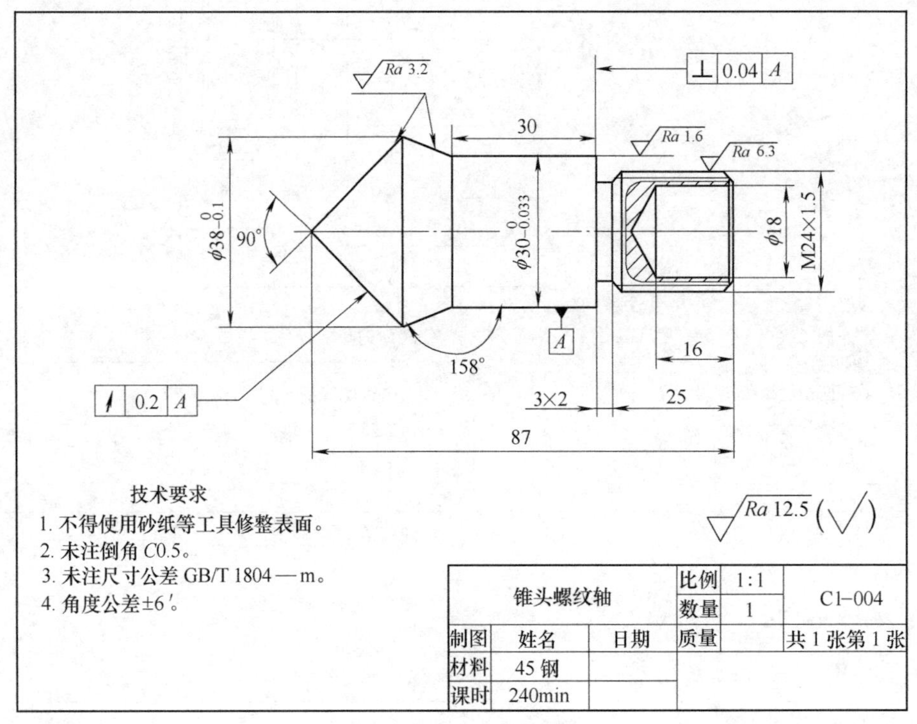

图 11-4　锥头螺纹轴

技能训练

一、毛坯

毛坯尺寸为 ϕ45mm×95mm。

二、评分标准（表 11-4）

表 11-4　锥头螺纹轴评分标准

图号	C1-004	检测编号		考试号		总得分	
序号	考核要求			配分及评分标准	量具	检测结果	得分
1	外圆	$\phi38_{-0.1}^{0}$mm		8	外径千分尺		
2		$\phi30_{-0.033}^{0}$mm　Ra1.6μm		8+3	外径千分尺		
3	槽	3mm×2mm		4	游标卡尺		
4	长度	30mm		3	游标卡尺		
5		25mm		3	游标卡尺		
6		87mm		4	游标卡尺		

（续）

图号	C1-004	检测编号	考试号		总得分	
序号	考核要求		配分及评分标准	量具	检测结果	得分
7	螺纹	M24×1.5	10	螺纹量规		
8	内孔	ϕ18mm	7	游标卡尺		
9		16mm	5	游标卡尺		
10	倒角		3	目测		
11	锥度	90°±6′　*Ra*3.2μm	6+2	游标万能角度尺		
		158°±6′　*Ra*3.2μm	6+2	游标万能角度尺		
12	几何公差	↗ 0.2 A	8	百分表		
13		⊥ 0.04 A	8	百分表		
14	安全生产	违反操作规程酌情扣分，出现安全事故可以取消考试资格	10	考场记录		

任务五　车削薄壁螺纹轴

零件图（图 11-5）

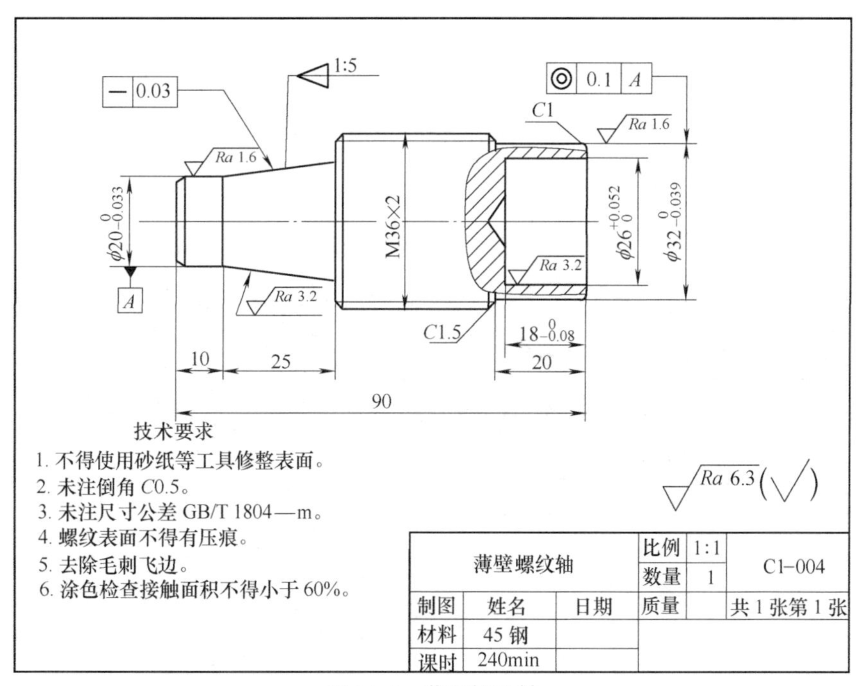

图 11-5　薄壁螺纹轴

技能训练

一、毛坯

毛坯尺寸为 ϕ40mm×95mm。

二、评分标准（表 11-5）

表 11-5　薄壁螺纹轴评分标准

图号	C1-005	检测编号	考试号		总得分	
序号	考核要求		配分及评分标准	量具	检测结果	得分
1	外圆	$\phi20_{-0.033}^{0}$ mm　$Ra1.6\mu m$	8+3	外径千分尺		
2		$\phi32_{-0.039}^{0}$ mm　$Ra1.6\mu m$	8+3	外径千分尺		
3	长度	10mm	3	游标卡尺		
4		25mm	3	游标卡尺		
5		20mm	3	游标卡尺		
6		90mm	3	游标卡尺		
7	螺纹	M36×2	10	螺纹量规		
8	内孔	$\phi26_{0}^{+0.052}$ mm	8	游标卡尺		
9		$18_{-0.08}^{0}$ mm	8	游标卡尺		
10	倒角		3	目测		
11	锥度	1∶5　$Ra3.2\mu m$	8+3	游标万能角度尺		
12	几何公差	[— | 0.03]	8	刀口形直尺		
13		[◎ | φ0.1 | A]	8	百分表		
14	安全生产	违反操作规程酌情扣分，出现安全事故可以取消考试资格	10	考场记录		

任务六　车削双螺纹轴

零件图（图 11-6）

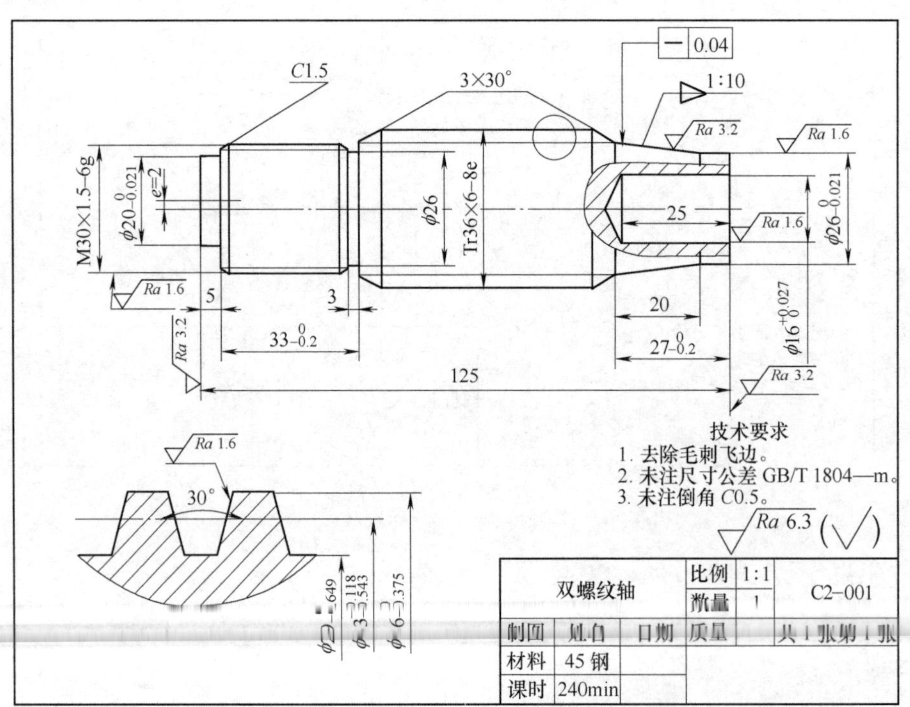

图 11-6　双螺纹轴

技能训练

一、毛坯

毛坯尺寸为 ϕ40mm×130mm。

二、评分标准（表 11-6）

表 11-6　双螺纹轴评分标准

图号	C2-001	检测编号		考试号		总得分	
序号	考核要求			配分及评分标准	量具	检测结果	得分
1	外圆	$\phi26_{-0.021}^{0}$mm　$Ra1.6\mu m$		5+3	外径千分尺		
2		$\phi20_{-0.021}^{0}$mm　$Ra1.6\mu m$		5+3	外径千分尺		
3		偏心距 2mm		3	百分表		
4	槽	ϕ26mm　$Ra6.3\mu m$		2+1	游标卡尺		
5		3mm		2	游标卡尺		
6	长度	5mm		2	游标卡尺		
7		$33_{-0.2}^{0}$mm		4	游标卡尺		
8		125mm		2	游标卡尺		
9		$27_{-0.2}^{0}$mm		4	游标卡尺		
10	螺纹	M30×1.5　$Ra6.3\mu m$		8+2	螺纹量规		
11	内孔	$\phi16_{0}^{+0.027}$mm　$Ra3.2\mu m$		6+2	塞规		
12		25mm		2	游标卡尺		
13	倒角			4	目测		
14	锥度	外圆锥 1 : 10		6	游标万能角度尺		
15	梯形螺纹	$\phi36_{-0.375}^{0}$mm		5	游标卡尺		
16		$\phi33_{-0.543}^{-0.118}$mm　$Ra1.6\mu m$		7+4	三针测量法		
17		$\phi29_{-0.649}^{0}$mm		5	游标卡尺		
18	几何公差	— 0.04		3	刀口形直尺		
19	安全生产	违反操作规程酌情扣分，出现安全事故可以取消考试资格		10	考场记录		

任务七　车削双旋螺纹轴

零件图（图 11-7）

技能训练

一、毛坯

毛坯尺寸为 ϕ40mm×130mm。

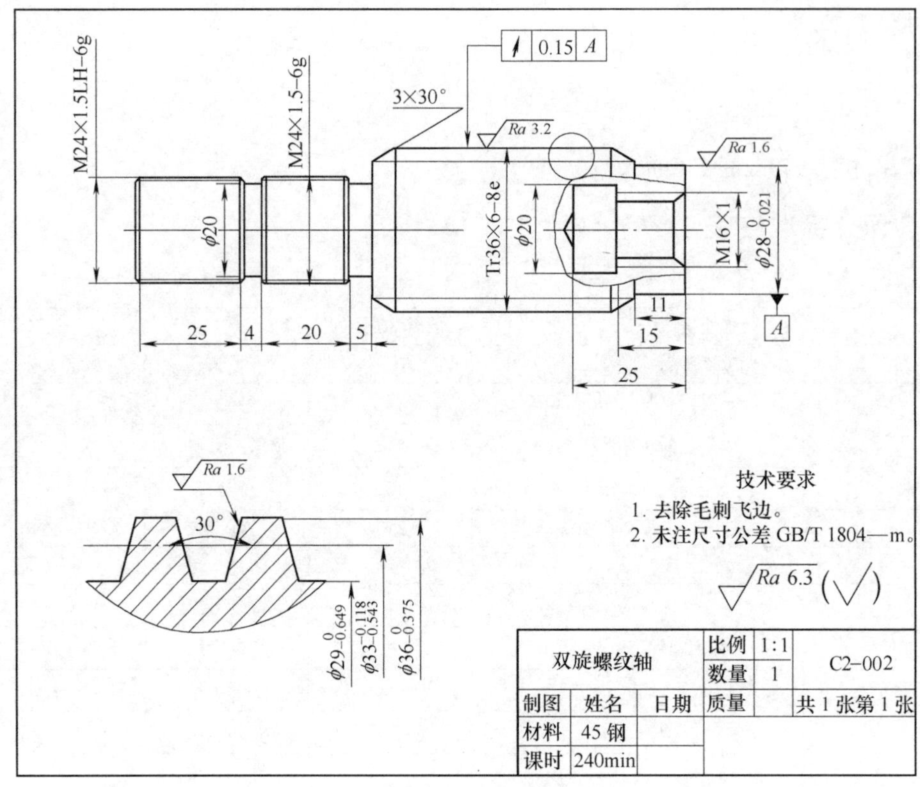

图 11-7　双旋螺纹轴

二、评分标准（表 11-7）

表 11-7　双旋螺纹轴评分标准

图号	C2-002	检测编号	考试号		总得分	
序号	考核要求		配分及评分标准	量具	检测结果	得分
1	外圆	$\phi28^{0}_{-0.021}$mm　*Ra*1. 6μm	6+3	外径千分尺		
2	槽	ϕ20mm(2 处)	2+2	游标卡尺		
3		4mm	2	游标卡尺		
4		5mm	2	游标卡尺		
5		内槽 ϕ20mm×4mm	4	内卡钳		
6	长度	25mm	2	游标卡尺		
7		20mm	2	游标卡尺		
8		125mm	2	游标卡尺		
9		11mm	2	游标卡尺		
10	外螺纹	M24×1. 5LH-6g　*Ra*6. 3μm	9+2	螺纹量规		
11		M24×1. 5-6g　*Ra*6. 3μm	7+2	螺纹量规		
12	内螺纹	M16×1	11	螺纹量规		
13		15mm	2	游标卡尺		
14	倒角		4	目测		
15	梯形螺纹	$\phi36^{0}$[illegible]mm	5	游标卡尺		
16		$\phi33^{-0.118}_{-0.543}$mm　*Ra*1. 6μm	7+4	三针测量法		
17		$\phi29^{0}_{-0.649}$mm	5	游标卡尺		

（续）

图号	C2-002	检测编号		考试号		总得分	
序号	考核要求			配分及评分标准	量具	检测结果	得分
18	几何公差	↗ 0.15 A		3	百分表		
19	安全生产	违反操作规程酌情扣分，出现安全事故可以取消考试资格		10	考场记录		

任务八 车削双槽螺纹轴

零件图（图 11-8）

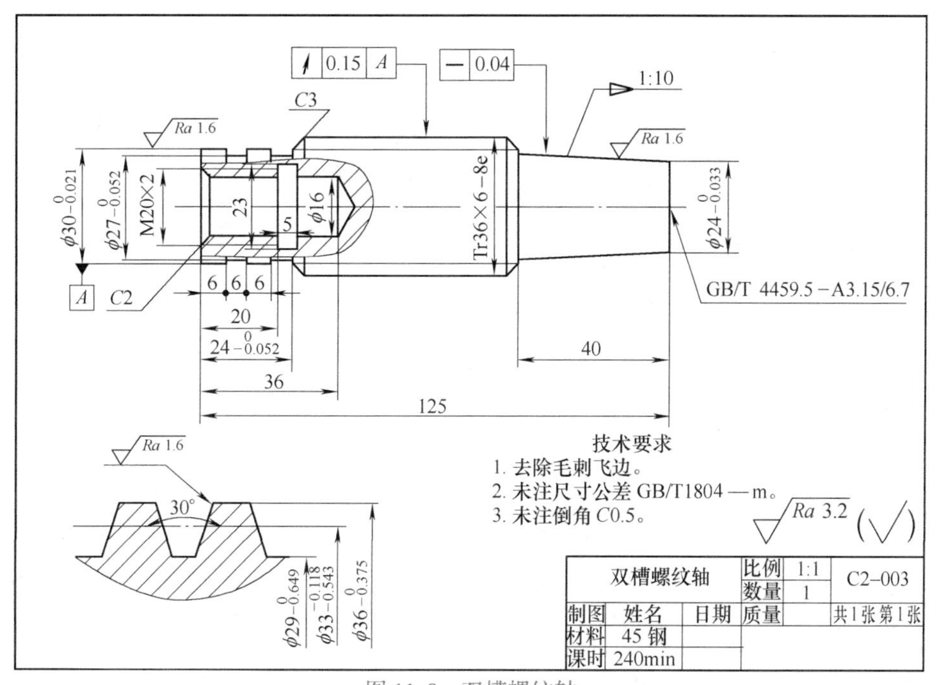

图 11-8 双槽螺纹轴

技能训练

一、毛坯

毛坯尺寸为 ϕ40mm×130mm。

二、评分标准（表 11-8）

表 11-8 双槽螺纹轴评分标准

图号	C2-003	检测编号		考试号		总得分	
序号	考核要求			配分及评分标准	量具	检测结果	得分
1	外圆	$\phi30_{-0.021}^{\ 0}$mm　$Ra1.6\mu m$		5+2	外径千分尺		

（续）

图号	C2-003	检测编号	考试号		总得分	
序号	考核要求		配分及评分标准	量具	检测结果	得分
2	槽	$\phi27_{-0.052}^{\ 0}$mm　$Ra3.2\mu m$	3+1	游标卡尺		
3		6mm	2	游标卡尺		
4		内槽 ϕ23mm	4	内卡钳		
5	长度	6mm（2 处）	2+2	游标卡尺		
6		$\phi24_{-0.052}^{\ 0}$mm	4	游标卡尺		
7		36mm	2	游标卡尺		
8		125mm	2	游标卡尺		
9	外圆锥	$\phi24_{-0.033}^{\ 0}$mm	4	圆锥量规（定做）		
10		1∶10　$Ra1.6\mu m$	8+4	圆锥量规（定做）		
11		40mm	2	游标卡尺		
12	内孔	ϕ16mm	2	内卡钳		
13	内螺纹	M20×2	8	螺纹量规		
14		20mm	2	游标卡尺		
15	倒角		4	目测		
16	梯形螺纹	$\phi36_{-0.375}^{\ 0}$mm	5	游标卡尺		
17		$\phi33_{-0.543}^{-0.118}$mm　$Ra1.6\mu m$	7+4	三针测量法		
18		$\phi29_{-0.649}^{\ 0}$mm	5	游标卡尺		
19	几何公差	↗ 0.15 A	3	百分表		
20		— 0.04	3	刀口形直尺		
21	安全生产	违反操作规程酌情扣分，出现安全事故可以取消考试资格	10	考场记录		

任务九　车削偏心螺纹轴

（图 11-9）

一、毛坯

毛坯尺寸为 ϕ45mm×145mm。

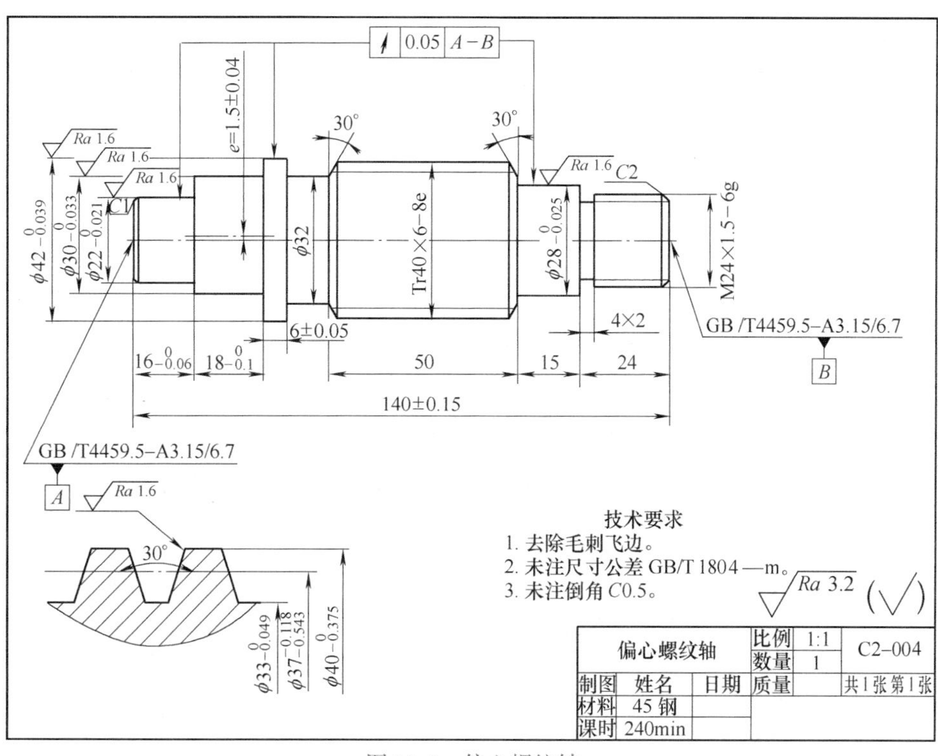

图 11-9　偏心螺纹轴

二、评分标准（表 11-9）

表 11-9　偏心螺纹轴评分标准

图号	C2-004	检测编号	考试号		总得分	
序号	考核要求		配分及评分标准	量具	检测结果	得分
1	外圆	$\phi42_{-0.039}^{0}$mm　$Ra1.6\mu m$	4+1	外径千分尺		
2		$\phi30_{-0.033}^{0}$mm　$Ra1.6\mu m$	4+1	外径千分尺		
3		$\phi28_{-0.025}^{0}$mm　$Ra1.6\mu m$	5+1	外径千分尺		
4		$\phi22_{-0.021}^{0}$mm　$Ra1.6\mu m$	5+1	外径千分尺		
5		$\phi32$mm	1	游标卡尺		
6		偏心距(1.5±0.04)mm	5	百分表		
7	长度	(140±0.15)mm	3	游标卡尺		
8		$16_{-0.06}^{0}$mm	4	游标卡尺		
9		$18_{-0.1}^{0}$mm	3	游标卡尺		
10		(6±0.05)mm	3	游标卡尺		
11		50mm	2	游标卡尺		
12		15mm	2	游标卡尺		
13		24mm	2	游标卡尺		
14	槽	4mm×2mm	2+2	游标卡尺		
15	外螺纹	M24×1.5-6g	8	螺纹量规		

（续）

图号	C2-004	检测编号		考试号		总得分	
序号	考核要求			配分及评分标准	量具	检测结果	得分
16	梯形螺纹	$\phi40_{-0.375}^{\ 0}$mm		5	游标卡尺		
17		$\phi37_{-0.543}^{-0.118}$mm　$Ra1.6\mu m$		7+4	三针测量法		
18		$\phi33_{-0.649}^{\ 0}$mm		5	游标卡尺		
19	倒角			4	目测		
20	几何公差	↗ 0.05 A−B（3处）		2×3	百分表		
21	安全生产	违反操作规程酌情扣分，出现安全事故可以取消考试资格		10	考场记录		

任务十　车削综合轴

零件图（图 11-10）

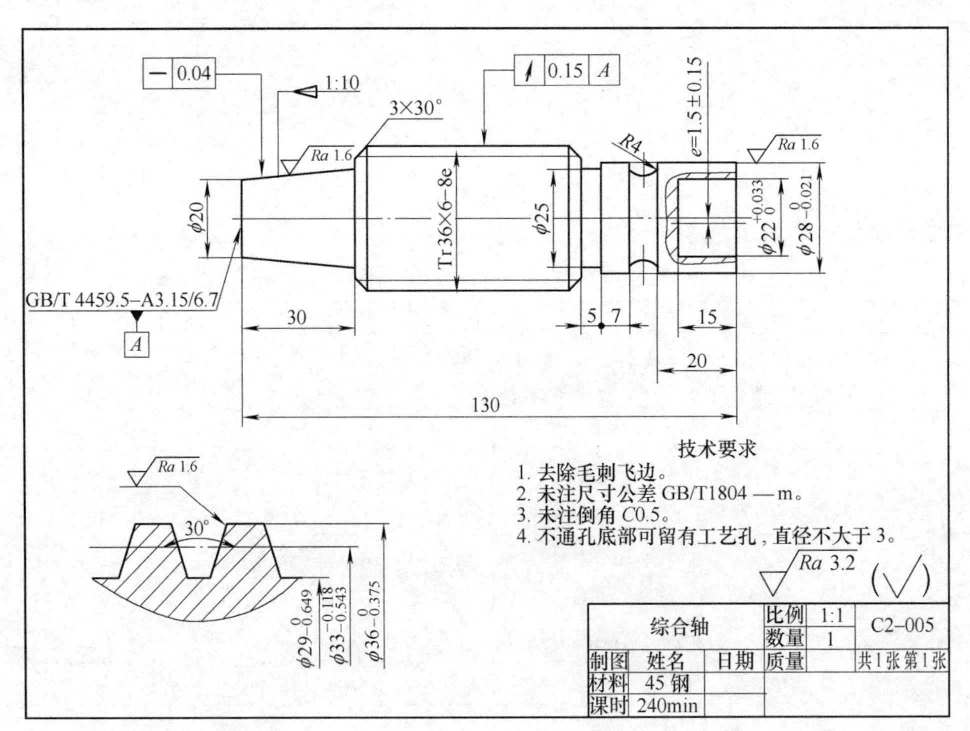

图 11-10　综合轴

技能训练

一、毛坯

毛坯尺寸为 $\phi40$mm×135mm。

二、评分标准（表 11-10）

表 11-10　综合轴评分标准

图号	C2-005	检测编号	考试号		总得分	
序号		考核要求	配分及评分标准	量具	检测结果	得分
1	外圆	$\phi 28_{-0.021}^{0}$ mm　*Ra*1.6μm	5+3	外径千分尺		
2	槽	ϕ25mm　*Ra*3.2μm	3+1	游标卡尺		
3		5mm	2	游标卡尺		
4		半圆弧槽 *R*4mm	8	半径样板		
5	长度	30mm	2	游标卡尺		
6		7mm	2	游标卡尺		
7		20mm	2	游标卡尺		
8		130mm	3	游标卡尺		
9	外圆锥	1∶10　*Ra*1.6μm	10+2	游标万能角度尺		
10		ϕ20mm	2	游标卡尺		
11	内孔	$\phi 22_{0}^{+0.033}$ mm	7	塞规		
12		偏心距(1.5±0.15)mm	7	百分表		
13	倒角		4	目测		
14	梯形螺纹	$\phi 36_{-0.375}^{0}$ mm	5	游标卡尺		
15		$\phi 33_{-0.543}^{-0.118}$ mm　*Ra*1.6μm	7+4	三针测量法		
16		$\phi 29_{-0.649}^{0}$ mm	5	游标卡尺		
17	几何公差	↗ 0.15 A	3	百分表		
18		— 0.04	3	刀口形直尺		
19	安全生产	违反操作规程酌情扣分，出现安全事故可以取消考试资格	10	考场记录		

参考文献

[1] 王公安. 车工工艺学 [M]. 北京：中国劳动社会保障出版社，2005.

[2] 蒋增福. 车工工艺与技能训练 [M]. 北京：高等教育出版社，1998.

[3] 姚为民. 车工实习与考级 [M]. 北京：高等教育出版社，1997.

[4] 许兆丰. 车工工艺学 [M]. 北京：中国劳动出版社，1997.

[5] 张旭. 车工工艺与技能训练 [M]. 南京：江苏教育出版社，2010.

[6] 翁承恕. 车工生产实习 [M]. 北京：中国劳动出版社，1997.

[7] 鲁纪孝. 车工 [M]. 北京：中国劳动出版社，1991.

[8] 李德富. 车工工艺与技能训练 [M]. 北京：机械工业出版社，2011.